# Impérios do mar

Roger Crowley

# Impérios do mar

A batalha final entre cristãos e muçulmanos pelo controle do Mediterrâneo
1521-1580

TRADUÇÃO Fátima Marques

TRÊS ESTRELAS

EDITOR Alcino Leite Neto
EDITOR-ASSISTENTE Bruno Zeni
COORDENAÇÃO DE PRODUÇÃO GRÁFICA Mariana Metidieri
PRODUÇÃO GRÁFICA Iris Polachini
CAPA Luciana Facchini
IMAGENS DA CAPA "Retrato do sultão Solimão", tela a óleo de cerca de 1530/40 atribuída a pintor do círculo de Ticiano - Album/Akg-Images/Latinstock; "Formação das esquadras venezianas e turcas", tela do século XVII, de autor desconhecido - Album/Cameraphoto/Akg-Images/Latinstock.
MAPAS Editoriadearte.com
PROJETO GRÁFICO DO MIOLO Mayumi Okuyama
EDITORAÇÃO ELETRÔNICA Jussara Fino
PREPARAÇÃO Marcia Menin
REVISÃO Beatriz de Freitas Moreira e Carmen T. S. Costa
REVISÃO TÉCNICA Ricardo Bonalume Neto

Dados Internacionais de Catalogação na Publicação (CIP)
(Câmara Brasileira do Livro, SP, Brasil)

Crowley, Roger
Impérios do mar: a batalha final entre cristão e muçulmanos pelo controle do Mediterrâneo/ Roger Crowley; tradução Fátima Marques. São Paulo: Três Estrelas, 2015.
Título original: *Empires of the sea : the final battle for me Mediterranean*, 1521-1580.

1ª reimpr. da 1ª ed. de 2014
ISBN 978-85-68493-00-7

1. Região mediterrânea - História - 1517-1789 2. Região mediterrânea - História militar - Século 16 3. Região mediterrânea - História naval - Século 16 4. Turquia - História - 1453-1683 I. Título.

14-09409 CDD-909.09

Índices para catálogo sistemático:
1. História do mundo: Mediterrâneo 909.09

Este livro segue as regras do Acordo Ortográfico da Língua Portuguesa (1990), em vigor desde 1º de janeiro de 2009.

TRÊS ESTRELAS

Al. Barão de Limeira, 401, 6º andar
CEP 01202-900, São Paulo, SP
Tel.: (11) 3224-2186/2187/2197
editora3estrelas@editora3estrelas.com.br
www.editora3estrelas.com.br

# Sumário

**Mapas**

Para George, que também lutou
nesse mar e que nos levou até lá

"Os habitantes do Magreb têm consciência da autoridade do livro das previsões, segundo o qual os muçulmanos farão um ataque bem-sucedido contra os cristãos e conquistarão as terras dos cristãos europeus do além-mar.
Isso, dizem, acontecerá pelo mar."

IBN KHALDUN, historiador árabe do século XIV[1]

# Prólogo

# O mapa de Ptolomeu

Muito antes dos quarteirões de escritórios em todo o Corno de Ouro, antes mesmo das mesquitas, havia a igreja. O domo de Santa Sofia se destacou isolado contra o horizonte por mil anos. Quem subisse ao topo em algum momento da Idade Média teria uma vista panorâmica da "cidade coroada pela água". Dali fica bastante evidente a razão pela qual Constantinopla, um dia, governou o mundo.

Na tarde de 29 de maio de 1453, Mehmet II, sultão do Império Otomano, fez essa subida. Era o fim de um dia memorável. Seu exército tinha acabado de tomar a cidade de assalto, em cumprimento à profecia islâmica, e destruído os últimos vestígios do império cristão de Bizâncio. Ele escalou, nas palavras do cronista otomano, "como o espírito de Deus ascendendo até a quarta esfera do céu".[1]

O sultão contemplou uma cena de devastação melancólica. Constantinopla tinha sido completamente arruinada e saqueada, "despojada e enegrecida como que pelo fogo".[2] O exército da cidade fora derrotado, e as igrejas, saqueadas; seu último imperador perecera no massacre. Homens, mulheres e crianças eram amarrados juntos em longas filas. Bandeiras tremulavam em prédios vazios, um sinal aos saqueadores de que os espólios já haviam sido levados. Mais alto do que o choro lastimoso dos cativos, o chamado para a oração se elevava no ar de primavera, assinalando o fim enfático de uma dinastia imperial e a legitimação de outra, por direito de conquista. Os turcos otomanos, um povo tribal e nômade proveniente do coração da Ásia, agora consolidavam a presença do Islã na costa europeia, na cidade que denominaram Istambul. Sua conquista confirmava Mehmet como herdeiro de Bizâncio e líder indiscutível da guerra santa.

Daquele local privilegiado, o sultão podia contemplar o passado e o futuro do povo turco. Ao sul, além do estreito de Bósforo, ficava a Anatólia, ou Ásia Menor, território pelo qual os turcos haviam feito sua longa migração; ao norte, a Europa, objeto de suas ambições territoriais. No entanto, era a perspectiva a oeste que se mostrava mais desafiadora aos otomanos. Sob o sol da tarde, o mar de Mármara reluzia como cobre batido; para além dele, as grandes extensões do Mediterrâneo, o lugar que os turcos chamavam de mar Branco. Com a conquista de Bizâncio, Mehmet não herdava apenas um pedaço de terra, mas também um império marítimo.

Os acontecimentos de 1453 fizeram parte de um grande fluxo e refluxo na luta entre o islamismo e o cristianismo. Do século XI ao XV, a cristandade, no ímpeto das Cruzadas, tinha dominado o Mediterrâneo. Havia criado um mosaico de pequenos estados na costa da Grécia e nas ilhas do mar Egeu, que ligava o empreendimento dos cruzados ao Ocidente latino. A direção da conquista começara a reverter quando eles perderam o último ponto de apoio importante no litoral da Palestina, em 1291, com a queda de Acre. Agora o Islã estava prestes a revidar.

Ninguém, desde os romanos, tivera recursos suficientes para organizar esse mar, porém Mehmet imaginava-se como herdeiro dos imperadores romanos. Suas ambições eram ilimitadas. Ele estava determinado a criar "um império, uma só fé e uma soberania no mundo"[3] e se intitulava "soberano dos dois mares"[4] – o Branco e o Negro. O mar era um território estranho para os otomanos. Não é terra firme. Não existem fronteiras naturais, tampouco lugar para os nômades acamparem. É inabitável. Não lembra nada: o Islã estabelecera bases seguras no

Mediterrâneo antes e as perdera. Mehmet, no entanto, já havia declarado suas intenções claramente; ele trazia uma grande frota, ainda que inexperiente, do cerco de Constantinopla, e os otomanos aprendiam rápido.

Nos anos após a conquista, Mehmet encomendou uma cópia do mapa da Europa feito pelo antigo geógrafo Ptolomeu, traduzido para ele em árabe pelos gregos. Estudou a configuração do mar nos mínimos detalhes. Passou o dedo sobre Veneza, Roma, Nápoles, Sicília, Marselha e Barcelona, delineou os portões de Gibraltar; até mesmo a distante Grã-Bretanha caiu sob seu olhar. Os tradutores tinham prudentemente garantido que nenhum lugar se destacava tanto quanto Istambul, mas Mehmet ainda não sabia que os reis católicos da Espanha vinham construindo uma série de ambições imperiais combinadas na margem ocidental do mapa. Madri e Istambul, como espelhos gigantes refletindo o mesmo sol, estavam, de início, muito distantes para serem mutuamente visíveis. Logo a hostilidade convergiria a luz. Mesmo o mapa de Ptolomeu, com suas desconhecidas penínsulas disformes e ilhas deformadas, não podia esconder uma verdade essencial sobre o Mediterrâneo: ele é realmente dois mares, separados pelo estreito entre a Tunísia e a Sicília, com Malta no meio, um ponto insignificante. Os otomanos dominariam rapidamente o mar oriental, e os Habsburgos da Espanha, o ocidental. Com o tempo, ambos confluiriam para aquele ponto.

Hoje em dia, pode-se sobrevoar toda a extensão do Mediterrâneo, do sul da Espanha ao litoral do Líbano, em três horas. Do céu, a perspectiva é pacífica, uma procissão ordenada de navios movendo-se mansamente sobre a superfície brilhante. Os milhares de quilômetros de costa com ameias ao norte revelam estações turísticas, ancoradouros de iates e resorts elegantes, bem como os grandes portos e complexos industriais que constituem a força econômica do sul da Europa. Cada navio nessa lagoa calma pode ser rastreado do espaço. Os navios viajam à vontade, imunes às tempestades que fizeram Ulisses e São Paulo naufragar. Para nosso mundo cada vez menor, o lugar que os romanos chamavam de centro do mundo parece minúsculo.

Quinhentos anos atrás, as pessoas vivenciavam o mar de maneira bem diferente. A costa era um litoral de fome, despojado precocemente das árvores e em seguida do solo, por homens e cabras. No século XIV, Creta era capaz de fornecer a Dante uma imagem de ruína ecológica. "No meio do mar há uma terra perdida", escreveu ele, "que uma vez foi feliz, com água e folhas. Agora é um deserto." O mar também é estéril. O Mediterrâneo foi formado por um drástico colapso geológico, de modo que as fascinantes águas transparentes de suas bordas caíam bruscamente em abismos submarinos profundos.[5] Não existem plataformas continentais para rivalizar com os ricos bancos de pesca da Terra Nova ou do mar do Norte. Para aqueles que viviam na costa, os milhões de quilômetros quadrados de água, divididos em algumas zonas, cada uma com os próprios ventos, irregularidades costeiras e ilhas dispersas, eram inacessíveis e perigosos – tão vastos que as duas metades do Mediterrâneo eram mundos diferentes. Com bom tempo, um veleiro podia levar dois meses para fazer a viagem de Marselha a Creta; com mau tempo, seis. Os barcos eram surpreendentemente impróprios para a navegação, as tempestades, repentinas, os piratas, numerosos, de modo que os marinheiros em geral preferiam rastejar ao redor de suas margens costeiras a cruzar o mar aberto. O perigo fazia parte da viagem: ninguém em sã consciência pisaria na prancha sem encomendar sua alma a Deus. O Mediterrâneo era um mar de problemas. E, depois de 1453, tornou-se o epicentro de uma guerra mundial.

Ali o islamismo e o cristianismo travaram uma das mais ferozes e caóticas disputas da história europeia. A batalha se prolongou cegamente pela água por mais de um século; apenas os conflitos abertos, nos quais os otomanos eclipsaram Veneza, duraram cinquenta anos. Assumiram várias formas: pequenas guerras de atrito econômico, investidas de piratas em nome da fé, ataques contra fortalezas costeiras e portos, cercos dos grandes bastiões da ilha e, a mais rara de todas, um punhado de épicas batalhas marítimas. A luta sugou todas as nações e grupos de interesses especiais banhados por suas águas: turcos, gregos, norte-africanos, espanhóis, italianos e franceses, os povos do Adriático e da costa da Dalmácia, comerciantes, imperialistas, piratas e guerreiros sagrados. Todos lutaram na mudança de alianças para proteger a religião, o comércio ou o império. Ninguém podia tremular uma bandeira neutra por muito tempo, embora os venezianos tenham tentado arduamente.

A arena litorânea fornecia ilimitadas possibilidades para o confronto. De norte a sul é surpreendentemente estreita; em muitos lugares, apenas uma pequena faixa de água separa os povos estrangeiros. Invasores poderiam aparecer no horizonte a qualquer momento e logo desaparecer, à vontade. Apenas no ataque fulminante dos mongóis a Europa tinha experimentado tão abruptamente o repentino terror de inimigos. O Mediterrâneo tornou-se uma biosfera de violência caótica, onde o islamismo e o cristianismo entraram em confronto com ferocidade inigualável. Seus campos de batalha eram a água, as ilhas e as praias, onde os eventos eram condicionados pelo vento e pelo tempo; sua principal arma, a galera a remo.

Para a cristandade, os otomanos – cujo império era multiétnico – sempre foram simplesmente os turcos, "o mais cruel inimigo do nome de Cristo".[6] A Europa ocidental via a disputa como a fonte de uma guerra final e a sentia como um trauma, uma luta psíquica contra os poderes das trevas. Dentro do Vaticano, sabiam sobre o mapa de Ptolomeu. Imaginavam-no como o modelo para a conquista otomana e retrataram a cena no Palácio de Topkapi, bem acima do Bósforo, nos mínimos detalhes. A figura genérica do sultão – o Grande Turco, de turbante e caftan, argola no nariz e crueldade atávica, sentado no esplendor bárbaro de seus domínios ajardinados e azulejados – estudava as rotas marítimas para o oeste. Ele não pensava em nada além da destruição da cristandade. Para o papa Leão X, em 1517, a ameaça dos turcos era tão próxima quanto a respiração. "Ele tem todo dia em mãos um informe e um mapa da costa da Itália",[7] escreveu o potífice com tremor, "não presta atenção em nada a não ser em reunir a artilharia, construir navios e avaliar todos esses mares e as ilhas da Europa."[8] Para os otomanos e seus aliados no Norte da África, era a volta do tempo das Cruzadas, a oportunidade de reverter o fluxo de conquista e de controlar o comércio mundial.

Essa disputa seria realizada em um enorme front, muitas vezes muito além do mar. A Europa lutou contra o inimigo nos Bálcãs, nas planícies da Hungria, no mar Vermelho, às portas de Viena, mas, por fim, no século XVI, os recursos concentrados de seus protagonistas convergiram para o centro do mapa. Seria uma luta de sessenta anos, dirigida pelo bisneto de Mehmet, Solimão. A guerra irrompeu no início de 1521 e viveu seu clímax entre 1565 e 1571, seis anos de incomparável derramamento de sangue, que viu os dois pesos-pesados da época – os turcos otomanos e os Habsburgos da Espanha – defenderem os padrões de batalha de sua fé e lutarem até a morte. O resultado moldaria os limites dos mundos e condicionaria a direção futura dos impérios muçulmano e cristão.

Se é que é possível localizar o início dessa batalha, tudo começou com uma carta.

PARTE I

# Os Césares: a disputa pelo mar 1521-1560

# O sultão faz uma visita

1521-1523

Primeiro o rufar de tambores dos títulos imperiais. Depois a ameaça:

*10 de setembro de 1521, de Belgrado*

O sultão Solimão, pela graça de Deus, rei dos reis, soberano dos soberanos, mais alto imperador de Bizâncio e Trebizonda, rei muito poderoso da Pérsia, da Arábia, da Síria e do Egito, senhor supremo da Europa e da Ásia, príncipe de Meca e Alepo, senhor de Jerusalém e governante do mar universal, a Filipe de L'Isle Adam, grão-mestre da ilha de Rodes, saudações.

Quero parabenizá-lo por sua nova dignidade, por sua chegada a seus territórios. Espero que os governe com prosperidade e com ainda mais glória do que seus antecessores. Também quero cultivar seu favor. Alegre-se comigo, portanto, como um amigo muito querido, pois, seguindo os passos de meu pai, que conquistou a Pérsia, Jerusalém, a Arábia e o Egito, ocupei a mais poderosa das fortalezas, Belgrado, durante o último outono. Depois disso, tendo oferecido a batalha ao infiel, que não teve coragem de aceitar, tomei muitas outras belas e bem fortificadas cidades e destruí a maior parte de seus habitantes, tanto com a espada como com o fogo, o restante sendo reduzido à escravidão. Agora, após o envio de meu numeroso e vitorioso exército a seus quartéis de inverno, devo retornar em triunfo a minha corte em Constantinopla.[1]

Para os que sabem ler nas entrelinhas, é evidente que não se trata de uma expressão de amizade, mas de uma declaração de guerra. Solimão, bisneto de Mehmet, o Conquistador, tinha acabado de herdar o trono otomano. De acordo com o costume e a tradição, ele era obrigado a marcar sua ascensão com vitórias; cada novo sultão devia legitimar sua posição como "Conquistador das Terras do Oriente e do Ocidente"[2] pela inclusão de novos territórios ao império mundial. Ele poderia, então, distribuir o saque, garantir a lealdade do exército e proceder às formas rituais de propaganda. Cartas de vitória – afirmações do poder imperial – eram enviadas para impressionar o mundo muçulmano e intimidar o cristão, e o novo sultão podia começar a construir sua mesquita.

Uma ascensão também tinha de ser acompanhada de morte. A lei exigia que o sultão matasse todos os seus irmãos "no interesse da ordem mundial",[3] para impedir a possibilidade de uma guerra civil. Caixões infantis eram transportados, em melancólica fila, para fora do harém do palácio, enquanto as mulheres choravam abafado e os estranguladores com cordas de arco eram enviados às províncias distantes para caçar os irmãos mais velhos.

No caso de Solimão, não houve tais mortes. Ele era o único herdeiro do sexo masculino. É provável que seu pai, Selim, tenha executado todos os outros filhos, seis anos antes, para evitar golpes. O de 26 anos foi abençoado com a exclusividade em sua herança. Ele adquiriu um poderoso império unificado, possuidor de recursos incomparáveis. Para os muçulmanos piedosos, Solimão era prenúncio de boa sorte. Seu nome, inspirado em Salomão, foi escolhido abrindo o Corão aleatoriamente, e prenunciava um governante dedicado à sabedoria e à justiça. Em uma época de presságios, todas as circunstâncias de sua ascensão eram proféticas. Solimão era o décimo sultão, nascido no décimo ano do décimo

Interfoto/Latinstock

**Gravura que retrata o jovem Solimão I, cujo reinado ombreou com os grandes imperadores europeus. Alto, de rosto duro e olhar firme, causava impressão entre os embaixadores estrangeiros.**

século da era muçulmana. Dez era a cifra da perfeição, o número das partes do Corão e dos discípulos do Profeta, dos mandamentos no Pentateuco e dos céus astrológicos do Islã. E ele pisou no palco do mundo em um momento de destino imperial.

O reinado de Solimão se sobreporia e competiria com as aspirações de uma quantidade de monarcas rivais: os Habsburgos, Carlos V e Filipe II, da Espanha; os reis Valois, da França, Francisco I e seu filho Henrique II; na Inglaterra, os Tudors, Henrique VIII e Elizabeth I; na Rússia, Ivan, o Terrível; no Irã, o xá Ismail; na Índia, o imperador mongol Akbar. Nenhum tinha um sentido de missão imperial mais aguçado ou fazia para si mesmo reivindicações mais elevadas.

Desde o início ele causou uma calculada e forte impressão nos embaixadores estrangeiros admitidos em sua corte. "O sultão é alto e magro, mas robusto, com um rosto fino e duro", escreveu o veneziano Bartolomeo Contarini, "dizem que Solimão tem um nome apropriado [...] é experiente e mostra bom-senso."[4] Seu semblante era sóbrio, seu olhar, firme, seus caftans simples, mas majestosos. Sua altura e presença física eram reforçadas pelo enorme turbante esférico que lhe adornava a cabeça e pelo rosto pálido. Ele pretendia impressionar com o esplendor de sua pessoa e de sua corte. Logo ele reivindicaria o título de César e vislumbraria o controle do Mediterrâneo.

Solimão tinha em mente duas vitórias imediatas. Estava ciente das realizações de seus antepassados e sonhava, desde a infância, completar as conquistas que haviam escapado de seu bisavô, Mehmet. A primeira era a tomada da fortaleza de Belgrado, porta de entrada para a Hungria. Dez meses depois de sua ascensão, o sultão estava acampado diante das muralhas da cidade; em agosto de 1521, já fazia orações na catedral cristã local. A segunda estava relacionada com sua pretensão de se tornar o "padixá do mar Branco". O plano era a tomada de Rodes.

A ilha para a qual Solimão agora voltava a sua atenção era um anacronismo estranho – uma aberração sobrevivente das Cruzadas medievais, localizada a curta distância do mundo islâmico. Rodes é a mais importante e fértil de um cinturão de ilhas de pedra calcária do Dodecaneso – as doze ilhas – que se estendem por centenas de quilômetros ao longo da costa da Ásia Menor. Encontra-se no extremo sul, a oeste do grupo; o norte é marcado pela ilha caiada do mosteiro de Patmos, um dos locais sagrados do cristianismo ortodoxo, onde São João, o Divino, recebeu as revelações do Novo Testamento. Essas ilhas são intimamente entrelaçadas com as baías e promontórios da costa asiática, de forma que o continente sempre está à vista no horizonte. De Rodes, a travessia é de aproximadamente dezessete quilômetros, apenas duas horas de navegação com bom vento, tão perto que em dias claros de inverno, pela refração do ar, parece ser possível tocar as montanhas asiáticas nevadas.

Quando Mehmet ocupou Constantinopla, em 1453, as potências cristãs ainda tinham o mar Egeu como um anel defensivo, um arco de resistência cuja força estava na interdependência das pedras que o compunham. Em 1521, toda a estrutura desabou; mesmo contra a gravidade, Rodes, a pedra angular, sobreviveu, como um bastião cristão isolado que ameaçava as rotas dos otomanos por mar e limitava suas ambições marítimas.

Rodes e suas ilhas anexas foram tomadas em nome do papa pela última sobrevivente das grandes ordens militares das Cruzadas, a dos cavaleiros de São João – os hospitalários –, cujo destino refletia de perto o conjunto do empreendimento da cruzada. Fundada para cuidar de peregrinos doentes em Jerusalém, ela também se tornou, como os templários e os cavaleiros teutônicos, uma ordem de combate militar. Seus membros adotavam votos de pobreza, castidade e obediência ao papa; sua finalidade principal era a guerra incessante aos infiéis. A ordem de São João lutou em cada ação significativa nas longas guerras da Terra Santa até se reduzir a quase um homem, de costas para o mar, em Acre, em maio de 1291. No exílio, os hospitalários procuraram um meio de continuar essa luta e seus olhos se dirigiram para a ilha greco-cristã de Rodes. Em 1307, eles a atacaram e a capturaram. Rodes assumiu grande importância para a cristandade ocidental contra o mundo islâmico, uma espécie de plataforma de lançamento a partir da qual uma nova contraofensiva à Palestina poderia ser preparada em algum momento futuro.

Na cidade de Rodes, os cavaleiros criaram uma pequena fortaleza feudal, o último posto avançado das cruzadas latinas. Sujeita apenas ao papa, e mantida pelos aluguéis das grandes propriedades de terra da ordem na Europa, era dedicada à guerra santa. A Religião Sagrada, como os hospitalários chamavam a si mesmos, conhecia lugares fortificados; tinha gerações de experiência de defesa da fronteira na Palestina. Eles haviam construído o Krac dos Cavaleiros, o maior dos castelos dos cruzados, e agora fortificavam a cidade com bravatas e se reinventavam como invasores do mar, construindo e equipando um pequeno esquadrão de galeras fortemente armadas com as quais atacavam as costas otomanas e as rotas marítimas, saqueando e capturando escravos.

Durante duzentos anos, os hospitalários mantiveram uma intransigente presença pirata na costa do mundo muçulmano, fazendo do Dodecaneso uma cadeia de ilhas fortificadas para encurralar os turcos. Eles ainda conseguiram estabelecer um ponto de apoio no próprio continente, na fortaleza turca chamada Bodrum – São Pedro, o Libertador. Ela servia como rota de fuga para os escravos cristãos e como ferramenta de propaganda para angariar fundos para sua missão em toda a Europa. Os cavaleiros, conscientes do destino que se abatera sobre os templários, procuravam cultivar sua imagem como a do Escudo da Cristandade.

As opiniões dos europeus sobre os hospitalários eram desencontradas. Para o papado, Rodes tinha um enorme peso simbólico como a linha exterior de defesa contra o infiel, estabelecendo uma fronteira marítima que se retraía à medida que a herança bizantina se desmantelava diante do avanço islâmico e as ilhas do anel caíam uma por uma nas mãos dos otomanos. O papa Pio II lamentou: "Se todos os outros príncipes cristãos [...] tivessem se mostrado incansáveis em sua hostilidade aos turcos como a ilha de Rodes, sozinha, o fez, os ímpios não teriam se tornado tão fortes".[5] Mesmo depois da queda de Constantinopla, Rodes continuou alimentando o projeto mais estimado da Santa Sé: a possibilidade de um eventual retorno à Terra Santa. Outros foram menos caridosos. Para os comerciantes marítimos cristãos, os hospitalários eram um anacronismo perigoso. Seus atos de pirataria e os bloqueios do comércio ocidental com os muçulmanos ameaçavam desestabilizar a paz delicada da qual as trocas dependiam. Os venezianos não os distinguiam dos corsários e os consideravam uma ameaça, superada apenas pelas ambições imperiais dos otomanos.

O impacto dos cavaleiros certamente ultrapassava seus recursos. Nunca houve mais de quinhentos em Rodes, vindos da aristocracia da Europa, com o apoio mais ou menos voluntário da população grega local e dos mercenários. Eles compunham uma pequena elite militar bem organizada, com um forte sentido de missão, cujo valor impertinente era desproporcional a seu tamanho. Suas galés se escondiam nas lagoas de água marinha e nas enseadas rochosas da costa asiática. Eram rápidas em arrebatar o tráfego que passava – cargas das embarcações de peregrinos de Istambul em direção à Meca, madeira para o Egito vinda do mar

Negro, especiarias da Arábia, mel, peixe seco, vinho e seda. Sua reputação era temível entre amigos e inimigos. Enfrentar uma galera de hospitalários era como lutar com um escorpião. "Esses corsários são conhecidos por sua energia e ousadia", escreveram os cronistas otomanos, "eles perturbam a vida, causando todo tipo de prejuízo aos comerciantes e capturando viajantes."[6] Para os muçulmanos, eles eram, como sempre, o arqui-inimigo, "a seita do mal de ocidentais, os piores filhos do erro, a mais corrupta semente do diabo";[7] Saladino havia abatido seus prisioneiros hospitalários sem remorso. Sua fidelidade ao papa os tornou duplamente repugnantes aos olhos otomanos. Pior ainda, na ilha eles administravam um mercado para a venda de escravos muçulmanos. "Quantos filhos do Profeta são capturados por esses filhos da mentira?", lamentavam os cronistas muçulmanos. "Quantos milhares de fiéis são forçados a se tornar infiéis? Quantas esposas e filhos? Sua maldade não tem fim."[8]

Sucessivos sultões percebiam Rodes como ameaça, uma afronta à soberania – e um empreendimento sem fim. Mehmet enviara uma grande força de ataque para invadi-la e fora humilhado. Quando Selim, o pai de Solimão, tomou o Egito em 1517, a posição de Rodes, bem no meio da rota marítima para Istambul, aumentava sua ameaça estratégica. As primeiras décadas do século XVI foram uma época de fome na região do Mediterrâneo oriental e o fornecimento de alimentos para a capital era fundamental. "Os ditos rodianos estão infligindo grandes perdas aos assuntos do sultão",[9] observou o cronista veneziano Sanudo, em 1512, ano em que os cavaleiros capturaram dezoito cargueiros com destino a Istambul, provocando ali um aumento de cinquenta por cento nos preços dos grãos. As queixas ao sultão subiam de tom: "Eles não deixam passar os navios dos mercadores ou dos peregrinos com destino ao Egito sem afundá-los com seu canhão e capturar os muçulmanos".[10] Para Solimão, isso não era apenas uma ameaça estratégica; o que estava em jogo era sua posição como "chefe da comunidade de Maomé".[11] A tomada de escravos muçulmanos na própria porta de seu reino era intolerável. Foi então que ele decidiu esmagar "o ninho de víboras dos ocidentais".[12]

Nove dias depois de Solimão ter escrito a carta de vitória em Belgrado, o homem a quem ela se dirigia pôs os pés em Rodes. Seu nome era Filipe Villiers de L'Isle Adam, um aristocrata francês recém-eleito grão-mestre da ordem. Tinha 57 anos e era descendente de uma família com longa história de mortes pelas Cruzadas. Um de seus antepassados tinha comandado a defesa da última trincheira de Acre, em 1291. L'Isle Adam devia ter algumas ilusões da tarefa à frente. A viagem de Marselha para assumir seu posto havia sido sinistra, agourenta. Saindo de Nice, um de seus navios pegara fogo; no canal de Malta, o navio-capitânia da ordem, Santa Maria, fora atingido por um raio. Nove homens caíram mortos e uma descarga elétrica atingira a espada do grão-mestre, transformando-a em sucata retorcida. Ele, porém, saíra ileso da plataforma chamuscada. Quando os navios iam aportar em Siracusa para reparar os danos causados pelas tempestades, deram-se conta de que estavam sendo seguidos pelo corsário turco Kurtoglu, que cruzava o mar com uma poderosa esquadra de galeras despojadas pela guerra. Durante a noite, os cavaleiros deslizaram sorrateiramente pelo porto e ultrapassaram seus perseguidores com o vento do oeste.

Depois de ler a carta de Solimão, L'Isle Adam compôs uma resposta concisa, notavelmente econômica em gentilezas e sem reconhecimento algum dos títulos grandiosos do sultão. "Irmão Filipe Villiers de L'Isle Adam, grão-mestre de Rodes, para Solimão, sultão dos turcos", começou ele. "Compreendi bem o significado de sua carta, que me foi apresentada por seu embaixador."[13] O grão-mestre passou a narrar a tentativa de Kurtoglu de capturar o navio em que ele viajava, antes de concluir, com uma "despedida" abrupta. Também enviou uma carta ao rei da França: "Senhor, desde que ele se tornou o Grande Turco, essa é a primeira carta que enviou a Rodes, e nós não a recebemos como sinal de amizade, mas como ameaça velada".[14]

L'Isle Adam estava ciente do que provavelmente aconteceria – a inteligência dos cavaleiros era grande e eles estavam se preparando para o contra-ataque havia quarenta anos. Os primeiros anos do século XVI ressoavam com os apelos deles ao papa e aos tribunais da Europa por homens e dinheiro. Após a conquista do Egito pelos otomanos, em 1517, a ameaça dos turcos parecia maior do que nunca. O mar cristão começou a tremer, com uma terrível expectativa. O papa Leão estava quase paralisado pelo medo: "Agora que o Terrível Turco tomou o Egito e a Alexandria e toda a parte oriental do Império Romano e equipou uma enorme frota de Dardanelos, vai absorver não só a Sicília e a Itália, mas o mundo todo".[15] Era óbvio que Rodes estava na linha de frente de uma tempestade que se aproximava. O grão-mestre renovou seus apelos de ajuda.

A resposta unificada da cristandade foi zero. A Itália, como Solimão sabia tão bem, era um campo de batalha entre os reis Habsburgos, da Espanha, e os Valois, da França; Veneza, ensanguentada por sua luta anterior com os turcos, tinha optado por tratados de amizade, enquanto a Reforma de Lutero começava a dividir o mundo cristão em cacos rebeldes. Sucessivos papas instigaram a consciência dos potentados seculares da Europa, sem êxito, e sonharam com esquemas fantasiosos para as Cruzadas. Em momentos mais lúcidos, lamentaram a confusão da cristandade. Somente os cavaleiros se reagrupavam em seus postos de comando em toda a Europa, porém suas hostes eram lamentavelmente reduzidas.

Implacável, L'Isle Adam começou a se preparar para o cerco. Despachou navios para a Itália, Grécia e Creta para comprar trigo e vinho. Supervisionou a limpeza das valas, a reparação de bastiões e a operação de usinas de pólvora – e tentou abafar o vazamento de informações pelos estreitos das terras do sultão. Em abril de 1522, o trigo foi ceifado imaturo, e a vegetação que cobria o solo dos arredores da cidade, arrancada e queimada. Um par de correntes de ferro maciço foi arrastado e esticado na entrada do porto.

Em Istambul, a setecentos quilômetros de distância, Solimão reunia seu exército e abastecia a frota. A marca registrada das campanhas otomanas era a capacidade de mobilizar homens e recursos em uma escala que paralisava os poderes de cálculo do inimigo. Os cronistas tinham a tendência de duplicar ou triplicar a estimativa razoável de uma força que podia ser montada e fornecida para a guerra – ou simplesmente desistiam. "Numerosos como as estrelas"[16] era uma expressão comum dos defensores agachados atrás das muralhas, chocados com a visão da imensa quantidade de homens, animais e tendas montadas do lado de fora. Nesse espírito, a expedição de Rodes incluía 200 mil homens e uma poderosa armada, "galeaças, galés, barcos de transporte de cavalos, fustas e bergantins".[17] L'Isle Adam decidiu não contar seus homens com muita exatidão; havia tão poucos deles que seria ruim para o moral, "e ele temia que o Grande Turco pudesse tomar conhecimento da situação por meio dos que iam e vinham de Rodes".[18] Muito provavelmente havia quinhentos cavaleiros, 1.500 mercenários e gregos locais para defender a cidade. O grão-mestre decidiu, depois de uma série de revistas para levantar os ânimos, "cobrir seus homens de cores e aparatos" e convocá-los "com o formidável barulho das trombetas e dos tambores".[19] Os cavaleiros, de sobreveste vermelha com cruz branca, formavam um alegre agrupamento.

Mehmet não havia participado pessoalmente do cerco a Rodes em 1480; permanecera em Istambul e enviara seu comandante. Solimão, por sua vez, resolveu fazer uma visita aos "malditos trabalhadores da iniquidade".[20] A presença de um sultão aumentava muito as apostas em uma campanha militar. A derrota era inadmissível; a falha de qualquer comandante significava demissão – ou morte. Solimão vinha exclusivamente para vencer.

Em 10 de junho, os cavaleiros receberam outra carta, dessa vez sem sutilezas diplomáticas:

> Sultão Solimão para Villiers de L'Isle Adam, grão-mestre de Rodes, para seus cavaleiros e para as pessoas em geral. Seus ferimentos monstruosos contra meu povo aflito têm despertado minha piedade e indignação. Portanto, ordeno-lhe entregar imediatamente a ilha e a fortaleza de Rodes, e lhe dou minha benevolente permissão para partir em segurança com a mais valiosa de suas consequências; ou, se desejar permanecer sob meu governo, não lhe exigirei tributo algum, nem que faça algo que restrinja suas liberdades ou vá contra sua religião. Se o senhor for sábio, vai preferir amizade e paz a uma guerra cruel. Porque, uma vez derrotado, terá de passar por todas as misérias que geralmente são impostas pelos vencedores, já que não será protegido nem por suas forças, nem por ajuda externa, nem pelo abrigo de suas fortificações, que vou derrubar até o alicerce... Eu juro por Deus do céu, o Criador da Terra, pelos quatro evangelistas, pelos 4 mil profetas que desceram do céu, pelos chefes dentre os quais se destaca Maomé, o mais digno de ser adorado, pela alma de meu avô e de meu pai e pela minha sagrada, augusta e imperial cabeça.[21]

O grão-mestre não se dignou a responder. Concentrou seus esforços na fabricação de pólvora.

Em 16 de junho, Solimão cruzou o Bósforo com seu exército e começou o percurso ao longo da costa da Ásia até o lugar de passagem para Rodes. Dois dias depois, a frota zarpou de sua base em Galípoli, carregando pesadas armas, suprimentos e mais tropas.

Apesar da enorme discrepância entre os números, a disputa foi menos desigual do que parecia. Quando os exércitos otomanos cercaram a cidade de Rodes, em 1480, procuravam uma fortaleza típica do mundo medieval. Os finos e altos muros, projetados para resistir à escalada por escadas e às armas de cerco, eram terrivelmente vulneráveis a tiros contínuos. Em 1522, as defesas tinham sido amplamente reformadas. Os cavaleiros podiam ser retrógrados em seu etos e sentido de missão, mas, quando se tratava de engenharia militar, adotavam o que havia de mais avançado. Nos quarenta anos de paz, eles tinham gastado suas reservas contratando os melhores engenheiros italianos para fortalecer seus redutos.

Esse trabalho foi realizado à beira de uma revolução na arquitetura militar. A idade da pólvora e o desenvolvimento de acurados canhões de bronze que disparavam bolas de ferro representavam um extraordinário avanço na tecnologia de defesa. Engenheiros militares italianos desenvolveram sua disciplina como uma ciência. Eles mapeavam ângulos geométricos de fogo com bússolas e usavam conhecimento de balística para projetar soluções radicais. Em Rodes, construíram protótipos dessa nova gramática da engenharia militar: muros maciços, baluartes angulares de imensa espessura que dominavam amplos campos de fogo, parapeitos inclinados para desviar tiros, suportes para armas de longo alcance, portos com armas defensivas, camadas de peças de artilharia escondidas, valas duplas escavadas com a proporção de desfiladeiros, contraescarpas que expunham o inimigo que avançasse a uma torrente de fogo. Os novos princípios eram a defesa em profundidade e o fogo cruzado; nenhum inimigo poderia avançar sem ser atingido de vários pontos estratégicos, tampouco ter certeza de quais armadilhas havia ali. Em 1522, Rodes era não apenas a cidade mais bem defendida da Terra, como também um laboratório da guerra de cerco. A mão de obra para esse empreendimento era amplamente fornecida pelos muçulmanos escravizados – entre eles, um jovem marinheiro chamado Oruch, destinado a não esquecer nem a perdoar a experiência.

A forma arredondada de Rodes, como de uma maçã com um dos lados mordido, deixava o porto resguardado. Os cavaleiros lutavam em grupos nacionais, de modo que a defesa do círculo estava dividida em oito setores, cada um com sua torre, defendida por determinado país. A Inglaterra mantinha um setor e a Itália, outro; a Auvergne comandava o bastião mais temível de todos; depois a Alemanha, Castela, a França, a Provença e a Espanha.

Mesmo sem contar com substancial ajuda do Ocidente, L'Isle Adam teve um pequeno golpe de sorte. De Creta, ele conseguiu recrutar os serviços de um dos grandes engenheiros militares da época, Gabrielle Tadini, "o engenheiro mais brilhante no negócio de guerra, um especialista supremo na ciência matemática".[22] Oficialmente, Tadini estava a serviço dos venezianos, que se opunham a sua participação, vista como uma violação da neutralidade que procuravam manter. Os cavaleiros então o levaram secretamente para a ilha, à noite, em uma enseada deserta. Foi um golpe animador. Ranzinza, mas motivado, inovador e corajoso, Tadini valia por mil homens. Ele começou a trabalhar ajustando as defesas, medindo distâncias e áreas de fogo, dando os últimos retoques nas zonas de emboscada.

Foi no dia da festa de São João, 24 de junho – o dia mais santo do ano para os cavaleiros –, que a frota otomana fez uma primeira tentativa de aportar. Dois dias depois, ancorou nove quilômetros ao sul da cidade, e teve início o longo processo de descarga de equipamentos e de transporte de homens e de materiais pelo continente. Em uma cerimônia solene, o grão-mestre colocou as chaves da cidade no altar do santo na igreja, "suplicando a São João que os mantivesse sob sua proteção e a de toda a religião [...] e, por sua santa graça, os defendesse do grande poder dos inimigos que os tinham sitiado".[23]

Duas semanas se passaram até os otomanos trazerem tudo. Eles descarregaram na praia um abrangente dicionário de peças de artilharia: bombardas e basiliscos, serpentinas, espingardas de cano duplo e muitas armas. Estas dispararam uma variedade exótica de projéteis, destinados a cumprir os propósitos específicos ao padrão de ataque: pedras gigantes com quase três metros de circunferência e bolas de ferro impulsionadas com velocidade explosiva capaz de espancar e perfurar muros, bombas de bronze incendiárias que, fragmentadas, espalhavam nafta flamejante "para assassinar o povo",[24] balas de morteiro de alta trajetória e até mesmo armas biológicas – alguns canhões foram expressamente concebidos para lançar cadáveres apodrecidos por cima das muralhas.

Nenhum exército no mundo conseguia se igualar aos otomanos na arte da guerra de cerco; por meio de espionagem, chegaram a Rodes muito bem informados sobre as defesas e tinham feito uma avaliação realista da tarefa. De maneira adequada, confiaram menos em suas armas de cerco do que nos dispositivos subterrâneos: as minas explosivas. Para esse fim, parte substancial dos homens que aportaram nas praias brilhantes estava armada apenas com pás e picaretas. Solimão tinha trazido de seus territórios balcânicos mineiros qualificados, principalmente cristãos, para trabalhar no túnel sob as muralhas. O número de escavadores girava em torno de 60 mil – um terço do total do exército. Eles cavariam seu caminho sob os bastiões italianos engenhosamente concebidos, em um encurralamento meticuloso.

Em 28 de julho, os defensores puderam ver bandeiras comemorativas tremulando nos mastros dos navios otomanos: Solimão tinha atravessado o estreito em sua galé. Quando o sultão tivesse assentado seu acampamento e sua tenda cerimonial fora do alcance dos tiros e supervisionado os preparativos, o cerco poderia formalmente começar.

De início, era uma disputa pelas terras além das muralhas; depois, pelas próprias muralhas. Os mineiros foram colocados para trabalhar na construção de trincheiras paralelas às defesas da cidade e de paliçadas de madeira diante delas; uma segunda fase envolvia a escavação de galerias subterrâneas – valas estreitas e profundas – e a subida deles próprios pelas muralhas. Desde o começo era uma empreitada brutal. Os mineiros miseráveis, escavando a céu aberto, eram massacrados pelo tiroteio de Tadini; ataques surpresa matavam mais. Isso pouco importava aos comandantes otomanos – homens eram abundantes e dispensáveis. As trincheiras iam sendo estabelecidas, as armas eram arrastadas para detrás das telas de proteção e os disparos começavam. O pesado canhão atacou as muralhas noite e dia por um mês; morteiros bombardeavam a cidade com projéteis flamejantes e, "ao caírem no chão, eles se partiam, e o fogo que saía deles causava um estrago";[25] atiradores com arcabuzes – mosquetes – tentavam fazer uma limpeza geral nos defensores. Uma testemunha afirmou que "o tiroteio era inumerável e incrível".[26] A imensa oferta de mão de obra possibilitava façanhas prodigiosas de escavação. Os mineiros carregaram "uma montanha de terra"[27] por oitocentos metros de distância para construir duas grandes rampas até a altura dos muros, nos quais armaram cinco canhões para atirar na cidade.

Tão grande era o exército que cercava o perímetro terrestre de um crescente turco que se estendia de costa a costa, a uma distância de mais de dois quilômetros. Uma extensa rede de trincheiras começou a avançar lentamente, dia após dia; no topo, protegidos por anteparos de madeira e peles, os mineiros trabalhavam.

Tadini tomou contramedidas enérgicas. Como os túneis avançavam, ele construiu engenhosos dispositivos de escuta: membranas de pele foram esticadas em armações nas quais se amarravam sinos; estes eram tão sensíveis que até mesmo as mínimas vibrações abaixo do solo os faziam tilintar. Ele cavou contraminas para interceptar os túneis e matou os intrusos no escuro, explodiu com pólvora os mineiros em suas trincheiras cobertas e montou armadilhas elaboradas para pegar o inimigo que avançava, em um fogo cruzado assassino. No caso de um túnel ser perdido, ele fazia aberturas em espiral nas fundações para dispersar a força das cargas explosivas.

Os bastiões italianos recém-construídos resistiram bem ao ataque das armas, mas alguns dos mais antigos, particularmente o inglês, foram mais vulneráveis. E os mineiros eram incansáveis; no início de setembro, Tadini tinha neutralizado cerca de cinquenta túneis, mas no dia 4 a cidade inteira foi abalada por uma explosão sob o bastião inglês: um túnel não detectado tinha permitido aos turcos detonar as minas e fazer um buraco de nove metros. A infantaria avançou; por um tempo, os homens de Solimão estabeleceram uma cabeça de ponte e hastearam bandeiras nas muralhas antes de serem rechaçados, com grande número de mortos. Os dias subsequentes viram o derramamento de sangue aumentar. Minas explodiram, com poucos danos, graças ao sistema de aberturas de Tadini; ataques diretos foram montados e repelidos; milhares de tropas otomanas desconhecidas pereceram. O artilheiro mestre de Solimão teve as pernas arrancadas por uma bala de canhão – uma perda que dizem ter sido mais grave para o sultão do que qualquer general. Os homens ficaram relutantes em atacar; em 9 de setembro, tiveram de recuar das muralhas acuados "por grandes golpes de espada".[28] As baixas dentro da cidade eram muito menores, mas bem mais graves – cada homem morto era uma perda irreparável. Somente no dia 4, os cavaleiros perderam três comandantes: o capitão das galés, o porta-bandeira Henry Mansell e o grande comandante Gabriel de Pommerols, que "caiu das muralhas quando foi ver suas trincheiras [...] e feriu o peito".[29]

Solimão observava de uma distância segura, fora do alcance dos tiros, e registrou o desdobramento da batalha em uma série de frases lacônicas em seu diário de campanha. No final de agosto, ele só observou: "26 e 27, combate. 28, ordem dada para encher a vala com galhos e pedras. 29, as baterias de Piri Paxá, que o infiel tinha arrasado, começam a disparar novamente. 30, a vala está preenchida. 31, combate amargo".[30] A sensação de distanciamento olímpico permeia essas páginas. O sultão só fala de si mesmo na terceira pessoa, como se o homem que era a sombra de Deus na Terra fosse muito elevado para admitir emoções humanas. No diário, entretanto, é possível traçar ligeiramente uma trajetória de expectativa. Seu general, Mustafá Paxá, tinha dito ao sultão que o cerco levaria um mês. Como a cidade havia sido abalada por uma sucessão de minas explosivas em setembro e os ataques se avolumaram, parecia provável que um ataque final não estivesse muito distante. Em 16 de setembro, Solimão registrou que algumas tropas conseguiram entrar em um setor das muralhas. "Nessa ocasião, percebeu-se que lá dentro não era nem uma segunda vala, nem uma segunda muralha."[31] Em 23 de setembro, Mustafá Paxá decidiu que o momento havia chegado. Arautos passaram no meio do exército para anunciar uma investida maciça; Solimão dirigiu-se aos homens, estimulando-os a atos de bravura. Ele tinha uma plataforma de observação construída, de onde podia acompanhar o ataque final.

Na madrugada de 24 de setembro, "antes mesmo da hora da oração da manhã",[32] irrompeu um bombardeio. Na fumaça de dissimulação, os janízaros, tropas de choque de Solimão, começaram seu avanço. A defesa foi pega de surpresa. Os janízaros se instalaram nas muralhas e hastearam bandeiras. Uma furiosa batalha se seguiu. O território foi disputado por seis horas, mas o grão-mestre conseguiu reunir os defensores e uma chuva de fogo cruzado, vinda dos bastiões e das posições escondidas atrás da muralha exterior, atingiu os intrusos. Finalmente, os otomanos vacilaram e retrocederam. Nenhuma ameaça poderia devolvê-los à investida. Eles fugiram do campo, abandonando os escombros enfumaçados e sangrentos. Solimão escreveu apenas uma frase em seu diário: "O ataque foi repelido".[33] No dia seguinte, ele declarou sua intenção de ter Mustafá Paxá desfilando na frente de todo o exército e alvejado por flechas. No dia seguinte, ele se arrependeu.

Notícias abafadas do cerco foram transmitidas por todo o mundo mediterrâneo. Embora não tivessem feito nada, os potentados da Europa compreenderam quanto Rodes era importante. Ela era a barragem que segurava o avanço marítimo otomano. Carlos V, o imperador romano do Ocidente, previu que a perda da ilha abriria os mares centrais; os otomanos prosseguiriam em um assalto marítimo na Itália, "e finalmente arruinariam e destruiriam toda a cristandade".[34] Infelizmente para Rodes, essa brilhante visão estratégica não teve consequências materiais. Em outubro, apenas dois pequenos navios quebraram o bloqueio, trazendo alguns cavaleiros. Na Itália, a ordem tinha levantado dinheiro para 2 mil mercenários; eles fizeram isso para Messina, na Sicília, mas não continuaram; sem escoltas armadas, não se atreviam a navegar. Na distante Grã-Bretanha, alguns cavaleiros ingleses preparavam uma expedição. Partiram muito tarde na temporada e naufragaram, com a perda de toda a tripulação na baía de Biscaia.

Os ataques continuaram. As muralhas foram minadas e assaltadas repetidas vezes; cinco investidas no setor inglês foram repelidas em dez dias; no início de outubro, a maioria dos cavaleiros ingleses estava ferida ou morta. No dia 10, os eventos tomaram um rumo mais sério. A muralha espanhola foi rompida e os intrusos não podiam ficar desalojados; foram contidos por uma muralha interior construída às pressas, mas os otomanos estavam lá para ficar. "Foi um dia infeliz para nós", escreveu um dos cavaleiros, "o início de nossa ruína."[35] Novidades ainda piores no dia seguinte: um atirador viu Tadini estudando as defesas através de uma abertura e atirou-lhe no rosto. A bala esmagou sua cavidade ocular e saiu pela lateral de seu crânio. O corajoso engenheiro, embora gravemente ferido, mostrou-se resistente. Ele ficou fora de ação por seis semanas. Enquanto isso, o número de canhões úteis foi diminuindo a cada dia e os suprimentos de pólvora foram ficando tão baixos que o grão-mestre ordenou que nenhuma arma fosse usada sem permissão.

A cidade sucumbiu a uma caça às bruxas por espiões. Em uma população mista de latinos, gregos e judeus, apoiados por um sombrio grupo de escravos muçulmanos, todos poderiam imaginar uma quinta-coluna, com os simpatizantes do inimigo. Logo no início do cerco, uma conspiração das mulheres escravas turcas para incendiar as casas tinha sido frustrada e as líderes foram condenadas à morte. Apesar de bem vigiados, os escravos escapavam todo o tempo; eles desciam a muralha durante a noite ou iam para o porto, entravam no mar e nadavam. Solimão ficou sabendo por um desertor que o ataque de 24 de setembro tinha custado a vida de trezentos homens e uma perda significativa de comandantes importantes. No mesmo mês, um médico judeu, um espião infiltrado na cidade pelo pai de Solimão anos antes, foi pego atirando uma flecha por cima da muralha, com uma mensagem anexada. A população, nervosa, começou a imaginar espiões por toda parte; rumores de traição e profecias de desgraça se espalharam como rastilho de pólvora. No final de outubro, outro judeu foi pego preparando uma mensagem para ser atirada com a besta; era o servo do chanceler da ordem, Andrea D'Amaral, um homem irritadiço e impopular, que havia sido preterido para o cargo de grão-mestre. Os cavaleiros estavam agora preparados para acreditar em qualquer coisa. D'Amaral foi preso e torturado. Ele se recusou a confessar ter ajudado o inimigo, mas foi condenado e enforcado, arrastado e esquartejado. A cabeça e as partes do corpo desmembradas foram jogadas por cima das muralhas. O medo espreitava no campo.

Como a possibilidade de alívio desapareceu, os cavaleiros tinham uma última esperança: o clima. Acampar em toda a bacia do Mediterrâneo dependia das condições climáticas. No final do outono, quando começava a chover, os soldados, que eram recrutados de suas aldeias e fazendas, sonhavam em voltar para o quartel. O mar se tornava muito agitado para as rebaixadas galés de guerra – o desastre aguardava a frota para lhe dar as boas-vindas. Ninguém observava esse calendário tão prudentemente como os otomanos; a tradicional temporada de campanha sempre tinha início no Ano-Novo persa – 21 de março – e acabava no final de outubro.

Começou a chover em Rodes em 25 de outubro. As trincheiras cheias de água produziam lama no chão. O campo de batalha se assemelhava ao Somme. O vento vinha do leste, chicoteando o frio em linha reta na direção das estepes da Anatólia. Os mineiros encontravam dificuldades para segurar as pás, com os dedos congelados. Os homens começaram a morrer de doença. Tornou-se mais difícil exortá-los a continuar. Os atacantes estavam perdendo força.

Qualquer comandante otomano que só pudesse contar com os próprios meios agora reduziria suas perdas. Com medo de que sua frota batesse nas rochas e com seu exército murmurante e enfraquecido pela doença, ele voltaria para casa e arriscaria expor-se à ira do sultão. Com Solimão presente, isso não podia se dar: o sultão viera para vencer. Um fracasso tão precoce em seu reinado enfraqueceria severamente sua autoridade. Em um conselho de 31 de outubro, a frota foi despachada para um ancoradouro seguro na costa da Anatólia; Solimão mandou que uma "casa de recreação"[36] de pedra fosse construída para atender seus quartéis de inverno.

O cerco continuou e arrastou-se por todo o mês de novembro. Os cavaleiros eram muito poucos agora para guardar todos os setores da muralha e não contavam com trabalho escravo suficiente para reparar as defesas ou mover as armas. "Não tínhamos pólvora", escreveu o cavaleiro inglês Sir Nicholas Roberts, "nem [nenhuma] forma de munição ou provisões, a não ser... pão e água. Éramos homens desesperados."[37] Nenhuma ajuda substancial chegava por mar e os otomanos estavam seguramente instalados na fortificação espanhola. Até aquele momento, a abertura era grande o suficiente para que quarenta cavaleiros entrassem lado a lado. Novos ataques aconteceram, mas o tempo implacável e a chuva cortante abalavam o moral: "Chuvas insistentes e intermináveis; os pingos de chuva congelavam; caía muito granizo".[38] Em 30 de novembro, os otomanos fizeram seu último grande assalto. Falharam, mas ninguém os fez recuar. A disputa havia chegado a um impasse. Os realistas de Rodes "não podiam pensar que a cidade se sustentasse por mais tempo, com o inimigo a quarenta metros de um lado e a trinta do outro, de modo que era impossível para eles se retirar, assim como derrotar o inimigo".[39] Solimão, de outro lado, via seu exército ser dizimado todo dia. O moderno projeto de fortaleza havia sido notavelmente eficaz na noite da disputa. Ele sabia que a resistência de seus soldados era finita. Tinha de encontrar uma solução.

Em 1º de dezembro, um renegado genovês apareceu nos portões oferecendo-se para agir como intermediário. Ele foi seguido, mas voltou dois dias depois. Era o início de uma tentativa cautelosa de intermediar uma rendição negociada, na qual o sultão não podia ser visto como envolvido. Era indigno para o governante mais poderoso da Terra buscar a paz. Cartas misteriosas foram entregues ao grão-mestre, cujo envio Solimão negou. Aos poucos, no entanto, com a repetição desse procedimento, um padrão de diplomacia surgiu. Os cavaleiros debateram a questão longamente em conselho fechado. L'Isle Adam preferia morrer lutando; estava tão angustiado com a possibilidade de rendição da ilha que acabou por cair desmaiado. Tadini, no entanto, sabia que militarmente, no caso, não havia esperança. E os cidadãos, lembrando o destino da população civil em Belgrado, fizeram súplicas chorosas. Os defensores ficaram surpresos e de início desconfiados dos termos: os cavaleiros poderiam partir com honra, levando consigo seus bens e armas, com exceção da artilharia. A liberdade e a religião das pessoas da cidade seriam respeitadas, não haveria conversão forçada ao islamismo e as igrejas não seriam transformadas em mesquitas. Nenhum tributo seria exigido por cinco anos. Em troca, os cavaleiros eram obrigados a entregar todas as suas ilhas e fortalezas, incluindo o forte de São Pedro, o Libertador, no continente. A generosidade dos termos sugeria que Solimão também precisava que a guerra de inverno se encerrasse: ele tinha chegado a um impasse. Até ofereceu navios para a partida dos cavaleiros.

Conversas preparatórias se arrastaram por uma quinzena. L'Isle Adam tentou ganhar tempo e precisou voltar à negociação depois de um novo ataque. No final, aceitou o inevitável. Solimão foi firme: ele teria a fortaleza "mesmo que toda a Turquia tivesse de morrer",[40] mas convenceu os cristãos de sua boa-fé. Para criar um clima de confiança, fez o exército se retirar um quilômetro em volta da cidade e os reféns foram libertados. Entre eles estava Sir Nicholas Roberts, o primeiro inglês a registrar uma reunião com um sultão. A experiência deixou nele uma impressão profunda. "O Grande Turco é muito sábio, discreto [...] tanto nas palavras como nas ações", escreveu ele. "Primeiro fomos levados a reverenciá-lo; encontramos [...] um pavilhão vermelho [...] maravilhosamente rico e suntuoso." Ali ele fez uma reverência a Solimão, que estava "sentado em uma cadeira, e nenhuma [outra] criatura estava sentada no pavilhão, cuja cadeira era de ouro puro".[41] Mesmo em um acampamento improvisado, Solimão intimidava.

O tratado foi finalmente assinado em 20 de dezembro. Quatro dias depois, L'Isle Adam encontrou-se com Solimão "em um hábito simples", o traje preto de luto. A reunião foi quase cavalheiresca. Solimão ficou aparentemente comovido com a figura barbada, melancólica, que se abaixou para beijar-lhe a mão, e com a galante defesa dos cavaleiros. Por meio de um intérprete, consolou o visivelmente envelhecido L'Isle Adam com palavras simpáticas sobre os caprichos da vida, dizendo que "era comum perder cidades e reinos pela instabilidade do destino humano".[42] Virando-se para seu vizir, murmurou: "Entristece-me ser obrigado a jogar esse velho guerreiro para fora de sua casa".[43] Dois dias depois, em mais um gesto notável, ele fez uma visita para ver a cidade que havia capturado quase sem guardas, confiando-a à honra dos cavaleiros. Quando saiu, levantou o turbante em saudação ao adversário.

Nem tudo foi tão tranquilo. No dia de Natal, um destacamento de janízaros entrou na cidade para protegê-la e se entregou a alguns saques e profanações de igrejas. Longe dali, em Roma, a perda iminente do bastião cristão era marcado por uma coincidência sinistra. Durante o culto de Natal na Basílica de São Pedro, uma pedra se desprendeu da cornija no alto do arco e caiu aos pés do papa. Os fiéis viram nisso um sinal claro: a pedra angular da defesa cristã tinha desmoronado; o caminho do infiel no Mediterrâneo estava aberto. E, para os muçulmanos, houve a entrada triunfal na cidade aos gritos de "Alá!"; o estandarte dos janízaros – uma das bandeiras vitoriosas do Islã – foi levantado e os tambores e a música imperial soaram. "Dessa maneira, a cidade que tinha sido subjugada ao erro foi incorporada às terras do Islã."[44]

Quando a tarde desapareceu na escuridão de inverno do Ano-Novo de 1523, os cavaleiros sobreviventes, tanto os capazes de andar como os que tinham de ser carregados – 180 no total –, embarcaram em sua grande nau, Santa Maria, e em suas galés, São Thiago, Santa Catarina e São Boaventura. Com eles levaram os registros de sua ordem e suas relíquias mais sagradas: o braço direito de João Batista em sua caixa de joias e um ícone venerável da Virgem. Tadini, que Solimão estava ansioso para reter em seu exército, havia sumido.

Enquanto os navios se afastavam do porto, os cavaleiros puderam olhar para trás e ver as montanhas nevadas da Ásia Menor e quatrocentos anos de história dos cruzados, agora encerrada, com

**Filipe Villiers de L'Isle Adam, grão-mestre da ordem dos cavaleiros de São João, derrotado por Solimão na ilha grega de Rodes, na Anatólia.**

a queda de Rodes e a rendição de Bodrum. Rodes permaneceria para os cavaleiros uma espécie de paraíso nas décadas seguintes; sonhos nostálgicos de recuperá-la seriam difíceis de expirar. À frente deles, um futuro incerto e a noite correndo em sua direção sobre o mar de Creta. Entre os que observavam da amurada estava um jovem aristocrata francês, Jean Parisot de La Valette. Tinha 26 anos, a mesma idade do sultão. Entre os que se encontravam na praia, um jovem soldado turco chamado Mustafá, que tinha se distinguido na campanha.

Solimão voltou para Istambul em triunfo. Em apenas dezoito meses, o jovem governante taciturno tinha estabelecido enfaticamente sua intenção imperial. Belgrado tornou acessíveis a Hungria e a Europa central; Rodes despojou o Mediterrâneo oriental de seu último reduto cristão militante. Navios otomanos, "ágeis como serpentes",[45] estavam prontos para varrer os mares centrais. Estes eram os tiros de abertura de uma grande disputa, que se estenderia dos portões de Viena aos de Gibraltar.

O reinado que emergiu dessas conquistas estava destinado a ser o maior e o mais glorioso na história otomana. O homem que os turcos chamavam de Legislador, e os cristãos, de Magnífico, travaria uma guerra em escala épica e elevaria seu império até o cume do poder. Ninguém seria igual ao décimo sultão em majestade, justiça e ambição. No entanto, a idade de ouro de Solimão seria manchada pelos inoportunos cavaleiros de São João: quarenta anos depois eles voltariam para assombrá-lo, na pessoa de La Valette. O ato de generosidade juvenil em Rodes se mostrara um erro caro. E, se o jovem sultão, depois de 1522, sentiu-se avançando sob as bandeiras legítimas do céu, ele não estava sozinho. Na ponta mais ocidental do mapa de Ptolomeu, havia um contrapeso cristão.

# A súplica

1517-1530

Cinco anos antes. Dois mil e quinhentos quilômetros a oeste. Outro mar.

Em novembro de 1517, uma frota de quarenta embarcações a vela lançou-se em direção à baía de Biscaia, com péssimo tempo. Eram navios flamengos de Vlissingen, na Holanda, com destino ao litoral norte da Espanha. Essas naus fortes foram construídas para suportar as grandes ondas do Atlântico. Cada uma delas tinha metros de tela; suas grandes velas inchavam sob o vento violento do inverno. Golpes de chuva turbulentos chicoteavam a água cinzenta, fazendo com que as embarcações desaparecessem e então se revelassem novamente sob a luz opaca. A linha costeira formava-se em meio à garoa.

Mesmo a distância, um navio se destacava dos outros. O Real levava o jovem Carlos, duque da Borgonha, para reivindicar sua coroa como rei da Espanha e suas velas estavam finamente decoradas com símbolos do poder religioso e imperial.

> Em sua vela principal foi pintada uma imagem da crucificação, entre as figuras da Virgem Maria e de São João Evangelista, o todo enquadrado entre dois pilares de Hércules, que aparecem nas armas reais, junto com o lema do rei, "Avante", escrito em um rolo de papel torcido em volta dos referidos pilares. Na gávea foi pintada uma representação da Santíssima Trindade e na vela de ré, uma de São Nicolau. Na vela principal havia uma imagem da Virgem com o

> Menino pisando na lua e rodeada pelos raios do sol, com uma coroa com sete estrelas sobre a cabeça; e em cima de tudo estava a figura pintada de São Jaime, o senhor e patrono de Castela, matando os infiéis em batalha.[1]

Carlos tinha dezessete anos. Enfrentando as complexidades da sucessão dinástica, ele era o herdeiro do maior domínio da Europa desde o tempo de Carlos Magno. Seus reinos eram o espelho do Império Otomano e ele reivindicava uma ladainha de títulos iguais aos de Solimão. Os escribas encheram duas páginas prolixas para registrá-los: rei de Aragão, Castela e Navarra, Nápoles e Sicília, regente dos territórios da Borgonha, duque de Milão, chefe da Casa de Habsburgo, do Franco-Condado, de Luxemburgo e do Charolais, e assim por diante. Seus territórios, pontilhados por toda a Europa, como os quadrados pretos em um tabuleiro de xadrez, estendiam-se da Hungria, no leste, até o Atlântico, no oeste, de Amsterdã até a costa do Norte da África e além – até a recém-descoberta América.

As imagens nas velas haviam sido cuidadosamente escolhidas pelos conselheiros flamengos do jovem rei, tanto para apelar a seus novos súditos espanhóis como para declarar a reivindicação de seu rei do império e da liderança da guerra santa. Na era dos descobrimentos espanhóis, os domínios de Carlos se estenderiam muito além dos portões de Gibraltar – eles abrangeriam a Terra. Com a coroa, ele herdou o título honorífico de rei católico e o compromisso de exterminar a lua do Islã e esmagar com os pés seus soldados em nome de São Jaime.

Desde o início, seus conselheiros promoveram a ideia de que sua soberania fora escolhida por Deus, para ser o imperador do mundo. Ele tinha herdado dos Habsburgos austríacos o lema

"A Áustria deve governar toda a Terra".[2] Dois anos mais tarde, em 1519, foi eleito, com pesados subornos, imperador do Sacro Império Romano. Era um título meramente honorífico, ao qual não se anexavam nem terras, nem receitas, mas, em uma época de epítetos imperiais, isso lhe conferia enorme prestígio. Designado campeão secular da Europa católica contra os muçulmanos e os hereges, logo Carlos seria descrito como o governante do império onde o sol nunca se põe. No ano de sua eleição, Fernão de Magalhães partiu na viagem que lançaria um cinturão espanhol em torno da Terra.

Infelizmente, nem um pouco desse esplendor imperial era aparente na ridícula aterragem, erro de aproximação, da frota de Carlos em novembro de 1517. Quando os navios se aproximaram da costa espanhola, os navegadores flamengos ficaram mortificados ao descobrir que estavam uma centena de quilômetros a oeste de seu verdadeiro objetivo. Eles chegaram inesperadamente ao pequeno porto de Villaviciosa, onde os habitantes locais não conseguiram identificar os símbolos majestosos das velas de Carlos e os confundiram com piratas. Em pânico, eles fugiram para as montanhas com seus pertences, a fim de se preparar para a batalha. Gritos de "Espanha, é o rei"[3] não foram capazes de esclarecer a situação – era bem conhecido que os piratas usavam de qualquer artimanha para acalmar os incautos – e levou um bom tempo até que os estandartes de Castela fossem reconhecidos por alguém mais corajoso do que os outros, "que se aproximou às escondidas por entre os arbustos e sebes".[4] Atônitos, os súditos de Carlos finalmente se reuniram e se viram de repente em uma imprevista "tourada".

Não foi um início glorioso. Nem os grogues pés de dezessete anos pisando o solo espanhol chamaram a atenção de quem quer que fosse. Enquanto a atitude calculadamente imperial do jovem Solimão impressionava todos que o viam, Carlos apenas parecia um imbecil. Gerações endogâmicas na dinastia Habsburgo haviam deixado um legado cruel. Ele tinha olhos arregalados; era assustadoramente pálido; quaisquer características físicas redentoras que possuísse – o corpo bem formado, a testa larga – eram logo ofuscadas por uma longa e protuberante mandíbula, que muitas vezes deixava a boca aberta, a qual, para os indelicados ou atentos observadores, emprestava ao jovem um vago aspecto de idiotice. Seu avô Maximiliano o apelidara, sem rodeios, de ídolo pagão. A deformidade facial tornava impossível para Carlos mastigar os alimentos adequadamente, de modo que ele foi perturbado a vida toda por problemas digestivos e por uma gagueira. O rei não falava espanhol. Parecia um perfeito idiota de língua presa – jamais o futuro imperador do globo terrestre. Os venezianos o consideravam o fantoche de seus conselheiros. No entanto, as aparências se provariam enganosas. O exterior desinteressante escondia uma independência de espírito; o silêncio taciturno, um imperturbável compromisso com o dever imperial e a proteção da cristandade. "Há mais em sua cabeça", observou um núncio apostólico, "do que seu rosto denota."[5]

A aterragem desastrosa da frota de Carlos simbolizava todas as dificuldades que ele enfrentaria em seguida. Diziam que só as regiões que não tinham posto os olhos em seu rei de língua francesa e flamenga não se revoltaram no início de seu reinado. E, além dos problemas internos da península Ibérica, Carlos quase imediatamente mergulhou em todo um emaranhado de história das relações da Espanha cristã com o Islã. Os portões de Gibraltar, que figuravam de maneira tão eminente nas velas de Carlos, não eram apenas o portal para a América e as Índias, mas a fronteira

Interfoto/Latinstock

Carlos v, rei da Espanha, em pintura a óleo de Ticiano (1548), do acervo do Museu do Prado (Madri). A mandíbula protuberante acarretou problemas digestivos e uma gagueira que lhe acompanharam durante toda a vida.

com o mundo muçulmano, cada vez mais hostil, a apenas doze quilômetros do estreito. A situação lhe foi descrita em detalhe logo após sua chegada, pelo marquês de Comares, o governador militar de Orã, na costa do Norte da África. Ele veio na companhia de um homem em trajes árabes para lhe prestar homenagem e apresentar uma petição que prontamente colocava à prova as ambições do rei.

As raízes da petição de Comares remontam a séculos, à ocupação árabe do sul da Espanha e à longa cruzada cristã, a Reconquista, mas também envolveram os cavaleiros de São João. O divisor de águas estava bem vivo na memória: 1492, o ano de Colombo, quando Isabel e Fernando, reis de Aragão e Castela, tinham desalojado o último reinado mouro de Granada. Os muçulmanos, que viviam pacificamente na península Ibérica havia oitocentos anos, logo perderam seu lugar. Muitos cruzaram o estreito para o Norte da África. As dezenas de milhares que permaneceram foram objeto de restrições cada vez maiores, em uma atmosfera de crescente intolerância dos cristãos. Em 1502, os muçulmanos de Castela foram impelidos a uma escolha difícil: converter-se ou deixar a Espanha. Muitos, amargurados, partiram; os que ficaram, os chamados mouriscos ou cristãos-novos, em geral convertidos apenas no nome, continuaram sob a suspeita de seus senhores, cada vez mais inquietos.

Esses eventos tiveram um efeito eletrizante sobre as águas do território que os europeus chamavam de Costa Berbere e os árabes, de Magreb (o Ocidente) – a faixa do Norte da África hoje ocupada pelo Marrocos, pela Argélia e pela Tunísia. O roubo por mar sempre foi endêmico nos dois lados dessa fronteira marítima. Agora, a expulsão de uma população muçulmana vingativa injetava uma nova amargura. A pirataria não era mais um ato de pilhagem casual; era uma guerra santa. Nos portos antes seguros da Costa Berbere, os ataques foram se tornando intensos e graves. A Espanha cristã passou a sofrer os efeitos do turbilhão de sua cruzada interna. Os piratas islâmicos da nova geração conheciam a costa da Espanha sinistramente bem, falavam a língua e podiam se passar por espanhóis; para piorar, tinham a cooperação ativa dos contrariados mouriscos da costa norte. Os cristãos espanhóis começaram a se sentir sob cerco. Em resposta, tomaram as fortalezas dos piratas na Costa Berbere e construíram uma cadeia de fortificações, como uma linha Maginot de defesa contra o Islã.

A política provou ser mal concebida e mal executada. Os fortes espanhóis, agarrando-se a uma tênue costa estrangeira, tinham poucos recursos e estavam cercados por uma população ressentida e não assimilada. A Espanha tinha interesses mais prementes na Itália e no Novo Mundo. O Norte da África não possuía uma riqueza pronta para reforçar o zelo de seus bispos cruzados; continuava a ser uma fronteira, em grande parte, esquecida. E agora a Espanha pagava o preço, na forma de um grupo de aventureiros turcos que ameaçavam transformar todo o Mediterrâneo ocidental em uma grande zona de guerra. Foi por causa dos Barbarossas que Comares recorreu à petição.

Os irmãos Oruch e Hizir, a quem os cristãos chamavam de Barbarossas – os Barbas Ruivas –, eram aventureiros do Mediterrâneo oriental. Tinham nascido na ilha de Lesbos, na fronteira marítima fragmentada entre o Islã e a cristandade antes do cerco de Rodes e que se estendia pelos dois mundos. Seu pai era um cavaleiro otomano; sua mãe, uma cristã grega. Seu envolvimento com a pirataria em nome do Islã foi resultado das ações dos cavaleiros de São João. Oruch foi capturado pelos cavaleiros em um confronto que matou um outro irmão seu. Ele trabalhou por dois anos como escravo acorrentado nas novas fortificações de Rodes e como remador em suas galés, até que escapou das correntes e fugiu a nado. Foi uma experiência de formação, que estabeleceria sua autoimagem como guerreiro islâmico.

Os irmãos apareceram de repente na costa do Magreb por volta de 1512. Eram aventureiros que não tinham nada a perder, pegos do lado errado de uma guerra civil otomana e forçados a fugir do mar Egeu. Não possuíam nada além de sua habilidade como marinheiros, sua capacidade de navegar orientados pelas estrelas, de ler o mar e de correr riscos. Eram o equivalente otomano do espanhol Cortez prestes a conquistar o México em nome de uma fé paralela e, como Cortez, chegariam à fronteira ocidental por força do destino. "Foi o começo de todos os males que nossa Espanha sofreu nas mãos dos corsários", escreveu o cronista Lopez de Gomara posteriormente, "o momento em que Oruch Barbarossa começou a velejar nossos mares, roubando e saqueando nossa terra."[6]

Oruch e seu bando se estabeleceram na ilha de Djerba, perto da costa do que hoje é a Tunísia – um porto arenoso, um paraíso de palmeiras, com uma serena lagoa, de águas profundas, na parte interna da costa, ideal para a pirataria. Ali, corsários impetuosos estavam bem posicionados para saquear o tráfego de passagem entre o Norte da África e a costa italiana. O padrão anual rapidamente se tornou familiar. Quando a temporada de velas da primavera começava, eles atacavam um punhado de embarcações, geralmente uma grande galera remada por escravos cristãos e várias pequenas galés para combate, e tomavam as rotas de navegação entre a Espanha e a Itália. Os primeiros alvos foram solitários navios mercantes, que transportavam mercadorias a granel – tecidos, armas, trigo e ferro – e eram emboscados no sotavento das ilhas com horripilantes gritos de "Alá!". Tudo o que apreendiam era usado para fortalecer sua posição no Magreb. Eles velejavam de volta a Djerba, destruíam os navios e utilizavam a madeira para construir mais embarcações de assalto. Os piratas romperam um acordo comercial com o sultão de Túnis para operar no porto da cidade, La Goletta, e cortejaram o sultão e a população com escravos e presentes, assim como os líderes religiosos, com um apelo à guerra santa. Rondando a costa da Espanha, facilitaram a fuga dos muçulmanos espanhóis pelo estreito e usaram seus conhecimentos para invadir aldeias cristãs. O litoral sul da Itália e as grandes ilhas – Maiorca, Minorca, Sardenha e Sicília – também começaram a viver com medo constante desses corsários. As varreduras eram súbitas, imprevisíveis e aterrorizantes; o dano, imenso. Hizir alegou ter tomado, em um mês, 21 navios mercantes e 3.800 homens, mulheres e crianças.

A fama e a notoriedade de suas façanhas se espalhavam, assim como as lendas. Oruch, baixo, atarracado, poderoso, dado a explosões de raiva, com uma argola de ouro na orelha direita e barba e cabelos vermelhos, era uma figura que causava admiração e pavor. Na história oral e na poesia do Magreb, e entre os muçulmanos oprimidos da Espanha, ele era um Robin Hood islâmico, com os poderes de um feiticeiro sobrenatural. Sussurrava-se que seus recursos eram ilimitados, que Deus o tornara invulnerável aos golpes de espada, que ele assinara um pacto com o demônio para tornar seus navios invisíveis. Essas narrativas eram acompanhadas por contos fantásticos de crueldade. Diziam que Oruch tinha arrancado a garganta de um cristão com os dentes e comido sua língua, que matara cinquenta homens com sua cimitarra, que havia amarrado a cabeça de um cavaleiro hospitalário a uma corda e a girado em círculo até que os globos oculares saltassem fora.

**O corsário Oruch Barbarossa em ilustração do século XIX. Os irmãos Oruch e Hizir, conquistadores do Magreb, eram chamados de Barbarossas, ou Barbas Ruivas, pelos cristãos.**

Na Espanha e no sul da Itália, as pessoas ficavam irritadas ao ouvir seu nome. As novas máquinas de impressão do sul da Europa rodavam panfletos violentos. Somas imensas eram oferecidas aos corsários por sua captura, vivo ou morto.

Os irmãos incentivavam esses relatos míticos. Buscavam legitimidade na costa do Norte da África como guerreiros em uma guerra santa, sob a proteção de Deus. Hizir afirmava que "Deus o havia feito para assustar os cristãos, para que não se atrevessem a navegar",[7] e que ele era guiado por sonhos proféticos. Terror e crueldade eram armas de guerra. Quando invadiu Minorca, em 1514, ele deixou um cavalo na praia com uma mensagem presa na cauda: "Eu sou o raio do céu. Minha vingança não será apaziguada até que eu tenha matado o último de vocês e escravizado suas mulheres, suas filhas e seus filhos".[8] Tal presença tinha o poder de aterrorizar o mar cristão.

Oruch, o mais velho dos dois, tinha ambições além da pirataria. Ele chegou ao Magreb quando os reinos tradicionais do Norte da África começavam a se fragmentar em uma série de cidades-estado – Túnis, Trípoli e Argel – e os grupos tribais vizinhos de árabes e berberes das montanhas causavam conflito contínuo e caótico. Era o vácuo do poder no coração da terra islâmica que os irmãos estavam prestes a explorar com a crueldade dos conquistadores, empenhados em apoderar-se de reinos desse mundo novo. Em 1515, Oruch estabeleceu uma ligação com o centro imperial em Istambul. Ele despachou o navegador e cartógrafo Piri Reis de volta à cidade para pedir a proteção do sultão Selim, pai de Solimão, oferecendo-lhe um navio francês capturado. O sultão retribuiu concedendo seu favor aos corsários. Ofereceu-lhes presentes honoríficos – títulos, caftans e espadas com joias – e, mais úteis, duas pesadas galés de guerra, com um conjunto completo de tropas, pólvora e canhão. Foi um momento significativo: esse primeiro contato com o centro imperial constituiu o início do processo que logo incluiria o Magreb no mapa do Império Otomano.

No ano seguinte, Oruch assumiu o controle de Argel, em um assombroso golpe de Estado interislâmico. Ele estrangulou o sultão em seu balneário com as próprias mãos e inundou as ruas com suas recém-adquiridas tropas otomanas, fortemente armadas com espingardas. Era o tipo de apropriação de terras coloniais que os navegadores espanhóis vinham realizando no Novo Mundo, com um uso semelhante da pólvora.

Os espanhóis agora estavam completamente alarmados com essa triangulação de poder entre os corsários otomanos, os mouriscos e o sultão em Istambul. Seus fortes na costa do Norte da África estavam sob pressão contínua. Oruch tentou duas vezes atacar seu posto avançado em Bougie, sem sucesso; uma contraofensiva espanhola para expulsar os Barbarossas de Argel resultou em um fracasso hediondo e na perda da maioria dos navios e homens. Oruch e seus usurpadores otomanos, agora firmemente entrincheirados, continuaram sua expansão territorial para o interior. Capturaram Tremecém, a antiga capital do Magreb central, assassinaram setenta membros da dinastia governante árabe e isolaram os fortes no Peñon de Argel e na vizinha Orã. Oruch rapidamente se tornou dono de quase todo o território que constitui a Argélia moderna. E os debilitantes ataques no mar e na costa continuaram; corsários muçulmanos despacharam cativos mutilados no litoral cristão com a zombeteira instrução: "Vão e digam a seus reis cristãos: 'Esta é a cruzada que vocês proclamaram'".[9] Os espanhóis se sentiram severamente ameaçados. Depois de vários anos de guerra, sua única vitória tinha sido esmagar o braço de Oruch com uma bola de arcabuz em Bougie. Isso rendeu a ele outro apelido: Braço Decepado. Havia, porém, uma versão que refletia a imagem de pesadelo projetada na mente dos cristãos: Braço de Prata. Diziam que, para substituir o membro amputado, ele implantara um antebraço e a mão de pura prata.

Foi então que o jovem Carlos v recebeu a petição do marquês de Comares e de seu aliado árabe, o rei deposto de Tremecém. O marquês explicou a deterioração da situação no Norte da África, o perigo presente e futuro para a Espanha. Agora, ele pedia ao jovem rei que aproveitasse uma rara oportunidade. Comares sabia que Oruch tinha, pelo menos uma vez, excedido-se em Tremecém. A cidade ficava 320 quilômetros para o interior a partir da base do corsário em Argel; seu grupo de aventureiros turcos era pequeno e eles tinham contra si o sentimento árabe inflamado, a ponto de se revoltarem. Era o momento ideal para atacar e livrar os mares ocidentais dos piratas definitivamente. Era um desafio que o jovem rei, que prometeu esmagar os infiéis sob os pés, não podia recusar. Ele autorizou sua primeira aventura no Mediterrâneo.

Carlos concedeu a Comares 10 mil homens e o dinheiro para inspirar uma revolta árabe em grande escala. Pela primeira vez, os espanhóis agiram de maneira decisiva. Movendo-se rapidamente, eles cortaram a rota de abastecimento para Argel, bloquearam Tremecém e a submeteram a um longo cerco. À medida que as defesas se desintegravam, Oruch realizou seu derradeiro ato. Com vozes árabes gritando "Matem-no!", o rei corsário fugiu da cidade com um pequeno grupo de seguidores e galopou para longe. Eles foram vistos e perseguidos por tropas espanholas. Oruch espalhou o tesouro de Tremecém atrás dele, na poeira. Muitos soldados rasos pararam para recolher o rastro de pedras preciosas e moedas, mas um grupo continuou e finalmente encurralou Oruch em um trecho árido do país de terras altas. Invocando a ajuda de São Jaime, eles convergiram para a matança. Os turcos lutaram até o último homem, Oruch empunhando um machado com seu braço bom, até ser executado por uma lança. Ele conseguiu infligir uma última mordida selvagem no homem que o matou; dom Garcia Fernandez de la Plazza carregou a ferida lendária para o restante de seus dias. Os espanhóis cortaram o braço de metal e, como um troféu, puseram-no na ponta de uma lança. Pregaram o corpo nos muros de Tremecém, à luz de tochas. Foi um ato de terror supersticioso, como empalar um vampiro. O grotesco chefe de barba vermelha, com os globos oculares ainda encarando o desafio, foi exposto em todo o Magreb como prova da morte, antes de ser enviado, já putrefato, para a Espanha. As pessoas olhavam, faziam o sinal da cruz e recuavam.

Foi um triunfo para Carlos no início de seu reinado, mas a vantagem foi quase imediatamente perdida. A Espanha nunca teve uma política coerente para resolver o problema do Norte da África; em vez de seguir para Argel e eliminar a ameaça corsária, o exército retirou-se para a Espanha, e o fantasma de Oruch se ergueu dos mortos na pessoa de seu irmão mais novo, e mais astuto. Hizir, que nunca esquecia ou perdoava uma lesão ou um insulto, levou adiante o compromisso com a guerra santa nos mares ocidentais.

O primeiro ato dele foi, literalmente, assumir o manto e o mito de seu irmão mais velho: o Hizir moreno tingiu a barba de vermelho. O segundo foi ainda mais astuto: Hizir percebeu que sua posição no Magreb era vulnerável. Ele precisava não só de homens e de equipamentos, mas de autoridade política e religiosa, se quisesse

Rue des Archives/Latinstock

O sultão Solimão, o Magnífico, recebe seu almirante Hayreddin Barbarossa, em pintura feita por Ali Amir Beg Shirwani, extraída de *Suleymaname*, de Arifi (1518), da coleção do Museu do Palácio de Topkapi, em Istambul (Turquia).

sobreviver como intruso estrangeiro na costa árabe. Decidiu abandonar o sonho de seu irmão de um Estado independente. Mandou um navio de volta para Istambul com novos presentes e uma solicitação formal ao sultão: a de que Argel fosse incluída nos territórios do Império Otomano. O sultão deu uma resposta auspiciosa: nomeou formalmente Hizir governador-geral da "Argélia dos árabes" e enviou-lhe os habituais símbolos da função: um cavalo, uma cimitarra e a faixa cerimonial da cauda do cavalo. Quando Selim morreu, pouco tempo depois, o nome de Solimão é que foi homenageado nas orações de sexta-feira nas mesquitas de Argel e cunhado nas moedas da cidade. De um só golpe, a Argélia se tornou uma província do Império Otomano, vencida pelos arrojados marinheiros do Mediterrâneo oriental, quase sem custo para o tesouro imperial. Com esse ato, Hizir adquiriu tanto legitimidade política como novos recursos: pólvora, canhões e 2 mil janízaros. Também se juntaram à causa 4 mil voluntários, ansiosos pelos despojos de guerra sob esse comandante sobrenatural. E foi Solimão quem conferiu um novo nome honorífico ao jovem corsário: Hayreddin – "Bondade da Fé" –, tornando-o conhecido finalmente como Hayreddin Barbarossa.

Esses foram os atos que se mostraram decisivos. A partir do momento em que Hayreddin fez uma reverência formal a Solimão, "beijando o decreto imperial e colocando-o respeitosamente em sua cabeça, com a devida mesura",[10] a natureza de toda a luta mudou. Daí em diante, o Norte da África não era mais uma dificuldade local entre a Espanha e um bando de piratas incômodos; tornou-se a linha de frente de uma disputa entre Solimão e Carlos, que levaria inexoravelmente a uma guerra marítima de grandes proporções.

# “O rei do mal”

1520-1530

A ideia do mapa de Ptolomeu assustou os potentados da Europa, mas, pouco depois da queda de Rodes, um dos capitães do mar no cerco apresentou a Solimão um livro notável, que teria duplicado a apreensão dos cristãos se soubessem de sua existência. O autor era um navegador turco geograficamente curioso chamado Piri Reis – Piri, o Capitão. Ele já havia produzido para os sultões um mapa do mundo de precisão surpreendente, que incluía cópias dos mapas de Colombo. O *Livro da navegação* fez algo mais, que foi imediatamente útil. Além dos relatos das descobertas de Colombo e de Vasco da Gama, continha um guia prático para navegar no Mediterrâneo, elaborado com base nas viagens de Piri Reis. Cerca de 210 portulanos – antigas cartas náuticas – expunham os mares da costa. Assim como o mar Egeu, o livro explicava como navegar por todas as águas costeiras do infiel até o estreito de Gibraltar. Era, também, crucial para as galeras com remos, que só podiam viajar por alguns dias sem água, pois indicava a posição das nascentes na costa e nas ilhas. Piri mostrou onde era possível encontrar água a cem quilômetros de Veneza e em volta da costa da Itália e da Espanha. Seu livro era um projeto para guerras navais.

Nos anos seguintes, o *Livro da navegação* foi amplamente utilizado pelas frotas de Solimão, embora conste que, na época, o sultão tenha considerado a obra e seu autor com um desdém indicativo de sua atitude em relação ao mar. Na década de 1520, ele estava indiferente demais ao Mediterrâneo para reivindicá-lo para si próprio.

Suas ambições eram firmemente territoriais. O mar era estranho e estéril – melhor deixá-lo para os corsários. Só a conquista de territórios poderia trazer glória, novos títulos, terra e espólio para apaziguar seu exército. Rodes serviu somente para pôr à prova a aventura mediterrânea pessoal de Solimão; foi contra a Hungria e os domínios austríacos de Carlos que ele se animou a lançar-se à batalha, em 1526. Inicialmente, a guerra do Mediterrâneo seria travada por homens da fronteira, como Hayreddin.

Apesar da transferência de ajuda militar, a situação imediata do corsário permanecia precária, mas Carlos não estava em posição de lucrar. Ele era atormentado por outras dificuldades. Antecipando o ataque otomano ao longo do Danúbio, passou o controle dos domínios austríacos para seu irmão Fernando e voltou a atenção para mais uma guerra, dessa vez com seu vizinho cristão, Francisco I da França, motivada pelo fracasso deste na obtenção do posto de imperador do Sacro Império Romano. Foi uma disputa difícil, que continuaria ao longo de toda a vida de ambos. Com essa distração, os anos posteriores à morte de Oruch marcaram um declínio contínuo na sorte espanhola no Magreb. Uma sucessão de expedições mal coordenadas trouxe um revés espetacular. Uma investida em Argel, em 1519, terminou em naufrágio e massacre. Seu líder, Hugo de Moncada, escapou sem pompa, escondendo-se entre os corpos massacrados na costa. Barbarossa, consumido de raiva pela morte do irmão, não estava disposto a exigir resgate pelos prisioneiros. Quando Carlos ofereceu uma grande soma pelos oficiais capturados, ele os matou. Ao receber a oferta de outra quantia para o retorno dos corpos, jogou-os ao mar, de modo que, "se os parentes de qualquer um dos mortos já tivesse chegado a Argel, não saberiam o lugar do sepultamento de seu pai ou de seu irmão, nem conseguiriam ver as cinzas, apenas as ondas".[1] Com a frota de Carlos dizimada, ele agora podia invadir a costa espanhola à vontade.

A posição de Hayreddin continuou a melhorar e piorar – ele foi sumariamente deposto de Argel por uma coalizão de árabes e berberes, em 1520 –, porém os espanhóis não prosperaram. Eles nunca dominaram os complexos ventos da Costa Berbere e, invariavelmente, navegavam muito tarde no ano. A segunda expedição de Moncada, em 1523, levou a um naufrágio mais espetacular, "que destruiu 26 grandes navios e muitos pequenos".[2] Argel estava condenada a ser um lugar de sofrimento coletivo para cruzados cristãos. Os espanhóis conseguiram manter algum tipo de poder sobre a cidade por meio de seu forte no Peñon, mas o moral em toda a cadeia de fortalezas na Costa Berbere estava perigosamente baixo. O Norte da África era a fronteira esquecida; havia outras prioridades e prêmios que exigiam atenção mais urgente. Tratava-se de uma guerra que ninguém queria lutar. Os soldados eram mal pagos, quando o eram. O abastecimento nos fortes era tão irregular que homens chegavam a morrer de fome. Eles olhavam para trás, invejosos dos relatos do Novo Mundo. "Não é o Peru, onde você pode sair e catar pedras preciosas", murmurou um comandante militar, "é a África, e tudo o que temos aqui são turcos e mouros."[3] Os soldados iam desertar e renunciar a sua fé, alistar-se para o serviço nas Américas ou pagar traficantes de pessoas para levá-los de volta à Espanha. Só a instabilidade política do Magreb permitia que os espanhóis se agarrassem.

No Mediterrâneo oriental, o Magreb *era* o Novo Mundo. Como a reputação de Hayreddin continuava a crescer, um fluxo de corsários navegou a oeste em seu rastro. A motivação dos espanhóis não estava perdida. "Por causa da história das grandes riquezas [...] ganhas na Costa Berbere, os homens correram para lá com o mesmo fervor que obrigou os espanhóis a ir para as minas das Índias",[4] escreveu o cronista Diego de Haëdo. Até o final dos anos 1520, havia pelo menos quarenta capitães corsários na Costa Berbere, utilizados por Hayreddin para atacar o mar cristão. O próprio Hayreddin assumiu uma presença incrível: invencível, assustador, brilhante. Ele se projetou como a manifestação da vontade de Deus e a autoridade imperial de Solimão, cujos sonhos prescientes lhe permitiam escapar de emboscadas, esquivar-se de tempestades e capturar cidades. Ele vinha, em suas palavras, no meio das frotas cristãs "como o sol entre as estrelas, cuja luz desaparecia à aparição dele".[5] Seu navio-capitânia, o Argelino, remado por 108 homens, levava no mastro a bandeira vermelha adornada com três luas de prata e na popa duas inscrições entrelaçadas em árabe. Uma delas dizia: "Vou vencer"; a outra: "A proteção de Deus é melhor do que a armadura mais forte e a mais alta torre".[6] Com sua aproximação, os navios cristãos se rendiam sem luta, ou suas tripulações se atiravam ao mar, preferindo a morte rápida à tortura prolongada das galeras. Diziam que seus estratagemas eram incalculáveis, suas crueldades, refinadas, sua raiva, vulcânica. O conhecimento de Hayreddin sobre o mar, proveniente de milhares de viagens, era incomparável, e as informações que tinha das intenções do inimigo, reunidas por meio do interrogatório das tripulações capturadas e dos conselhos dados livremente por muçulmanos espanhóis, permitiam-lhe atacar de maneira imprevisível e à vontade. Ele fazia uma ou duas varreduras por ano com uma frota de dezoito embarcações, pegando navios mercantes, queimando aldeias costeiras e sequestrando populações. Ao longo de um período de dez anos, ele levou, sozinho, 10 mil pessoas da linha costeira entre Barcelona e Valência – um trecho de apenas trezentos quilômetros.

A habilidade e a propaganda de Hayreddin deixaram uma profunda marca no imaginário popular da Europa cristã. Com a reputação de Oruch desvanecendo, ele se tornou conhecido simplesmente como Barbarossa, o sujeito terrível de inúmeras histórias e canções. As máquinas de impressão alimentavam esse horror ávido com um fluxo de cartazes e xilogravuras com seu retrato. O escritor francês Rabelais enviou um deles a um amigo de Roma, em 1530,. "desenhado", assegurou ao destinatário, "pela vida".[7] Os impressos mostravam uma figura imponente de turbante, vestida com uma túnica opulenta, cujas mãos enormes agarravam um rolo de papel e uma cimitarra com cabeça de falcão. Os olhos eram profundos e brilhantes, com a barba frisada de um ogro e uma expressão de rapacidade astuta. A nova tecnologia com que a Europa olhava para o pirata mítico encontrava ali seu modelo para a crueldade. "Barbarossa, Barbarossa, você é o rei do mal",[8] cantava-se de cima a baixo na costa espanhola.

Os corsários que o acompanhavam e atendiam sua vontade de ferro – e lhe davam doze por cento de suas receitas – arrastavam suas lendas terríveis menores pelos mares. Eles vinham de todos os pontos da bússola. Muitos eram cristãos renegados, para quem não havia caminho de volta, exilados de sua terra natal por crime ou pela captura dos corsários e convertidos, pelo menos nominalmente, ao Islã. Eles viviam e morriam no mar e davam belos nomes a seus navios – Pérola, Porta de Netuno, Sol, Árvore do Limão Dourado, Rosa de Argel – que desmentiam seu propósito. Suas carreiras curtas e vívidas resumiam a pobreza, a violência e o deslocamento no mundo mediterrâneo. Salah Reis, que amarrava seus cativos na boca de um canhão e os explodia em pedaços, morreu de peste. Ali, o Karaman, "Cara de Cicatriz", não tinha dois dedos e era tão odiado ao longo da costa da Itália que os genoveses haviam jurado exibi-lo em uma gaiola de ferro. Al Morez, "o Cretense", espancava seus remadores com um braço decepado. "Mais cruel do que Al Morez?", perguntavam os aldeões tunisianos, tentando determinar a medida exata da brutalidade de um homem. Elie, "o Corso", um mestre de emboscadas marinhas, foi crucificado no mastro do próprio navio; Aydin, o Liguriano, "o Caçador do Diabo", afogou-se em um rio da Argélia. Esses homens eram os comandantes do esquadrão na guerra santa do Hayreddin, que reuniam sacos com narizes e mãos como prêmios e lutavam sem regras.

Durante os anos 1520, a quantidade de saques marítimos cresceu de maneira constante, e Carlos só contribuiu para isso. Na era da Inquisição, a população muçulmana remanescente da Espanha permanecia um projeto inacabado. Os habitantes árabes de Valência tinham sido visivelmente leais ao imperador durante uma rebelião no início da década. Eles foram cruelmente recompensados. Carlos não era fanático por natureza, porém estava consciente de sua responsabilidade perante a cristandade, como Imperador do Sacro Império Romano. Em 1525, ele autorizou a proclamação conhecida como Purificação de Aragão – um decreto que exigia a conversão ou o exílio de todos os muçulmanos daquela parte da Espanha; sem rodeios, era converter-se ou morrer. Barbarossa respondeu prontamente à situação dos mouros de Valência. Grande número deles foi transportado pelo Magreb para alimentar as guerras piratas e sugerir alvos adequados para ataques de vingança. Não havia nenhuma baía, nenhuma aldeia costeira, nenhuma ilha que não fosse visitada. As queixas dos indivíduos espanhóis para seu rei se tornaram ainda mais eloquentes.

Em maio de 1529, todas essas forças vieram à tona quando a negligência dos postos avançados da Espanha na África trouxe uma catástrofe definidora. O Peñon de Argel, o pequeno forte que estrangulou a cidade e seu porto, ficou sem pólvora. Espiões relataram a situação para Hayreddin, que imediatamente o atacou.

Foi oferecida ao comandante, Martin de Vargas, a opção de converter-se. Ele escolheu morrer e foi espancado até a morte na frente dos janízaros – um fim lento e doloroso. Pouco tempo depois, uma frota de auxílio de nove navios chegou ao Peñon, sem saber da catástrofe, e foi capturada.

Tal perda poderia ter consequências duradouras para o Mediterrâneo ocidental. Hayreddin demoliu o castelo, que estava ligado da ilha ao continente por uma ponte e por um porto seguro de imenso valor estratégico. Isso fortaleceu enormemente a mão dos corsários. Argel, a Branca, brilhando sobre o mar azul, tornou-se o reino dos ladrões do mar, a Bagdá ou a Damasco do Magreb, onde os navios podiam se abrigar seguramente, ter o espólio recolhido e seres humanos comprados e vendidos. Esse agora era um problema permanente para Carlos. Argel era o marco ocidental de uma guerra que se estendia por todo o caminho até o Danúbio. Dez dias antes de o Peñon cair, Solimão partiu de Istambul com 75 mil homens e marchou até Viena.

Foi o irmão de Carlos, Fernando, que se preparou para esse ataque. Pela primeira vez Carlos previa algo agradável. Depois de uma luta de oito anos com a França, ele estava prestes a assinar o que esperava ser a paz duradoura. Temporariamente livre do fardo da guerra, partiu para o maior triunfo de sua vida: sua coroação na Itália como imperador do Sacro Império Romano, o soberano do mundo cristão. Ele partiu de Barcelona com as galeras imperiais, tendo como general-chefe Rodrigo de Portuondo, sob uma saraivada de tiros de canhão cerimonial.

Isso se mostrou um momento de arrogância. Carlos podia ter a aspiração de ser o governante do mundo, cujo reino se estendia desde o Peru até o Reno, mas, na costa da Espanha, ele estava terrivelmente vulnerável. No verão de 1529, de repente havia uma esquadra sem proteção e Hayreddin logo ficou sabendo. De imediato ele despachou Aydin, o Caçador do Diabo, seu corsário mais experiente, com quinze galeotas, para saquear as ilhas Baleares e a costa espanhola. A vingança se centrava em Valência. Depois de roubar uma sucessão de navios mercantes que passavam por eles, os piratas de Aydin aportaram abruptamente em um festival religioso, apreenderam um número considerável de peregrinos e, em seguida, resgataram duzentos muçulmanos da mesma costa e fugiram.

Portuondo havia deixado o imperador em Gênova e estava a caminho de casa quando a notícia do ataque o alcançou. Estimulado por uma recompensa de 10 mil escudos pelo retorno dos vassalos muçulmanos, ele foi ao encalço de Aydin. Encontrou os navios do corsário, totalmente despreparados, abicados na costa da ilha deserta de Formentera, a sudoeste de Maiorca. Suas nove galés de guerra fortemente armadas tinham as galeotas, mais leves, à sua mercê; ele podia explodi-las na água, e o teria feito. No entanto, metade de seu contingente de soldados ficara em Gênova para escoltar o imperador, e seus 10 mil escudos dependiam do retorno dos muçulmanos vivos. Ele decidiu não usar suas armas, então vacilou e perdeu a chance. As galeotas de Aydin conseguiram partir da praia, alcançar as galés pela lateral e contra-atacar. Os espanhóis foram pegos de surpresa. Portuondo foi morto por um tiro de arcabuz; seu navio-capitânia se rendeu. O pânico se espalhou pelo restante da esquadra. Foram tomadas sete galés; a oitava remou para longe, para contar a história. A frota de Aydin, agora bem maior, voltou a Argel disparando armas e desfraldando bandeiras. Os navios tinham tantos escravos cristãos no convés, incluindo o filho de Portuondo, "que estes não podiam se mover".[9]

Foi o primeiro combate relevante em mar aberto contra a frota do corsário Barbarossa e terminou em humilhação. "Foi a maior perda sofrida pela frota de galés espanholas",[10] escreveu o exagerado Lopez de Gomara. O cronista espanhol, conhecido por sua falta de objetividade, fez um relato medonho do destino da tripulação:

> Barbarossa empalou [o filho de Portuondo] com muitos outros espanhóis [...] e dizem que ele submeteu alguns dos cativos a uma forma de tortura e morte que era tão cruel quanto nova. Em uma parte plana do campo ele cavava buracos até a altura da cintura e punha os espanhóis neles; enterrava-os vivos, deixando os braços e a cabeça expostos, e muitos cavaleiros os pisoteavam.[11]

A crônica do próprio Barbarossa coloca isso de outra maneira: "Hayreddin propagou seu nome e reputação por todas as regiões e países, tanto dos cristãos como dos mouros, e enviou as duas galés do sultão, uma delas com Portuondo e todas as outras conduzindo cristãos".[12] Nas obras sobre o grande corsário, continua difícil estabelecer os limites da verdade.

Os soldados que poderiam ter feito toda a diferença para o destino de Portuondo estavam, naquele momento, preparando-se para as festividades de Carlos em Bolonha. Em 5 de novembro de 1529, ele entrou na cidade, que estava sendo preparada para sua coroação, dois meses depois. Era uma peça do teatro imperial cuidadosamente encenada, inspirada no triunfo dos imperadores romanos – uma extraordinária declaração de afirmação do imperador para o globo terrestre. Carlos passou por arcos de triunfo, acompanhado pelo papa e por todos os notáveis de seus domínios. Músicos tocavam, soldados faziam soar os tambores e a população, exuberante com a perspectiva de festa, gritava: "César, Carlos, o Imperador!".[13] Carlos andava em uma procissão imponente, sob um dossel de brocado, carregado por quatro cavaleiros emplumados. Seu elaborado elmo era encimado por uma águia dourada e ele levava o cetro imperial na mão direita. Entre um mar de bandeiras bordadas com os emblemas do imperador e do papa, havia a bandeira de um cruzado ornamentada com o Cristo crucificado.

Durante os meses de celebração que se seguiram, o artista Parmigiano trabalhou em um imenso retrato alegórico do imperador. Mostrava o bebê Hércules ofertando o globo a Carlos, voltado não para as Índias ou para suas possessões na Europa, mas para o Mediterrâneo, o centro do mundo, destinado a ser governado por César.

Na verdade, a humilhação das galés imperiais dez dias antes tinha revelado o vazio dessa pantomima. Após doze anos de guerra com os Barbarossas, os únicos troféus tangíveis de Carlos eram o crânio de Oruch e sua capa vermelha, exibidos na catedral de Córdoba como objetos de pavor venerável. A posição espanhola no Magreb era precária; os mares jamais tinham sido tão inseguros. O Mediterrâneo ocidental corria o risco de ser invadido por esses batedores do Império Otomano.

Em 15 de novembro, Carlos recebeu, em Bolonha, uma carta do arcebispo de Toledo descrevendo a situação em termos resolutos. A ação imediata era agora crucial. "A menos que esse desastre seja revertido", escreveu ele, "vamos perder o comércio do Mediterrâneo, de Gibraltar até o leste."[14] Agora, só uma ação decisiva seria suficiente. Ele pediu que o imperador construísse uma nova frota de vinte navios e "que velejasse com uma grande armada [...] para caçar Barbarossa em sua casa (Argel), pois gastar dinheiro apenas com a defesa seria desperdício".[15] A imperatriz Isabel escreveu com o mesmo espírito. Argel era a chave para a paz cristã, mas Barbarossa era a chave para Argel.

Havia dois consolos de equilíbrio para Carlos enquanto ele contemplava essas cartas. O primeiro não era desprezível. Na chuva de outono, o grande cerco de Viena por Solimão tinha sido paralisado. No início de outubro, começou a esfriar; as linhas de abastecimento se tornaram mais prolongadas, e o tempo, hostil. No dia 14 daquele mês, ele fez um pequeno registro em seu diário de campanha, no estilo telegráfico habitual, como se fosse um detalhe sem importância: "Explosão de minas e novas aberturas nas muralhas. Conselho. Ataque infrutífero. As ordens são dadas para voltar a Constantinopla".[16] As notas seguem breves e esboçam uma retirada amarga: "17. O exército chega a Bruck. Neve. 18. Atravessamos três pontes perto de Altenburg. Uma quantidade considerável de bagagem e parte da artilharia são perdidas nos pântanos. 19. Grande dificuldade na travessia do Danúbio. A neve continua a cair".[17] Foi o primeiro revés otomano em duzentos anos. Solimão viu-se obrigado a organizar as próprias celebrações de vitória para salvar as aparências diante do povo de Istambul.

O segundo consolo foi mais imediato. Em antecipação ao conselho de Toledo, Carlos forneceu a si mesmo os meios para contra-atacar. Em 1528, conseguiu roubar os serviços de Andrea Doria, o grande almirante genovês da época, de seu rival, o rei da França. Doria era membro da antiga nobreza da cidade e um *condottiere*, um soldado de fortuna. Desiludido com Francisco I, mudou de lado por honorários consideráveis, mas ele representava um bom valor e demonstraria lealdade duradoura. O almirante trouxe com ele sua galera armada, o uso do estratégico porto de Gênova e uma imensa experiência de guerra no mar e de atividade anticorsária. Doria tinha suas desvantagens. Como as galés eram sua propriedade, ele se mostrava excessivamente cauteloso em sua utilização, mas era, de longe, o comandante naval cristão mais astuto nos domínios do imperador. De um só golpe, as rotas marítimas entre a Espanha e suas possessões italianas tornaram-se mais seguras – Gênova deu o controle estratégico de sua costa a Carlos e uma razoável frota com a qual defendê-la. Era por intermédio de Doria que ele pretendia deter o declínio dos Habsburgos no Mediterrâneo e uma guerra agressiva.

Carlos também reforçou as defesas no flanco sul da Itália. Desde a queda de Rodes, os cavaleiros de São João vinham perambulando sem teto pelo Mediterrâneo. L'Isle Adam tinha dirigido a cada um dos potentados da Europa uma petição de uma nova base para continuar a missão da ordem da guerra santa. Em Londres, Henrique VIII tinha recebido o velho homem com gentileza e lhe fornecido armas. No entanto, somente Carlos lhe deu a possibilidade de um lar permanente. Ele ofereceu a árida e empobrecida ilha de Malta, ao sul da Sicília, no caminho de cada ataque corsário na costa italiana. O presente veio com amarras – Carlos não dava algo por nada: os cavaleiros também tinham de defender o forte do imperador em Trípoli, na Costa Berbere. Era uma perspectiva pouco atraente, mas L'Isle Adam não tinha alternativa; sem uma base para a pirataria, a ordem certamente ruiria. Em 1530, Carlos despachou o documento fatídico para L'Isle Adam ,

> concedendo aos cavaleiros, a fim de que eles possam executar em paz os deveres de sua religião, para o benefício da comunidade cristã, e empregar suas forças e armas contra os inimigos pérfidos da Santa Fé, as ilhas de Malta, Gozo e Comino, em troca da apresentação anual, no Dia de Todos os Santos, de um falcão para Carlos, vice-rei da Sicília.[18]

Esse acordo colocou os cavaleiros no centro do mar, no olho de uma tempestade nascente.

# A viagem a Túnis

1530-1535

A necessidade de Carlos de realizar contra-ataques não se limitava à costa da Espanha e da Itália. Até 1530, a guerra entre o sultão e o imperador se estendia por toda a Europa e a cristandade se achava, em todos os lugares, com o pé atrás. A metáfora central do famoso hino protestante de Martinho Lutero, "uma fortaleza poderosa é nosso Deus", não foi escolhida ao acaso: Solimão estava sitiando Viena na época. Enquanto os otomanos pensavam em avançar e fazer o cerco, a atitude mental dos cristãos era obsessivamente defensiva. Cadeias de fortalezas exorbitantemente caras se espalhavam pelas planícies da Hungria; os italianos estavam ocupados construindo torres de vigia ao longo de sua vulnerável costa; os fortes espanhóis se agarravam precariamente às costas naufragadas do Magreb. Em todos os lugares a ameaça do Islã parecia pressionar.

A escala de conflito sobrepujava todas as ideias preconcebidas. O início do século XVI assistiu a uma nova concentração do poder imperial: os Habsburgos austríacos e os turcos otomanos eram capazes de agregar homens e recursos em uma escala sem precedentes – e de encontrar os meios para pagar por eles. Os motores de guerra eram as burocracias centralizadas em Madri e Istambul, que podiam aumentar os impostos, recrutar homens, despachar navios, organizar materiais, fabricar canhões e produzir pólvora com uma eficiência inimaginável em comparação com as guerras artesanais da Idade Média. Os exércitos se tornaram maiores; os canhões, mais poderosos; a logística e a alocação de recursos

– dentro das limitações impostas pelo tempo de viagem e pelas comunicações –, mais sofisticadas. Era uma luta entre impérios com alcance global; a década de 1530 veria Francisco Pizarro conquistar o Peru, os otomanos atacarem a Índia. Uma rede de interconexões entre lugares distantes desenhava o mundo. Os austríacos procuraram acordos com os persas; os otomanos, com os franceses. A causa dos luteranos alemães era reforçada por decisões tomadas em Istambul. As barras de ouro do novo mundo pagavam as guerras na África. Se o compromisso com a guerra santa era a alavanca para o império, havia outras forças em ação. Na Europa, o declínio do latim, novas noções de identidade nacional e a revolta protestante faziam tremer as velhas certezas. Toda a bacia era vítima de forças misteriosas. As populações e as cidades cresciam rapidamente, o dinheiro substituía o escambo, a inflação saltava facilmente as fronteiras da fé.

Na década de 1530, essa sensação de perturbação mundial era amplamente sentida em todo o Mediterrâneo. Expectativas milenares se agarravam à imaginação popular; dentro do Islã, pensava-se que o décimo século da era muçulmana conduziria ao final da história; na cristandade, 1533 foi considerado o ano do 1.500º aniversário da crucificação; profecias abundavam em ambos os lados da separação religiosa. Acreditava-se largamente que Solimão e Carlos tinham embarcado em uma disputa pelo mundo. Em 1531, Erasmo escreveu a um amigo:

> O rumor aqui – na verdade não é rumor, mas conhecimento público – é que o Turco vai invadir a Alemanha com todas as suas forças, lutar pelo grande prêmio, seja Carlos, seja o Turco o monarca de todo o globo, pois o mundo não pode suportar por mais tempo ter dois sóis no firmamento.[1]

A noção de um governante mundial foi muito discutida pelos assessores de Carlos, embora o imperador, mais prudente sobre como tais alegações poderiam ser recebidas na França ou na Alemanha protestante, fosse menos explícito. Ele era o defensor da fé contra os infiéis, tanto islâmicos como protestantes. Solimão, em um mundo islâmico mais unificado, poderia ser franco. "Assim como há um só Deus no céu, só pode haver um império na terra",[2] declarou sem rodeios seu grão-vizir, Ibrahim Paxá, ao visitar embaixadores. "A Espanha é como um lagarto mordiscando aqui e ali um pouco de erva na poeira, enquanto nosso sultão é como um dragão que engole o mundo quando abre a boca."[3]

Sob a fanfarronice, havia em Istambul o medo popular das intenções agressivas de Carlos. A ansiedade e o pessimismo, amplificados pelas falhas na Hungria, rondavam a cidade; os presságios foram amplamente citados, sugerindo que a roda da fortuna reverteria outra vez e restauraria a Constantinopla cristã. Como a praga e a falta de pão, esses eram sintomas de tempos conturbados, mas que refletiam temores palpáveis. Se o sonho de Carlos era a restituição de Constantinopla, o de Solimão era a captura de Roma. Ambos estavam comprometidos em liderar seus exércitos em pessoa, apesar de cuidadosos para escolher seu terreno. Em 1530, essa disputa se tornou cada vez mais pessoal. Centrava-se nas reivindicações dos rivais deles ao título fundamental, César, e à posse do centro do mundo. Nada enfurecia tanto Solimão quanto os relatos da coroação de Carlos, em 1530. "Ele detesta o imperador e seu título de César; ele, o Turco, também faz que o chamem César",[4] declarou Francisco I da França. O sultão foi levado a um julgamento face a face à força, com o homem que apenas ele já chamava de "o rei da

Espanha". Na primavera de 1532, ele se preparava para marchar com seu exército até o Danúbio novamente e fez um desafio estrondoso:

> O rei da Espanha há longo tempo tem declarado seu desejo de ir contra os turcos; mas, pela graça de Deus, estou agindo com meu exército contra ele. Se ele é grande de coração, deixe-o esperar por mim no campo e então, seja qual for a vontade de Deus, assim será. Se, no entanto, ele não quiser esperar por mim, que envie um tributo.[5]

A resposta de Carlos pareceu inequívoca. Ele escreveu a sua esposa: "À luz do dever, tenho de defender a fé e a religião cristã em pessoa".[6]

A disputa se concentrava nos símbolos de poder. Os detalhes da entrada de Carlos em Bolonha tinham sido minuciosamente relatados para o sultão. Em sua marcha para o norte, Solimão encenou os próprios triunfos rivais, produzindo uma iconografia condizente com a empreitada. Aos venezianos ele tinha encomendado um conjunto de objetos cerimoniais dignos de um imperador romano: um cetro, um trono e um extraordinário elmo-coroa adornado com pedras preciosas, que os italianos afirmavam ter sido um troféu de Alexandre, o Grande. Ele entrou em Belgrado em uma cavalgada de esplendor opulento, "com grande pompa e cerimônia, e com gaitas de foles e o som de diferentes instrumentos, uma coisa extraordinária para se maravilhar, e ele passou por arcos de triunfo pelas ruas de seu trajeto, de acordo com os antigos costumes dos romanos".[7] Foi uma propaganda de guerra em grande escala. Detido por irritantes negociações com os protestantes alemães, Carlos construiu um exército forte e preparado para navegar Danúbio abaixo. O palco parecia definido para o confronto final.

No entanto, a batalha definitiva nunca aconteceu. Solimão demorou semanas na defesa heroica da pequena fortaleza de armas de fogo na região central da Hungria; de toda maneira, Carlos provavelmente foi muito prudente ao correr o risco de uma guerra em campo aberto. Atolado na chuva, Solimão mais uma vez viu-se forçado a recuar. Foi um exaustivo e árduo caminho para casa pelas passagens entre as montanhas e rios largos. "Chuva contínua [...] a difícil travessia do rio [...] o nevoeiro é tão denso que é impossível para uma pessoa ver a outra"[8] – o diário de campanha tem um círculo familiar sobre isso. Havia as celebrações habituais em Istambul pelo retorno de Solimão – procissões triunfantes e iluminações noturnas para comemorar o final feliz da guerra contra o rei da Espanha. Anunciou-se que "o miserável fugitivo desapareceu para salvar sua vida e abandonou seus súditos incrédulos".[9] Os Habsburgos inventaram o próprio triunfo, com grande investimento ficcional: os artistas começaram a trabalhar em gravuras que mostravam Carlos libertando Viena dos turcos. A lacuna entre a retórica imperial e a realidade era igualmente grande, de ambos os lados. A verdade é que os otomanos vinham operando nos limites de seu alcance no período de uma temporada de campanha, e o globo de Carlos sempre estava voltado para o Mediterrâneo. Ele não escolheu pessoalmente a bacia do Danúbio como palco de operações. Enquanto Solimão estava em Köszeg, Carlos encontrava-se a trezentos quilômetros de distância. Foi o mais próximo que os dois homens chegaram.

Simultaneamente, Carlos escolheu esse momento para mudar todo o foco da disputa. Enquanto os dois homens estavam em treinamento ao longo do Danúbio, Carlos autorizou um ataque para distrair a atenção. Na primavera de 1532, ordenou a Andrea Doria que saqueasse a costa da Grécia. Quarenta e quatro galeras navegaram a leste da Sicília. Doria foi brutalmente eficiente. Em 12 de setembro, como Solimão estava de novo voltando para casa, o almirante invadiu a estratégica fortaleza otomana de Coron, no sul do Peloponeso, e devastou a costa circundante. Uma guarnição assegurou Coron para o imperador. Solimão ficou furioso. Na primavera seguinte, quando ele enviou uma frota armada às pressas para retomar o castelo, Doria infligiu humilhação dobrada. Sessenta galés otomanas bloquearam Coron; Doria simplesmente quebrou o cordão e as debandou.

Essas ações enviaram ondas de choque pelo Egeu oriental. Os otomanos consideravam as águas da Grécia parte de seus domínios, mas foram incapazes de defendê-las. Se Doria havia conseguido tomar Coron, o que o impediria de atacar Istambul? As deficiências da marinha oficial otomana tinham sido expostas; elas representavam uma terrível vulnerabilidade. Levando em conta sua segurança, bem como sua honra, Solimão compreendeu que o Mediterrâneo já não era um espetáculo à parte – era o palco principal da guerra, e esta, agora, deveria ser empreendida.

A reação do sultão foi imediata. Ele chamou Hayreddin de Argel, como o único homem com experiência para preparar uma retaliação adequada. No verão de 1533, o lendário corsário partiu com catorze galés para o Corno de Ouro, "entre salvas de continências",[10] e apresentou-se ao sultão, "levando consigo dezoito capitães, seus companheiros, e ricos presentes, onde teve a honra de beijar a mão real e receber inúmeros favores".[11] Com o apoio do grão-vizir Ibrahim Paxá, ele foi nomeado almirante do sultão e responsável pela construção de uma nova frota, pela reconquista de Coron e pelo revide ao insolente rei da Espanha. Hayreddin não só recebeu o título oficial de *kapudan-i-derya*, grande almirante da frota do Mediterrâneo; Solimão também criou para ele o cargo de governador da Província do Arquipélago, formada pela costa do Mediterrâneo otomano. Essa era a medida de quão séria ele agora considerava a luta pelo mar.

Hayreddin, que tinha 67 ou 68 anos, estava no auge da bem-aventurança, com a energia aparentemente intacta apesar da idade. No inverno de 1533-1534, começou a reconstruir a marinha otomana no arsenal do Corno de Ouro. Ele conseguiu aproveitar todas as vantagens naturais do império. A construção naval é uma consumidora faminta de matérias-primas: grandes quantidades de madeira, piche, sebo, ferro e lona são necessárias; todas essas coisas poderiam ser obtidas com recursos próprios do império, e a mão de obra para construir, velejar e remar as embarcações – um problema constante para as frotas cristãs – poderia ser eficientemente providenciada por uma administração centralizada, incomparável em seu alcance e eficácia. Com esses recursos, Hayreddin trabalhou incessantemente para construir uma frota imperial digna do governante do mar Branco. Espiões e diplomatas europeus acompanharam de perto seu progresso – isso não era difícil, já que o arsenal não estava cercado por muralha alguma. "Barbarossa sempre estava no arsenal", foi relatado ao oeste, "onde ele comia e bebia, para não perder tempo."[12]

Em 23 de maio, Solimão preparou-se para mais uma campanha – contra o xá da Pérsia –, com a nova frota de Barbarossa abrindo seu caminho para fora do Corno de Ouro, sob o disparo triunfal do canhão. O diplomata flamengo, Cornelius de Schepper, viu isso e escreveu a Doria um relatório sinistro. Ao todo, eram setenta galés em bom estado, incluindo as três dos comandantes, com lanternas de popa. O ornamentado navio-capitânia de Hayreddin era remado por 160 escravos cristãos. Em toda a frota havia "1.233 escravos cristãos [...] os remadores restantes eram sérvios e búlgaros, os quais estavam acorrentados porque não eram cristãos".[13] Cada galera tinha um canhão de bronze que atirava pedras e de 100 a 120 homens de combate, "muitos dos quais estavam na expedição sem remuneração, por causa da fama do almirante e da expectativa de pilhagem".[14] A frota levava um tesouro substancial para pagar os homens assalariados: 50 mil ducados de ouro, o equivalente a 40 mil ducados em pedras preciosas, 300 peças de tecido de ouro. Solimão tinha conseguido juntar recursos enormes.

Em retrospecto, o embaixador francês na cidade foi plenamente capaz de entender o significado desse momento. "A supremacia da Turquia remonta ao primeiro inverno de Hayreddin nos estaleiros da cidade",[15] escreveu dez anos depois. A frota remando de maneira inteligente até Galípoli representou um importante passo para o poder naval. Foi o início de uma era de guerra por mar em grande escala. Quase a cada primavera, durante os quarenta anos seguintes, espiões europeus relatariam os rumores sinistros de imensas armadas preparando-se para devastar as costas vulneráveis da cristandade.

A nova frota de Hayreddin definiu um rumo para a vingança. No verão, atingiu a costa sob domínio de Carlos no sul da Itália como uma onda. O novo almirante do sultão estava evidentemente bem informado. Ciente de que a costa do Adriático encontrava-se fortificada com torres de vigia, contornou o calcanhar da bota e devastou a costa ocidental italiana, em direção a Nápoles, queimando vilas, destruindo navios, escravizando povoados inteiros. A rapidez e o terror dos desembarques em massa, bem como o impacto dos agitados esquadrões da galera fechando a costa desprotegida, tinham o pavor chocante dos ataques otomanos de fronteira.

Destacamentos da armada de Doria em Messina só podiam circundar o porto e assistir à varredura da frota otomana. Com a aproximação desta, Reggio, no lado oposto da Sicília, foi abandonada; Barbarossa tomou seis navios de transporte e queimou a cidade; deixou o castelo de San Lucido em chamas e capturou oitocentas pessoas. Em Cetraro, queimou dezoito galeras. Ao passar por Nápoles, saqueou a vila de pescadores de Sperlunga, em seguida desembarcou e atacou vinte quilômetros para o interior, na tentativa de capturar a bela condessa de Fondi, Julia Gonzaga, como um presente para o harém do sultão. Quando o prêmio escapou, os corsários deixaram Fondi em chamas, "massacrando muitos homens e capturando todas as mulheres e crianças".[16] A noventa quilômetros de distância, as pessoas começaram a fugir para Roma. Fazendo meia-volta, Barbarossa queimou seis galeras imperiais em construção, em Nápoles. E então, antes que alguém pudesse recuperar o fôlego, a frota foi embora, deslizando para o sul, passando por Stromboli, até Túnis. Levava consigo centenas, talvez milhares, de prisioneiros, parte dos quais despachou para Solimão, em Istambul.

Havia sido um exercício no comando do terror e da vingança, mas era apenas o começo. Hayreddin tinha um objetivo pessoal nas margens do Magreb. Em 16 de agosto, sua flotilha ancorou em Túnis e seus janízaros desembarcaram. O impopular governante árabe Muley Hasan abandonou a cidade sem que um tiro fosse disparado. A captura de Túnis imediatamente duplicou a agitação de Carlos. Situada no colarinho do Magreb, a cidade comanda o eixo de todo o Mediterrâneo – o estreito, de uma centena de quilômetros de largura, que separa o Norte da África da Sicília, com Malta no meio do caminho. Era uma navegação de apenas vinte horas até as terras do imperador. Túnis fornecia uma plataforma de lançamento para a pirataria maciça ou até mesmo para a invasão do sul da Itália – o trampolim natural seria tomar Malta dos cavaleiros de São João. Era a rota tradicional para o sul da Europa; os árabes haviam passado por ela, até a Sicília, no século IX. A "voz interior" de Hayreddin já havia previsto esse movimento. Durante sua incursão na Itália, a ilha lhe fora prometida em um sonho.

Até o final de 1534, todo o Mediterrâneo ocidental estava aterrorizado com a ameaça exponencial representada pela nova frota de Barbarossa. Uma profunda inquietação tomou conta do litoral da Espanha e da Itália. As taxas de seguro de transporte dispararam; as cidades costeiras foram fortificadas outra vez e as aldeias, abandonadas; construíram-se novas cadeias de torres. Doria e o almirante espanhol Alvaro de Bazan rastrearam cada rumor sobre os movimentos de Barbarossa e prepararam suas frotas de galeras para lutar a qualquer momento. "Desde o estreito de Messina até o de Gibraltar, ninguém em parte alguma da Europa pode comer em paz ou dormir com a sensação de segurança",[17] escreveu o espanhol Sandoval. Mesmo os neutros venezianos, em sua segura lagoa, sentiram-se desconfortáveis e começaram a construir novos navios. Esse não era mais um caso de ousados ataques piratas – era a incursão da guerra imperial no coração do mar.

Como Carlos tinha sido ferido no ataque ao sul da Itália, ficou completamente alarmado com a nova ameaça de Túnis. Estava evidente que era a represália de Solimão pela humilhação na Hungria e na Grécia. E isso não poderia ficar sem resposta. Cada ação exigia uma reação maior. Ele estava determinado "a atacar o inimigo e a persegui-lo pelos mares da cristandade".[18] Resolveu organizar uma cruzada contra Barbarossa e conduzi-la pessoalmente, mesmo correndo risco de vida.

Durante o inverno de 1534-1535, Carlos lançou-se no planejamento de uma cara expedição marítima para Túnis. Requisitou homens e navios de todo o império. Os transportes saíram de Antuérpia com protestantes acorrentados para remar as galeras. As tropas marchavam da Alemanha, da Espanha e da Itália até os pontos de coleta na costa. Doria reuniu sua frota em Barcelona; Bazan partiu de Málaga. Os cavaleiros de São João vinham de Malta em sua grande nau, Sant'Ana, o maior navio do mundo; os portugueses enviaram 23 caravelas e outra nau; um destacamento foi financiado pelo papa. Gênova e Barcelona eram um burburinho de homens e navios, e ainda a carga de barris de biscoitos, água e pólvora, cavalos, canhões e arcabuzes. Carlos mostrou-se um bom planejador militar. Concebida em uma escala enorme, a expedição foi extraordinariamente bem coordenada pelos padrões dos Habsburgos; pela primeira vez não se navegaria no final do ano. No início de junho de 1535, a armada se reuniu na costa da Sicília: 74 galés, 300 veleiros, 30 mil homens. A revista da frota era uma exibição planejada da iconografia religiosa e do esplendor imperial. Carlos tinha encomendado um navio digno de sua posição como defensor da cristandade: um quadrirreme, uma imensa galera com quatro homens em cada remo, com popa acastelada e dourada e dossel de veludo vermelho e dourado, ostentando bandeiras heráldicas nos mastros – uma mostrava o Cristo crucificado com o lema pessoal de Carlos, "Avante"; a outra, uma estrela radiante rodeada de flechas e a inscrição "Mostra-me Teus caminhos, ó Senhor".[19] Em 14 de junho, a expedição partiu da Sardenha com um grande espetáculo. Os remadores impulsionaram a esplêndida embarcação ao longo da frota ancorada, ao som de trombetas e do aplauso estrondoso dos homens. Carlos levava consigo seu artista oficial de guerra, Jan Vermeyen, para registrar a vitória iminente. O imperador tinha a intenção de controlar a própria imagem.

Em menos de um dia a frota chegou à costa do Norte da África. Na manhã de 15 de junho, ancorou no local da antiga Cartago e começou a se preparar para sitiar La Goletta, "a garganta", fortaleza que controlava o canal no lago interno, em cujas margens ficava Túnis, "a Verde". Demorou um mês para demover esse obstáculo, assediado constantemente por incursões de Hayreddin à cidade. Em 14 de julho, depois de um furioso bombardeio proveniente da grande nau, e com as galés avançando em ondas sucessivas para abater as defesas com suas bestas, os muros foram derrubados e a fortaleza, invadida, com a perda de muitas vidas. Entre as ruínas, os espanhóis ficaram surpresos ao encontrar bolas de canhão estampadas com a flor de lis da França.

Hayreddin assistiu, consternado, ao avanço do exército em Túnis. Sua posição foi se tornando precária e ele estava particularmente preocupado com a possibilidade de revolta dos milhares de escravos cristãos acorrentados. Propôs matar todos eles, mas sofreu forte resistência daqueles que o rodeavam. Não era a apreensão que impedia o massacre; os proprietários de escravos simplesmente não estavam dispostos a destruir a própria riqueza. No evento, Barbarossa recebeu reconhecimento. Depois de violentos combates, recuou seu exército para as muralhas de Túnis. Dentro da cidade, um grupo de renegados, sentindo a incerteza dos acontecimentos, mudou de lado e começou a soltar os grilhões dos prisioneiros. Os cristãos apreenderam o arsenal, armaram-se e irromperam nas ruas. Sem uma base segura por trás de si, Barbarossa não teve opção senão fugir. Escapuliu para Argel, com milhares de turcos. Na manhã de 21 de julho, Carlos entrou na cidade em triunfo, sem oposição, seu grande cavalo pisando os cadáveres dos muçulmanos abatidos.

O pós-guerra foi sangrento. Carlos havia prometido a seus homens o direito à pilhagem, comum nos casos em que uma

Album/DEA/G. Dagli Orti/Album Art/Latinstock

**A tomada do porto de La Goletta e de Túnis pela expedição marítima de Carlos v, em gravura de Franz Hogenberg (1535), do acervo da Biblioteca de Genebra (Suíça). Ao fundo, atrás da lagoa, vê-se Túnis, onde se concentrava a frota de Hayreddin.**

cidade não se rendia; consequentemente, eles sujeitaram Túnis a um massacre temerário. As mesquitas foram saqueadas; milhares de tunisianos rendidos, tão pouco entusiasmados com Hayreddin quanto tinham ficado com Muley Hasan, foram esquartejados na rua, e outros 10 mil, vendidos como escravos. A selvageria era alimentada por vingança pessoal e nacional pelos ataques na Itália, pela tomada de escravos e pelos vinte anos de miséria infligidos pelos Barbarossas na costa cristã. Era ódio em nível visceral.

Carlos emergiu do banho de sangue com sua reputação enormemente reforçada na Europa católica. Ele tinha arriscado a própria vida no assalto de Túnis e provado sua coragem, resolução e julgamento militar. De acordo com relatos espanhóis contemporâneos, ele lutou na linha de frente, avançando "com a lança na mão, colocando-se em risco tanto quanto um pobre soldado comum"[20] e sentindo as balas assobiarem sobre sua cabeça. Seu cavalo foi baleado, enquanto seu pajem era morto a seu lado. Os cronistas espanhóis asseguraram que seus feitos fossem amplamente divulgados. Carlos achava justo ser chamado de imperador da guerra.

Os ganhos práticos tinham sido consideráveis: o governante fantoche Muley Hasan foi restaurado ao trono de Túnis, e La Goletta, guarnecida com tropas espanholas. E o mais significativo: Carlos queimou quase toda a frota que havia navegado tão orgulhosamente de Istambul na primavera anterior. Oitenta e dois navios foram destruídos no lago em Túnis. Carlos queria seguir Barbarossa e tomar Argel, mas o exército tinha sido atingido por disenteria. Em 17 de agosto, ele partiu de volta para Nápoles com toda a pompa, confiante de que seu adversário havia sido enfraquecido.

Carlos nunca foi homem de ficar constrangido por custos em sua busca de guerra, mas a despesa em Túnis tinha sido imensa. Ao planejar a campanha, ele havia deparado com grandes dificuldades financeiras. As frotas de galeras eram desastrosamente caras, e o imperador acabara de gastar 900 mil ducados na campanha do Danúbio contra Solimão. Em perspectiva, a armada de Túnis custaria 1 milhão, quantia que Carlos não tinha. A expedição contra Barbarossa só havia se tornado viável graças a eventos do outro lado do mundo. Em 29 de agosto de 1533, Francisco Pizarro estrangulara Atahualpa, o último rei dos incas, em Cajamarca, nos Andes, depois de receber uma imensa quantidade de ouro por seu resgate. Galeões espanhóis forneceram a Carlos uma arrecadação de 1,2 milhão de ducados de ouro da América do Sul para "o empreendimento sagrado da guerra contra os turcos, Lutero e outros inimigos da fé".[21] O tesouro de Atahualpa pagara a cruzada de Carlos. Era a primeira vez que o Novo Mundo alterava o curso dos acontecimentos no Velho.

Para o imperador, Deus fornecia esses meios para sua vitória; e era como o soberano de Deus que ele navegava para casa outra vez. "Sua gloriosa e incomparável vitória em Túnis parece-me, por minha fé como cristão, de uma dignidade que ultrapassa de longe todas as outras da memória eterna",[22] escreveu o bajulador Paolo Giovio. Seu artista, Jan Vermeyen, projetou um conjunto de doze tapeçarias comemorativas com cenas da campanha, que viajaria com Carlos aonde quer que fosse, para testemunhar esse triunfo. Foi o ponto alto da carreira militar do monarca.

A destruição da base de poder de Barbarossa e o rompimento do elo entre o Magreb e Istambul foram acontecimentos importantíssimos em todo o Mediterrâneo ocidental. Carlos chegou a Nápoles em meio a uma explosão de alegria popular. Havia rumores de que o próprio Barbarossa estava morto, a costa se encontrava em clima festivo e as notícias foram comemoradas com missas, salvas de tiros, concursos e festivais. Em Toledo e Granada, procissões de fiéis cantavam hinos e prostravam-se aos pés de Nossa Senhora. Os cavaleiros de São João faziam serviços de ação de graças e fogos de artifício acendiam no céu noturno de Malta, enquanto os venezianos, mais distantes das consequências e, geralmente, com mais disposição de ânimo, tinham o pretexto para carnavais e bailes de máscaras. Em nenhum outro lugar a alegria era mais arrebatadora do que nas ilhas Baleares. Maiorca e Minorca sofreram cruelmente nas mãos dos corsários. Em Palma, Maiorca, foi feita uma alegre encenação da queda de seu algoz. Um criminoso condenado, com a barba tingida e a língua cortada, foi vestido com um traje turco e empurrado para a praça principal. O homem, assustado, foi queimado vivo, sob os gritos da multidão. Alegria, crueldade, vingança, libertação religiosa, exaltação, fervor místico – fortes emoções varriam o mar.

Foi nesse clima festivo que uma frota de galeras, com bandeiras espanholas tremulando, remou para o porto de Mahon, na ilha de Minorca, em um dia de outubro. Os que assistiam da praia gritavam saudações alegres, pensando que era Doria voltando de uma varredura na costa do Norte da África. Eles podiam distinguir os cristãos a bordo por suas roupas e tocavam os sinos da igreja dando as boas-vindas, à medida que os navios se aproximavam. A caravela portuguesa ancorada no porto disparou uma saudação amigável. Foi recebida por uma rajada furiosa de tiros de canhão. Espantados, além de surpresos, os portugueses correram para se armar, mas já era tarde demais para impedir que as galeras de Barbarossa caíssem sobre eles. O velho corsário estava longe de estar morto. Ele tinha deslizado livre a partir de Túnis e se reorganizado; havia tomado de volta quinze galés em Bona, mais a oeste. Ali, ele evitou Doria, partiu para Argel e acrescentou mais navios à frota. Agora ele retornava para causar terror no mar cristão. As galés disfarçadas caíram sobre Mahon como a vingança de Deus. Barbarossa tomou a caravela, saqueou completamente a cidade, levou 1.800 pessoas e destruiu suas defesas. Havia um excesso de oferta no mercado de escravos de Argel.

Era uma guinada doentia de volta ao pesadelo para o mar cristão. Um tremor involuntário percorreu a costa, passando de navio em navio, pelos portos da Espanha e da Itália, pelas ilhas indefesas e pelas cidades costeiras. Os enormes gastos de Carlos, de dinheiro e de esforço, tinham sido quase inúteis. Ele só havia imobilizado Barbarossa. No final do ano, o almirante do sultão estava de volta a Istambul. O geralmente intolerante Solimão lhe perdoou a perda de seus navios e ordenou a construção de uma nova frota.

# Doria e Barbarossa

1536-1541

Carlos e Doria, Solimão e Barbarossa. Depois de Túnis, ficou claro que os dois potentados que disputariam o Mediterrâneo haviam escolhido seus líderes e estavam reunindo suas forças. Se Barbarossa era o grande almirante do sultão, Doria era o capitão-general do mar de Carlos. Os dois marinheiros eram os executores de guerras de seus mestres. O mar já não constituía uma fronteira externa a ser contestada por piratas; havia se tornado um grande teatro de conflito imperial para rivalizar com as planícies da Hungria. Ano após ano, a violência cresceu. Quando Barbarossa atingiu a Itália de novo, em 1536, Doria respondeu capturando galés otomanas na costa da Grécia no ano seguinte. E as frotas ficaram maiores: em 1534, Barbarossa tinha construído 90 galés; em 1535, 120. Os dois comandantes navegavam um atrás do outro, acompanhavam os esquadrões um do outro ao redor dos cabos e baías da Itália, mas nunca lutavam. A guerra do mar era uma série de golpes descoordenados, como uma disputa entre boxeadores com amnésia. Muitos fatores conspiraram para dificultar uma batalha coerente: as condições impostas pelo mar, os limites da temporada de campanha, os lapsos logísticos na elaboração das campanhas, a pesca cega dos adversários antes da era do radar e o não menos importante cuidado natural dos marinheiros experientes. Ambos os homens entendiam os riscos da guerra naval. Pequenas desvantagens poderiam ter grandes consequências, que às vezes dependiam de uma ligeira mudança de vento. Uma incursão segura era sempre melhor do que uma batalha em um mar incerto. No entanto, em meados da década de 1530, a insistente pressão das ambições imperiais e a corrida por frotas maiores estavam encolhendo o mar.

Para Carlos, as balas de canhão francesas em La Goletta foram um presságio perturbador dos eventos prestes a acontecer. Em 1536, ele embarcou em uma guerra exaustiva de dois anos com Francisco, o rei Valois da França. Uma das verdades amargas de uma Europa fragmentada era a de que o rei católico gastaria mais tempo, dinheiro e energia lutando contra os franceses e os protestantes do que jamais tinha dedicado à guerra com Solimão. Dar-se conta do poder dos Habsburgos amedrontou em vez de unir a cristandade, e, nesse clima, Solimão era habilmente capaz de afetar o equilíbrio de poder no mar Mediterrâneo.

Os franceses vinham flertando com uma aliança otomana havia anos, tanto diretamente, em missões diplomáticas furtivas, como por meio dos Barbarossas. Já em 1520, eles enviaram um embaixador a Túnis para persuadir os corsários "a multiplicar as dificuldades do imperador em seu reino de Nápoles".[1] Eles forneceram tecnologia militar a Hayreddin – armas, pólvora e canhões – e informações sobre o imperador. "Não posso negar", admitiu Francisco ao embaixador veneziano, "que gostaria de ver o Turco todo-poderoso e pronto para a guerra, não por ele, pois ele é um infiel e todos nós somos cristãos, mas para enfraquecer o poder do imperador, para obrigá-lo a ter grandes gastos e para tranquilizar todos os outros governos que se opõem a um inimigo tão formidável."[2] No início de 1536, Francisco e Solimão assinaram um acordo que concedia direitos comerciais mútuos; por trás deste estava o entendimento de que eles cairiam sobre a Itália em um movimento coordenado e destruiriam Carlos. O Mediterrâneo mudou o palco central na guerra imperial do sultão. Francisco estava evidentemente bem informado sobre seu objetivo final. “O Turco vai fazer alguma expedição naval”, disse ele aos venezianos, “indo talvez até Roma, pois o sultão Solimão diz sempre: ‘Para Roma! Para Roma!’.”[3] O sultão ordenou que Barbarossa, agora de volta a Istambul, “construísse duas centenas de embarcações para uma expedição contra Apúlia, à conclusão da qual ele se dedicou”.[4] Era uma nova escalada de poder no mar.

No topo do Adriático, os venezianos observavam esses desenvolvimentos com grave inquietação. Uma expedição destinada a Roma quase certamente envolvia a invasão de suas águas no Adriático. Veneza mantinha um equilíbrio enjoado, tentando conservar sua independência entre dois superpoderes ameaçadores. Carlos havia engolido toda a Itália ao redor dela; a marinha de Solimão ameaçava suas possessões marítimas. A única ambição da república era o comércio rentável em um mar calmo. Incapaz de competir militarmente, ela construiu sua segurança em hábeis manobras políticas. Ninguém cortejou o Grande Turco tão assiduamente, subornou seus ministros tão generosamente, espionou-o tão obsessivamente. Os venezianos enviavam seus principais diplomatas a Istambul, onde eles mantinham um grupo treinado de oradores e criptógrafos turcos e expediam intermináveis relatórios codificados. Era uma política que lhes tinha garantido trinta anos de paz. A pedra fundamental era a relação especial com Ibrahim Paxá, o poderoso grão-vizir, nascido veneziano, às margens do Adriático. Ele ocupava uma posição de confiança exclusiva em favor do sultão, mas, como Solimão voltou seu olhar intenso sobre o mar, tudo isso começou a degringolar.

Na noite de 5 de março de 1536, Ibrahim chegou ao palácio real, como de costume, para jantar com Solimão. Quando estava indo embora, ficou surpreso ao encontrar o carrasco Ali e uma legião de escravos do palácio: o ambicioso vizir tinha exagerado, quase assumindo a autoridade do sultão como própria, ganhando especial desaprovação da esposa de Solimão, Hurrem. Quando o corpo decepado foi descoberto na manhã seguinte, era evidente, pelas paredes sangrentas, que Ibrahim tinha resistido. A sala respingada de sangue ficou intocada por muitos anos, como um aviso aos vizires ambiciosos de que bastaria mudar uma única consoante para passar de *makbul* (o preferido) para *maktul* (o executado).

A execução marcou um momento crucial no reinado de Solimão. Daí em diante, seu estilo seria mais austero; a piedade islâmica substituiria a brilhante exibição cerimonial do homem que se tornaria César. O assassinato de Ibrahim privou Veneza de um influente campeão na corte. Ficou claro que Solimão estava cada vez mais intolerante com os "infiéis venezianos [...] um povo famoso pela grande riqueza, pelo extenso comércio e pelo engodo e traição em todas as transações".[5] Confrontos nervosos no Adriático entre galeras venezianas e corsários turcos forneceram um pretexto para a agressão otomana.

No início de 1537, Solimão planejou um ataque em duas frentes na Itália, com o apoio da França, e viu a base veneziana em Corfu como um trampolim para a invasão. O Senado veneziano recebeu um pedido explícito para se juntar à aliança. A república se encontrava entre a cruz e a espada; a ameaça implícita era a escolha inevitável entre Carlos e Solimão. Os venezianos se contorceram, declararam sua neutralidade, recusaram educadamente o pedido do sultão e, então, armaram uma centena de galeras, "como observamos que todos os outros príncipes do mundo estão fazendo".[6] Eles esperaram para ver o que aconteceria a seguir.

As previsões do rei francês se mostraram completamente precisas. Em maio de 1537, Solimão partiu com um exército considerável para Valona, na costa albanesa do mar Adriático; ao mesmo tempo, Barbarossa seguiu por mar. Cento e setenta galeras saíram de Istambul e bateram na costa adriática da Itália; por um mês, eles "devastaram a costa da Apúlia como uma peste",[7] queimando castelos, capturando escravos, espalhando pânico por todo o caminho de volta a Roma. A frota de Doria era muito pequena para enfrentar essa força de choque; ele retirou-se para a Sicília e assistiu. No final de agosto, o sultão anunciou uma mudança tática e ordenou a Barbarossa que tomasse Corfu; 25 mil homens desembarcaram na ilha e cercaram a cidadela, mas, para surpresa dos próprios venezianos, as defesas funcionaram. A aliança tão esperada com os franceses não se materializou; as armas de cerco ficaram atoladas por causa da chuva de outono, e os venezianos haviam prudentemente reforçado suas fortalezas. Depois de três semanas, Solimão cancelou a operação, mas Veneza estava então irrevogavelmente comprometida com a guerra e com a causa do imperador. Durante o inverno de 1537, o papa Paulo III intermediou os termos de uma Liga Santa contra "o inimigo comum, o tirano dos turcos".[8] Era para tomar a forma de uma cruzada marítima, com o objetivo final de tomar Istambul e estabelecer Carlos como imperador de Constantinopla. Os venezianos, sendo pragmáticos, tacitamente preferiram a ideia de uma derrota rápida de Barbarossa e um retorno à negociação pacífica com o mundo islâmico.

Foi um momento crucial; o sul da Europa se sentia na balança. A decisiva derrota cristã agora colocaria todo o mar aberto sob os ataques impiedosos da frota otomana. Na primavera de 1538, enquanto os aliados traçavam planos e se organizavam, Barbarossa já estava no mar, dando aos venezianos um gostinho do que o fracasso significaria. Como Chipre e Creta, Veneza detinha uma série de pequenos portos em ilhas por todo o mar Egeu – Naplion e

Monemvasia no Peloponeso, Skiathos, Skopelos, Skyros, Santorini e outras ilhas mais dispersas –, cada um com seu ancoradouro limpo, uma igreja católica e o sisudo bastião com o leão de São Marcos esculpido sobre o portão de entrada. Hayreddin os destruiu um por um, massacrando suas guarnições e aprisionando homens aptos para as galeras, deixando cada lugar, antes de embarcar, enfumaçado e desolado sob o céu quente. Os cronistas otomanos enumeraram laconicamente a extensão da perda da república: "Esse ano os venezianos possuíam 25 ilhas, cada uma com um, dois ou três castelos, todas tomadas; 12 das ilhas foram dadas como tributo e as 13 restantes, saqueadas".[9] Hayreddin estava devastando a costa sul de Creta quando uma galeota trouxe a notícia de que os cristãos estavam reunindo uma frota considerável no mar Adriático. Ele rumou para o norte, para enfrentá-los.

Levou um longo tempo para a Liga Santa se reunir em Corfu. Os venezianos e as galeras do papa estavam lá em junho, ansiosos para lutar. Esperaram, então, quase três meses por Doria, o comandante-geral, que tardiamente veio se arrastando de Gênova. Ele só chegou no início de setembro, época em que o tempo estava mudando. Houve uma breve briga entre os contingentes italianos e espanhóis. Os venezianos estavam impacientes e irritados com a longa demora. O custo das galeras vinha prejudicando muito a república; eles estavam ansiosos por um ataque decisivo antes que Barbarossa pudesse causar mais danos a suas ilhas. A política da Europa cristã vivia uma atmosfera pesada; as partes tinham objetivos estratégicos muito distintos, que mesmo o otimista papa Paulo III era incapaz de esconder. Veneza estava fazendo a guerra para proteger suas possessões no Mediterrâneo oriental. Para Carlos, a fronteira marítima acabava na Sicília e ele pouco se importava com os interesses de Veneza, mais a leste. O atraso de Doria era, provavelmente, a mando do imperador. Quanto a Doria, havia uma desconfiança mútua, pouco velada, nascida de um antigo rancor entre Gênova e Veneza. Nada disso era bom presságio.

Era início de setembro quando a frota armada saiu em busca de um encontro decisivo com Barbarossa. Eles tinham o peso dos números de seu lado – 139 sólidas galeras e 70 veleiros, contra as 90 galés e 50 galeotas leves do inimigo –, porém os otomanos haviam se escondido em uma enseada na costa oeste da Grécia, no golfo de Preveza, e estavam bem protegidos por armas de fogo em terra. Por quase três semanas, a Liga Santa bloqueou Preveza, mas mostrou-se impossível fazer Barbarossa sair; a estação das chuvas estava chegando e a possibilidade de uma tempestade destruir sua frota ocupava a mente de Doria. Na noite de 27 de setembro, ele decidiu levantar âncora e partir. Barbarossa, observando de perto, viu, então, sua oportunidade. Doria e Barbarossa haviam brincado de gato e rato no Mediterrâneo durante anos e agora era o momento de chegar a uma conclusão sobre o controle do mar.

Vinte e oito de setembro foi um dia de outono tempestuoso. Quando os otomanos surgiram para lutar, a frota cristã no lado do mar encontrava-se muito debilitada; a combinação de flotilhas nacionais e a mistura de galés e veleiros estavam mal coordenadas. Os venezianos, ansiosos pela batalha, remaram à frente com gritos de "Lutar! Lutar!"; Doria, inexplicavelmente, manteve sua esquadra atrás. Os navios de chumbo foram isolados. Os venezianos haviam trazido um galeão fortemente armado em sua frota, que avançou por conta própria contra um enxame de galés otomanas. Os outros foram capturados e afundados. Quando Doria se voltou para a batalha, manteve seus navios em alto-mar e apenas se envolveu no bombardeio de longo alcance. O grande galeão resistiu à frota otomana durante todo o dia, mas, quando a noite caiu e o vento mudou, Doria abandonou a luta e se retirou, apagando as lanternas de popa para evitar perseguição. Nas palavras dos cronistas otomanos, ele "cortou a barba e partiu em fuga, com todas as galés menores seguindo-o".[10]

Barbarossa propagandeou uma vitória notável e voltou triunfante. "Essas batalhas maravilhosas, como as travadas entre a manhã e o pôr do sol daquele dia, nunca haviam sido vistas no mar",[11] escreveu posteriormente o cronista Kâtip Çelebi. Quando a notícia foi levada a Solimão,

> a proclamação da vitória foi lida, todos os presentes de pé; ação de graças e louvores foram oferecidos ao Ser Divino. O *Kapudan Paxá* [Barbarossa], então, recebeu ordens para fazer um adiantamento de 100 mil peças de dinheiro para os principais oficiais, para enviar proclamações de vitória a todas as partes do país e para encomendar proclamações públicas em todas as cidades.[12]

Na escala das coisas, o combate real fora bastante leve; a violenta colisão de galeras reunidas simplesmente não tinha ocorrido. A Liga Santa havia perdido, talvez, doze navios – número insignificante alguns dias mais tarde, quando setenta navios otomanos foram destruídos em uma tempestade –, mas os danos psicológicos para a Liga Santa tinham sido imensos. Os cristãos foram totalmente manobrados. Das perdas cristãs, a maioria havia caído em poder dos venezianos. Seus navios não tinham sido apoiados por Doria e eles estavam furiosos. Sentiram a traição, a maldade ou a covardia do almirante genovês. Ou Doria não se entusiasmara tanto com a empresa, ou fora atropelado pela marinhagem superior e fugira covardemente para limitar os danos a suas galés. Parece bastante provável que Barbarossa tenha recebido ajuda de cima; atracado em segurança no golfo de Preveza, podia escolher o momento de atacar quando seus adversários estivessem à mercê do vento. No entanto, outros fatores podem ter comprometido o desejo de qualquer homem de lutar até a morte.

O que os venezianos não sabiam era que Carlos, não conseguindo destruir Barbarossa em Túnis, tinha recorrido a métodos desleais. Em 1537, ele entrara em negociações secretas com o almirante do sultão para induzi-lo a mudar de lado, e as conversas ainda estavam ocorrendo na véspera da batalha. Em 20 de setembro de 1538, um mensageiro espanhol de Barbarossa teve uma reunião com Doria e com o vice-rei da Sicília. Não havia concordância nos termos – dizem que Barbarossa exigiu retornar a Túnis –, mas as negociações sugeriam certa cumplicidade entre os dois almirantes; ambos eram funcionários remunerados com a reputação em jogo – ambos tinham razões para ser cautelosos, pois havia muito mais a perder do que a ganhar em uma aposta imprudente sobre o estado do vento. O espanhol conscientemente lembrou o provérbio do corvo, que não bica os olhos de outro corvo. Para Doria, existiam outras considerações no negócio: muitas das galés eram de sua propriedade; certamente ele estava relutante em perdê-las ao ajudar os detestáveis venezianos. Isso levaria comandantes menos experientes a jogar a precaução ao vento e arriscar tudo, na mesma extensão marítima, trinta anos depois.

É impossível determinar a sinceridade de Barbarossa nessas manobras. Talvez a queda de Ibrahim Paxá ilustrasse os perigos de um alto cargo a serviço do sultão, ou Carlos oferecesse a ele a chance de realizar seu sonho de um reino independente no Magreb. O mais provável é que as negociações fossem um modo de reunir Carlos e Doria, embalando seus oponentes em dúvida e hesitação. Certamente as fontes de inteligência em Istambul não tinham dúvida. "Posso garantir que [Barbarossa] é um muçulmano melhor do que Muhammad", escreveu o francês Dr. Romero. "As negociações são uma fachada."[13] Se, à primeira vista, as consequências militares imediatas de Preveza pareciam leves, as políticas e psicológicas eram enormes. Apenas uma frota cristã unificada poderia se equiparar com os recursos à disposição dos otomanos. Em 1538, a ideia de uma resposta marítima cristã coordenada aos turcos se mostrou impraticável. A Liga Santa caiu: em 1540, os venezianos assinaram uma paz humilhante com o sultão. Pagaram uma grande soma pela rendição e reconheceram a perda de todos os seus bens, tomados por Barbarossa. Eles estavam praticamente reduzidos à condição de vassalos, embora ninguém usasse esses termos. Veneza, o poder marítimo mais experiente de todo o mar, com raiva, não lançaria navios por um quarto de século, quando a desconfiança do clã Doria aumentaria novamente. Preveza abriu as portas à dominação otomana do Mediterrâneo. Tudo o que os venezianos levaram da disputa foi o desempenho de seu grande galeão; eles guardaram o valor das sólidas plataformas de armas flutuantes como referência futura.

Carlos fez uma nova tentativa pessoal de quebrar o opressor domínio otomano no mar ocidental. Lembrando o triunfo de Túnis, ele determinou uma ação semelhante contra Argel. No verão de 1541, Solimão estava na Hungria e Barbarossa conduziu operações navais até o Danúbio. Era o momento ideal para atacar.

Havia um traço temerário no imperador. Em 1541, seu tesouro estava sob extrema pressão. Para cortar os custos, ele decidiu descer para Argel no final do ano. Isso reduzia o número de tropas que ele tinha de pagar, assim como lhe dava a certeza de que nenhuma frota de Istambul se oporia a ele pelo mar de inverno. Doria avisou-o sobre os riscos, mas Carlos estava decidido a desafiar o destino.

O resultado foi catastrófico. Sua frota principal partiu de Gênova no final de setembro. Entre os senhores aventureiros que acompanhavam a expedição estava Hernán Cortés, o conquistador do México, tentando a sorte no Velho Mundo. Era 20 de outubro quando todas as unidades foram reunidas em Argel, mas o clima estava bom. Somente depois que o exército desembarcou e ficou aguardando seu abastecimento é que as coisas começaram a mudar para Carlos. Na noite de 23 de outubro, começou a cair uma chuva torrencial; os homens não conseguiram manter a pólvora seca e de repente se viram em desvantagem. Barbarossa tinha nomeado um renegado italiano, Hasan, como governador de Argel em sua ausência. Hasan agiu com coragem e determinação. Navegando para fora da cidade, pôs o exército de Carlos em fuga. O pior se seguiu. Durante a noite, o vento se intensificou; um por um, os veleiros fundeados a pouca distância da costa foram arrastados, sob o rangido de suas âncoras, até a praia. Enquanto os sobreviventes cambaleavam pela espuma do mar no escuro, foram massacrados pela população local. Carlos foi obrigado a bater em retirada sessenta quilômetros ao longo da costa, até o ponto onde as galeras de Doria puderam tirá-lo dali. Havia também alguns poucos navios para transportar a maior parte do exército. Com sua galera resistindo e lançando-se perigosamente nas águas, Carlos jogou seus cavalos ao mar e partiu da Costa Berbere com os gritos blasfemos de seu exército abandonado atingindo-o no vento tempestuoso. Ele perdeu 140 veleiros, 15 galés, 8 mil homens e 300 aristocratas espanhóis. O mar se tornou uma humilhação total. Havia um excesso de escravos em Argel, tantos que 1541 foi considerado o ano em que os cristãos vendiam cada cabeça por uma cebola.

Carlos encarou essa catástrofe com uma notável elevação de espírito. "Devemos agradecer a Deus por tudo", escreveu a seu irmão Fernando, "e espero que depois desse desastre Ele nos conceda Sua grande bondade, alguma boa sorte",[14] recusando-se a aceitar a conclusão inevitável de que havia navegado tarde demais. Em relação à tempestade repentina, ele escreveu que "ninguém poderia ter imaginado de antemão. Era essencial não se erguer cedo demais, mas na hora certa, e só Deus poderia julgar a hora que deveria ser".[15] Qualquer observador perspicaz da costa do Magreb teria implorado para discordar.

Carlos nunca mais foi para uma cruzada no mar. No ano seguinte, partiu para a Holanda, onde iria enfrentar os problemas intratáveis da rebelião protestante e de outra guerra francesa.

# O mar turco

## 1543-1560

Ficou claro, na década de 1540, que Carlos estava perdendo a batalha no mar. O desastre em Preveza eliminara a possibilidade de uma efetiva cooperação cristã; o desastre em Argel confirmara a cidade como a capital da pirataria islâmica, à qual aventureiros e convertidos renegados agora se reuniam, vindos de todo o Mediterrâneo, para saquear as costas e as rotas de navegação.

Nessa atmosfera, nada chocava e aterrorizava tanto a Europa cristã quanto as cenas extraordinárias ao longo da costa francesa em 1543-1544. A França e Carlos estavam em guerra novamente, e Francisco decidiu reforçar sua aliança com Solimão. Barbarossa foi convidado a unir forças com os franceses. Juntos, eles saquearam Nice, cidade vassala de Carlos, no inverno de 1543, para o escândalo da cristandade; as esguias galeras predatórias de Barbarossa estavam balançando seguramente ancoradas no porto francês de Toulon. Havia 30 mil tropas otomanas na cidade, a catedral foi convertida em mesquita e teve os túmulos profanados. A cunhagem otomana foi imposta e o chamado para a oração soava por toda a cidade cinco vezes ao dia. "Ao ver Toulon, alguém poderia se imaginar em Constantinopla",[1] declarou uma testemunha ocular francesa. Era como se o Oriente tivesse invadido de modo cúmplice a costa cristã. Francisco, que se dizia o rei mais cristão de todos, concordou em abastecer a frota de Barbarossa com comida para todo o inverno e aumentar suas forças de maneira que ele pudesse ser mestre do mar ocidental – em troca dos domínios pilhados de

Carlos. Na prática, foi o povo de Toulon que se viu obrigado a pagar a conta a seus visitantes indesejáveis.

Essa coabitação estranha foi logo deteriorada pela má-fé de ambos os lados. Francisco vacilou e mentiu em seu compromisso de aliança, o que chocou a Europa. Barbarossa, desdenhoso da pusilanimidade de seu aliado, sequestrou toda a frota francesa e exigiu resgate. Os franceses começaram a sentir que tinham feito um pacto com o diabo; Francisco finalmente teve de pagar 800 mil escudos de ouro para partir, deixando o povo de Toulon miserável, mas aliviado.

Quando a frota otomana seguiu para Istambul em maio de 1544, foi acompanhada por cinco galés francesas em uma missão diplomática perante Solimão. Entre os que foram estava o sacerdote francês Jérome Maurand. O clérigo de espírito clássico era capelão voluntário; estava entusiasmado com a oportunidade de conhecer Constantinopla e os grandes vestígios do mundo clássico ao longo do caminho.

Em seu diário, Maurand registrou as belezas naturais e artificiais do Mediterrâneo vistas do convés de uma galera. Testemunhou o aterrorizante espetáculo das tempestades no mar e o sinistro do fogo de santelmo brilhando no mastro; viu as ruínas das vilas romanas ainda radiantemente pintadas de azul e ouro e, no escuro, o vulcão de Stromboli "expelindo muito fogo e enormes chamas".[2] Maravilhou-se com a areia da ilha de Volcanello, "preta como tinta",[3] e observou o topo de sua borbulhante cratera sulfurosa, que evocava o abismo do inferno. No porto otomano de Modon, no sul da Grécia, ele inspecionou um obelisco construído inteiramente com ossos cristãos e desembarcou no antigo local de Troia, antes de finalmente chegar "à famosa grande cidade imperial de Constantinopla",[4] sob uma salva de tiros enquanto as galeras passavam pelo palácio do sultão. Ao longo do caminho, ele também foi testemunha relutante do poder marítimo dos otomanos.

A frota imperial que Solimão havia fornecido a Barbarossa – 120 galés e veleiros de apoio – tumultuou a costa oeste da Itália com uma força irrefreável. As defesas costeiras de Carlos não tinham resposta para um inimigo tão fortemente armado e móvel. Ao saber de sua abordagem, todos simplesmente fugiam. Aldeias vazias eram queimadas até o chão; às vezes, os invasores seguiam a população em fuga por vários quilômetros até o interior. Se as pessoas se refugiavam em uma fortaleza costeira segura, os capitães das galeras voltavam a proa para a praia e pulverizavam as muralhas ou arrastavam o canhão por terra e provocavam um grande cerco, durante o tempo que fosse preciso. Eles não tinham medo do contra-ataque. Apenas alguns pequenos destacamentos de soldados espanhóis guardavam torres isoladas. No mar, o sobrinho de Doria, Giannetto, acompanhou a frota com suas 25 galés, mas foi forçado a fugir de volta para Nápoles ao primeiro sinal de conflito.

Dia após dia, Maurand observava a frota trabalhando. A combustível mistura de *jihad*, guerra imperial, saque e vingança alimentava a fúria dos soldados. O sacerdote testemunhava a captura de escravos em uma escala enorme. Em cada assalto, homens, mulheres e crianças acorrentados eram levados em longas filas até a praia, onde corriam riscos semelhantes aos do mar. Às vezes, uma vila costeira tentava negociar parte de sua população, em uma loteria cruel. Porto Ercole propôs a Barbarossa que escolhesse oitenta pessoas em troca da libertação de trinta. Ele aceitou a negociação, mas incendiou a aldeia mesmo assim. Apenas uma casa foi deixada em pé. As fortificações eram destruídas por uma questão de disciplina. Encontrando Giglio deserta, eles a arrasaram até o chão, mas o castelo resistiu e teve de ser explodido, transformando-se em ruínas. Os 632 cristãos que se renderam foram escravizados, e seus líderes e sacerdotes, decapitados diante de Barbarossa, para desencorajar a resistência. Era uma forma calculada e eficaz de quebrar o moral. "É uma coisa extraordinária", testemunhou Maurand, "como a simples menção dos turcos é tão terrível e horripilante para os cristãos que os faz perder não só a força, mas também a inteligência."[5] Barbarossa empregava a brutalidade a exemplo de Gêngis Khan.

Algumas de suas represálias eram atos de vingança pessoal, que realizava mesmo além do túmulo. Na cidade costeira de Talamona, ele arrancou o corpo do recém-falecido Bartolome Peretti da sepultura, estripou-o ritualmente, cortou em pedaços e queimou em praça pública, juntamente com os corpos de seus oficiais e servos. Quando saiu, o cheiro de carne queimada pairava no ar. A população aterrorizada rastejou de seus esconderijos, abalada e chocada. Era a vingança pelo ataque de Peretti à ilha natal de Barbarossa, Lesbos, no ano anterior, quando a casa de seu pai havia sido destruída.

Os otomanos continuavam navegando. A frota incendiou várias vilas na ilha de Ísquia e capturou 2 mil escravos. Nápoles se escondeu atrás de suas armas em terra quando a frota passou como uma asa negra escurecendo o sol. Salerno, mais ao sul, só foi salva por um milagre. As galés estavam se aproximando depois do anoitecer, tanto que Maurand podia ver as luzes nas janelas, quando "Deus, em sua misericórdia",[6] interveio. Uma tempestade repentina se formou, com "um mar cruel vindo do sudoeste e uma escuridão tão espessa que as galeras não podiam ver umas às outras, sob a chuva caindo do céu sem cessar, algo insuportável".[7] Os escravos cristãos, amontoando-se no convés exposto como "patos afogados",[8] eram cruelmente espancados. Uma galeota sobrecarregada de cativos naufragou na tempestade. "Todos eles se afogaram; apenas alguns turcos escaparam a nado."[9]

A gota d'água para o contingente francês, cada vez mais chocado, veio em Lipari, a maior das ilhas vulcânicas ao largo da costa siciliana. Os liparitanos tinham sido avisados de que a frota se aproximava. Eles reforçaram suas defesas, mas se recusaram a evacuar mulheres e crianças, e se retiraram para sua fortaleza bem preparada. Hayreddin desembarcou 5 mil homens e 16 canhões e organizou um longo cerco. Quando ele abriu fogo, os defensores tentaram negociar; ofereceram 15 mil ducados, porém ele exigiu 30 mil e 400 crianças. Os liparitanos pensaram que tinham fechado um acordo com um pagamento a ser feito por pessoa. Eles entregaram as chaves do castelo, mas Barbarossa escravizou todos mesmo assim, exceto as famílias mais ricas, que pagaram somas consideráveis por sua liberdade. As pessoas comuns se viram obrigadas a passar diante do implacável paxá, uma por uma. Os velhos e inúteis foram espancados com paus e libertados. Os outros, depois de acorrentados, marcharam até o porto. Alguns dos mais idosos foram encontrados na catedral, onde se abrigavam. Os piratas os apanharam, tiraram suas roupas e os cortaram ainda vivos, "por maldade".[10] Maurand era totalmente incapaz de compreender essas ações. "Quando perguntamos a esses turcos por que eles tratavam os pobres cristãos com tamanha crueldade, eles responderam que tal comportamento tinha uma grande virtude; essa foi a única resposta que recebemos."[11] O sacerdote também não conseguia entender por que Deus permitia esses sofrimentos; ele só podia concluir que era por causa do pecado cristão – no caso dos liparitanos, por serem "muito dados à sodomia",[12] segundo diziam.

Profundamente abalados, os franceses pagaram o resgate de alguns cativos às expensas destes e observaram o restante ser levado embora, "as lágrimas, os gemidos e os soluços dos deploráveis liparitanos deixando sua cidade, para serem levados à escravidão; pais vendo seus filhos e mães, suas filhas, não conseguiam conter as lágrimas em seus olhos tristes".[13] Carlos em Túnis, Hayreddin em Lipari: a batalha pelo Mediterrâneo tornava-se uma guerra travada contra civis. O castelo, a catedral, os túmulos e as casas foram saqueados e queimados. Lipari era uma ruína de fumaça. Enquanto Barbarossa organizava uma trégua e se oferecia para vender seus novos prisioneiros à vizinha Sicília, as galés francesas pediam desculpas e partiam.

No verão de 1544, Barbarossa tinha cerca de 6 mil cativos das costas da Itália e dos mares circundantes. No caminho para casa, os barcos estavam tão perigosamente sobrecarregados de carga humana que as tripulações jogavam centenas de prisioneiros mais fracos ao mar. Ele chegou ao porto triunfante, com o disparo de canhões e fogos de artifício iluminando o Horn. Milhares de pessoas se reuniram na praia para testemunhar o retorno glorioso do "rei do mar".[14] Seria sua última grande expedição. No verão de 1546, aos oitenta anos, ele foi levado por uma febre em seu palácio em Istambul, para luto universal do povo. Enterrado em um mausoléu nas margens do Bósforo, que se tornaria lugar de peregrinação obrigatório para todas as expedições navais de partida, ele foi saudado com "inúmeras salvas de canhões e mosquetes para dar-lhe a honra devida a um grande santo".[15] Depois de tantas décadas de terror, os cristãos mal podiam acreditar que "o rei do mal" tivesse morrido; tão grande era o temor supersticioso ligado a seu nome que a lenda de que ele poderia deixar o túmulo e andar na terra com os mortos-vivos persistiu. Aparentemente, foi necessário um mago grego para solucionar o problema: ele enterrou um cachorro preto no túmulo para apaziguar o espírito inquieto e fazê-lo retornar ao Hades.

Em certo sentido, Barbarossa voltaria para aterrorizar a terra cristã. Uma nova geração de capitães corsários surgiu em sua esteira: o maior dos quais era Turgut – Dragut para os cristãos –, nascido na costa da Anatólia, que reproduziria a carreira de seu mentor, passando do empreendimento pirata nas costas do Magreb e da experiência de batalha em Preveza ao serviço imperial sob Solimão, durante vinte anos após 1546. Barbarossa tinha semeado os dentes do dragão no mar.

Seu último grande ataque de 1544 mostrou que as frotas muçulmanas podiam vaguear à vontade. Essas grandes varreduras eram campanhas de uma guerra do Mediterrâneo em grande escala, que os otomanos estavam vencendo. A captura de escravos era um instrumento da política imperial e os danos eram imensos. Nas quatro décadas seguintes ao lançamento da primeira frota imperial de Barbarossa, em 1534, um número muito grande de pessoas foi arrancado das costas da Itália e da Espanha: 1.800 de Minorca, em 1535; 7 mil da baía de Nápoles, em 1544; 5 mil da ilha de Gozo, junto a Malta, em 1551; 6 mil da Calábria, em 1554; 4 mil de Granada, em 1566. Os otomanos podiam aplicar força súbita e avassaladora em pontos precisos, desembarcando e destruindo cidades costeiras de tamanho considerável impunemente, e ameaçavam até mesmo as grandes cidades da Itália. Quando o sobrinho de Andrea Doria encurralou e capturou Turgut na costa da Sardenha, em 1540, e o condenou às galés, Barbarossa ameaçou bloquear Nápoles, a menos que ele fosse resgatado; o genovês pensou que seria mais sábio aquiescer. Doria e Barbarossa se encontraram pessoalmente para negociar os termos. Os 3.500 ducados se mostrariam um mau negócio para os cristãos: onze anos depois, o próprio Turgut bloquearia Gênova. Os cristãos não tinham presença naval adequada para responder a tais ameaças depois de Preveza. Carlos estava muito ocupado com várias outras guerras para organizar – ou pagar por – uma resposta marítima coerente. Até aquele momento, isso era tudo o que os Dorias poderiam fazer para exercer pressão contrária.

Esse ataque não foi realizado apenas por meio de ações da grande frota. A guerra entre Carlos e Solimão aumentava e diminuía, dependendo do momento de seus conflitos, mas quando eles assinaram um acordo de paz em 1547, de maneira que o sultão pudesse fazer a campanha na Pérsia, as grandes expedições marítimas foram temporariamente suspensas; a guerra continuou mesmo assim, com outro nome. Corsários do Magreb preencheram o vácuo e infligiram um estilo diferente de miséria em terra cristã. Enquanto as frotas imperiais tinham aberto de maneira franca seu caminho através das defesas locais, esses predadores menores atuavam por meio de emboscadas e ações secretas. Era um tipo mais sutil de terror. A surpresa substituía a força bruta.

Suas táticas logo se tornaram horrivelmente familiares. Algumas galeotas podiam se demorar no mar, abaixo da linha do horizonte, aguentando firmes o calor do dia. Um barco de pesca capturado era enviado para patrulhar a costa, talvez com um renegado local para identificar os alvos adequados. Nas primeiras horas da manhã, eles faziam um movimento, as formas escuras e rebaixadas dos navios cortando o mar noturno sob o céu salpicado de estrelas. Não havia lanternas; os escravos cristãos das galés estavam amordaçados com chupetas de cortiça para que não gritassem. Quando as proas tocavam a praia, os corsários atingiam a aldeia rapidamente; chutavam as portas e arrastavam os ocupantes nus de suas camas; cortavam a corda do sino da igreja para evitar um alarme; gritos e latidos de cães ecoavam na praça, enquanto os cativos, em uma dispersão confusa, eram obrigados a correr para a praia e se apressar para embarcar; então, os navios iam embora.

"Eles agarraram mulheres jovens e crianças", contou um morador siciliano sobre um desses ataques, "arrebataram bens e dinheiro, e, em um piscar de olhos, voltaram a bordo de suas galeras, definiram seu curso e desapareceram."[16] O terror estava na surpresa.

Em meados do século, o Mediterrâneo era um mar de desaparecimentos, um lugar onde as pessoas que trabalhavam nas áreas costeiras simplesmente desapareciam: o pescador solitário partindo em seu barco; o pastor com seu rebanho à beira-mar; os lavradores colhendo milho ou cuidando das videiras, às vezes vários quilômetros terra adentro; os marinheiros trabalhando em um pequeno navio de carga que voltava das ilhas. Uma vez capturados, estavam no mercado de escravos em Argel em poucos dias ou eram submetidos a um longo cruzeiro em busca de outros prêmios. Os que estavam fracos morriam no caminho ou eram jogados no mar.

Com um toque particularmente cruel, os cativos podiam reaparecer em sua aldeia um ou dois dias mais tarde. Os invasores se materializavam perto da costa, içavam uma bandeira de trégua e exibiam as vítimas para o resgate. Davam um dia aos parentes em luto para angariar fundos; as famílias podiam hipotecar seus campos e barcos com o agiota local e entrar em uma espiral de dívidas inevitável. Do contrário, os reféns eram levados embora para sempre. Os camponeses analfabetos, pobres demais para serem resgatados, raramente viam sua terra natal novamente.

O terror repentino dessas visitas lançou um profundo temor sobre o mar cristão. Os que eram capturados, tanto no mar como em terra, jamais esqueciam o trauma de sua prisão. O francês Du Chastelet, recordando o momento de pesadelo, escreveu:

INGLATERRA
Londres
Vlissingen
HOLANDA
Antuérpia
Canal da Mancha
OCEANO ATLÂNTICO
Paris
FRANCO-
-CONDADO
BAVÁRIA
Baía de Biscaia
FRANÇA
Genebra
SABOIA
Milão
Veneza
Gênova
La Spezia
Nice
Livorno
Marselha
Toulon
Talamona
Villaviciosa
ASTÚRIAS
NAVARRA
PORTUGAL
Lisboa
Madri
ARAGÃO
CATALUNHA
Barcelona
CÓRSEGA
Civitavecchia
ESPANHA
Mar das Baleares
Valência
MINORCA
SARDENHA
MAIORCA
Sevilha
FORMENTERA
Málaga
Granada
Mar Mediterrâneo
Trápani
Gibraltar
La Goletta
Túnis
Argel
Bugie
Bona
Vélez
Orã
Tremecém
MAGREB
Djerba
Trípoli
O Mediterrâneo, cerca de 1560
Território sob o domínio dos Habsburgos, início de 1560
Fronteira real/hipotética do Sacro Império Romano
Território sob o domínio dos otomanos, início de 1560
Vassalos do Império Otomano

LITUÂNIA
MOSCÓVIA
POLÔNIA
Kiev
Mar de Azov
MOLDÁVIA
Budava
Köszeg
TRANSILVÂNIA
HUNGRIA
Mohács
VALÁQUIA
Bucareste
Mar Negro
BÓSNIA
Belgrado
SÉRVIA
BULGÁRIA
Dubrovnik
Sofia
MACEDÔNIA
Edirne
Bósforo
ROMÉLIA
Istambul
ALBÂNIA
Salônica
Ancara
Galípoli
Mar Adriático
APÚLIA
Valona
Ótranto
Mar Egeu
ANATÓLIA
Corfu
Preveza
Lesbos
Negroponte
Esmirna
Alepo
Lepanto
Quios
Atenas
Cefalônia
Patras
Bodrum
SÍRIA
Naplion
Tinos
PELOPONESO
Finike
Famagusta
Modon
Coron
Monemvasia
Rodes
Nicósia
Mar de Creta
Beirute
CHIPRE
CRETA
Acre
Mar Mediterrâneo
Alexandria
Cairo
EGITO
0
300 milhas
0
300 Km
300 Km = 186 milhas

> Quanto a mim, notei um grande mouro aproximando-se, as mangas arregaçadas até os ombros, segurando um sabre em sua grande mão de quatro dedos; fiquei sem palavras. A feiura daquela cara de carbono, animada por dois olhos de marfim movendo-se horrivelmente, me aterrorizou muito mais do que o susto dos primeiros seres humanos com a visão da espada de fogo na porta do Éden.[17]

Era um terror aguçado pela diferença racial em um mar estreito, onde duas civilizações se comunicavam por meio de atos abruptos de violência e vingança. A Europa estava no fim da recepção da escravidão que começava a infligir à África ocidental – embora o número de escravizados no Islã ultrapassasse muito o de negros capturados no século XVI; e, enquanto a escravidão no Atlântico era um tipo de negócio frio, no Mediterrâneo era agravada pelo ódio religioso mútuo. Os ataques islâmicos foram projetados tanto para danificar a infraestrutura material da Espanha e da Itália como para minar a base espiritual e psíquica da vida de seus oponentes. O saque de túmulos e o ritual de profanação das igrejas que Jérome Maurand testemunhou em 1544 foram atos de profundo significado. O poeta italiano Curthio Mattei lamentou "o ultraje feito a Deus"[18] – as imagens sagradas espetadas no chão com punhais, a zombaria dos sacramentos e dos altares; ele ficou igualmente chocado com o desenterro de cadáveres e a destruição de gerações de pessoas falecidas: "Os ossos de nossos mortos não estão seguros no subsolo [...] dezenas de anos após a morte".[19] Os corsários entraram para o folclore italiano como agentes do inferno, e o mais difícil de suportar era que muitos dos emissários de Satanás eram cristãos renegados, que haviam desertado para o Islã pelas circunstâncias ou por escolha e estavam em ótima posição para aumentar os danos em sua terra natal.

Nessa atmosfera, o fato de Carlos não retomar Argel em 1541 assumiu um grave significado. A cidade, agora protegida por um quebra-mar e por poderosas defesas, se tornou o centro da pirataria. Era uma cidade da corrida do ouro, um lugar onde um homem podia sonhar em se tornar tão rico quanto Barbarossa. Aventureiros, saqueadores e párias vinham do outro lado do mar empobrecido e de ambos os lados da divisão religiosa para tentar a sorte do "roubo cristão".[20] A cidade parecia, em parte, um bazar vistoso, onde humanos e saques eram comprados e vendidos, e, em parte, um *gulag* soviético. Milhares de prisioneiros eram mantidos em banheiros escuros, lotados e fétidos, convertidos em celas, de onde eram levados em correntes para trabalhar. Os cativos ricos, como o escritor espanhol Cervantes, mantido em Argel por cinco anos, podiam desfrutar condições toleráveis, aguardando a libertação por resgate. Os pobres tinham de arrastar pedras, derrubar árvores, escavar sal, construir palácios e fortalezas ou, pior de tudo, remar nas galeras até que a doença, o abuso e a desnutrição acabassem com eles.

É impossível saber quantos escravos foram capturados nas décadas pós-1540, mas não era um comércio de sentido único. Ambos os lados estavam envolvidos na "captura humana" por toda a extensão marítima e, embora o Islã estivesse em ascensão, havia pequenos castigos. Os cavaleiros de São João eram traficantes impiedosos, particularmente La Valette, o cavaleiro francês que lutara quando jovem em Rodes. Partindo de Malta com uma pequena força de galeras fortemente armadas, os cavaleiros voltavam para seus antigos redutos no mar Egeu, interrompendo as rotas marítimas otomanas entre o Egito e Istambul. Eles podiam ser tão inescrupulosos como qualquer corsário em alto-mar. Jérome Maurand chegou à ilha veneziana de Tinos logo após a visita de um cavaleiro com alguns navios. Os habitantes da ilha os tinham cumprimentado "como amigos e cristãos",[21] até que uma manhã, depois que os homens tinham deixado a cidade para trabalhar nos campos, "esse cavaleiro e seus comandados, vendo que havia poucos homens no castelo, os mataram, saquearam o castelo e levaram mulheres, meninos e meninas como escravos".[22] Esse ato traiçoeiro logo encontrou punição por si mesmo; o cavaleiro foi capturado por piratas turcos e levado para Istambul, onde Maurand chegou a tempo de testemunhar sua execução. As mudanças de sorte podiam ser bastante abruptas.

Os cavaleiros não estavam sozinhos; qualquer pirata cristão de pequena escala podia tentar invadir o mar oriental; Livorno e Nápoles, na costa italiana, tinham ativos mercados de escravos. Os muçulmanos desapareceram nas celas de escravos de Malta ou nas galeras imperiais do papa, mas seu número era muito menor do que os capturados no Magreb ou em Istambul. Existe vasta literatura de narrativas sobre os escravos cristãos; sobre os muçulmanos, quase nada. Ocasionais relatos abafados de sofrimento pessoal quebram o silêncio geral. No final da década de 1550, Solimão foi bombardeado por pedidos chorosos de uma mulher chamada Huma para resgatar seus filhos, capturados em uma viagem a Meca pelos cavaleiros de São João. As duas filhas foram raptadas e levadas para a França, converteram-se ao cristianismo e se casaram. Atormentada e persistente, Huma era uma figura familiar nas ruas de Istambul, tentando fazer com que o sultão pegasse sua petição enquanto este cavalgava. Vinte e quatro anos depois do desaparecimento delas, o sultão Murat III ainda escreveria que "a senhora chamada Huma apresentou repetidas vezes petições escritas a nosso estribo imperial".[23] Até onde se sabe, as jovens nunca voltaram; seu irmão provavelmente morreu nos remos de uma galera maltesa. Havia incontáveis pequenas tragédias como essa em ambos os lados da divisão religiosa – narrativas familiares de sequestro e perda.

O instrumento de toda essa violência caótica era a galera a remo. Essas embarcações de pequeno calado, rápidas e vulneráveis eram as máquinas de guerra do Mediterrâneo, criadas pelas condições do mar. Elas ditavam absolutamente como, onde e quando as batalhas poderiam ser travadas. Sua estrutura lhes dava as vantagens de facilmente abicar para operações anfíbias, ficar de emboscada perto da costa e girar em torno de um navio pesado, cujo poder de manobra era limitado pelos ventos incertos do mar. Ao mesmo tempo, a navegabilidade extremamente restrita e a dependência do contínuo abastecimento de água doce para os remadores ligavam as galeras umbilicalmente à terra. Elas precisavam ser levadas à praia todos os dias, de modo que sua faixa de operação era limitada e sua utilização, estritamente sazonal; as tempestades de inverno obrigavam que o combate fosse suspenso todo ano, entre outubro e abril. Fundamentalmente, o dínamo da guerra marítima era o trabalho humano; dentre todas as motivações para a escravatura no século XVI, a captura de homens para os bancos de remo tinha importante papel.

No auge do poder marítimo veneziano do século XV, as galeras eram remadas por voluntários; no século XVI, a força muscular era, em geral, recrutada. A marinha otomana contava fortemente com uma leva anual de homens das províncias da Anatólia e da Europa, e todos trabalhavam acorrentados – escravos capturados, criminosos e, nos navios cristãos, mendigos tão carentes que se vendiam aos capitães das galeras. Eram esses miseráveis, três ou quatro acorrentados em um banco de trinta centímetros, que tornavam possíveis as guerras no mar. Sua única função era trabalhar até a morte. Com os pés e as mãos agrilhoados, excretando onde se sentavam, alimentados com quantidades escassas de biscoitos secos e tão sedentos que, por vezes, eram forçados a beber água do mar, a vida de um escravo de galera podia ser amarga e curta.

Os homens, vestindo apenas calça de linho, eram esfolados pelo sol e privados de sono no estreito banco, o que os levava à loucura; o toque do tambor e o chicote do feitor – uma corda coberta de alcatrão ou um pênis seco de boi – deixava-os além do ponto de exaustão durante longos períodos de esforço intenso quando um navio tentava capturar ou escapar de outro. A visão da tripulação de uma galera dando seu máximo era tão brutal que qualquer homem desejaria ser poupado. "Era o menos tolerável e o mais temido trabalho de um homem privado de liberdade", escreveu o inglês Joseph Morgan, evocando a visão de

> colunas e fileiras de pobres miseráveis seminus, esfomeados, meio curtidos, acorrentados a uma prancha, de onde não saíam em momento algum por meses [...] impelidos, acima dos limites da força humana, por golpes cruéis e repetidos na pele nua, a não interromper o mais violento de todos os exercícios.[24]

"Deus o proteja das galeras de Trípoli" eram as palavras de despedida usualmente dirigidas aos homens que partiam para o mar de algum porto cristão.

A doença podia dizimar a frota em semanas. A galera era uma armadilha biológica letal, um esgoto encharcado cujo fedor era tão intenso que se podia senti-lo a mais de três quilômetros (era costume afundar o casco das embarcações a intervalos periódicos para limpá-los de fezes e de ratos), mas, se a tripulação sobrevivia para entrar em batalha, os remadores acorrentados e desprotegidos só podiam se sentar e esperar que fossem mortos pelos homens de seu país e de seu credo. Os homens nominalmente livres que compunham a maior parte da força de remos otomana saíram-se um pouco melhor. Recolhidos pelo sultão em grande número de províncias do interior do império, muitos nunca tinham visto o mar.

Inexperientes e ineficientes como remadores, sucumbiam em grande número por causa das terríveis condições.

De uma forma ou de outra, a galera a remo consumia os homens como combustível. Todos os miseráveis moribundos eram jogados ao mar e tinham de ser substituídos – e nunca eram suficientes. Memorandos oficiais espanhóis e italianos relatavam, com monotonia, a escassez de forragem para os bancos, de maneira que o abastecimento de navios muitas vezes superava os recursos para torná-los poderosos, como no caso de uma catástrofe repentina que venceu as galés dos cavaleiros de São João em 1555.

Na noite de 22 de outubro, seus quatro navios estavam seguramente ancorados no porto de Malta. O comandante das galés, Romegas – o capitão naval mais experiente da ordem –, dormia na popa do navio quando uma tromba-d'água se formou, partiu os mastros dos navios e os virou. Ao amanhecer, as quatro galés estavam flutuando de cabeça para baixo sobre a água cinzenta. Homens em barcos salva-vidas puseram-se a buscar sinais de vida e a inspecionar os danos quando ouviram uma batida abafada vinda de uma das galés; eles abriram um buraco no casco e olharam para baixo na escuridão. Imediatamente um macaco pulou do navio, seguido por Romegas, que tinha passado a noite com água até os ombros, em um bolsão de ar. Foi só quando os navios foram virados com a ajuda de barris de ar flutuantes que o horror completo do evento ficou claro; os cadáveres de trezentos escravos muçulmanos ainda acorrentados aos bancos flutuavam na água, como fantasmas brancos. O conserto e a substituição dos navios eram um problema administrável; garantir novas tripulações é que era a verdadeira dificuldade. O papa abriu a prisão episcopal em Nápoles para fornecer alguns homens; os cavaleiros, então, tiveram de usar alguns de seus navios para capturar mais escravos e preencher os espaços vazios.

Acontecia o mesmo nos dois lados: muitas invasões eram realizadas exclusivamente para tornar esses assaltos possíveis. A violência era autoperpetuada. As galés criavam a própria necessidade de guerra.

Ficou claro durante a década de 1550 que, centímetro por centímetro, Carlos estava perdendo essa disputa. Atormentado por problemas com os protestantes da Alemanha e dos Países Baixos, com a interminável guerra com a França, e em uma espiral de dívidas que até mesmo as frotas de ouro das Américas eram agora incapazes de conter, o imperador estava muito ocupado em sustentar o peso de seu império para dar atenção ao mar de modo coerente. A trégua intermitente com Solimão fazia pouca diferença; quando a frota imperial otomana não navegava, os corsários do Magreb o faziam. A pilhagem das costas da Itália, da Sicília, das ilhas Baleares e da Espanha continuava quase sem controle. Um destrutivo declínio econômico e demográfico afetava particularmente o sul da Itália. Às vezes, a evacuação indiscriminada de um pedaço de costa era ordenada pelo governador local para salvar a população de uma invasão otomana, como na costa do Adriático, em 1566. De toda maneira, oitocentos quilômetros quadrados de campo foram devastados. O comércio marítimo entre a Espanha e a Itália estava à beira da paralisia; toda a estrutura do império mediterrâneo da Espanha parecia ameaçada por essa invasão impiedosa. "Turgut", escreveu um bispo francês em 1561, "mantém o reino de Nápoles com rédea curta... [as galeras] de Malta, da Sicília e de outros portos vizinhos são tão perseguidas e confinadas por Turgut que nenhuma delas pode passar de um lugar a outro."[25] Rumores novamente se espalharam por todo o mar ocidental: esses ataques seriam o prelúdio de uma invasão da Itália em larga escala. Em Roma, papas sucessivos tremiam e pediam uma ação conjunta. No Magreb, os fortes espanhóis continuavam a cair, um a um. Trípoli, tomada pelos cavaleiros de São João para Carlos, foi invadida em 1551 – daí em diante imitaria Argel como um Klondike para os corsários islâmicos; Bougie, em 1555. Andrea Doria, agora com oitenta anos, travava contra-ataques de eficácia variável: ele prendeu Turgut na lagoa em Djerba, mas o corsário deslizou facilmente por entre seus dedos, arrastando seus navios por terra. No ano seguinte, ele reapareceu com a frota imperial de Solimão e atacou Malta. Posteriores expedições espanholas à costa africana encontraram desastre e morte.

No início dos anos 1550, Carlos era um homem destruído, afundado sob o peso do império. Suas zelosas tentativas de microgerenciar o mundo cristão em pessoa haviam resultado em colapso nervoso. Cada vez mais incapacitado pela gota, com as finanças arruinadas por dívidas com banqueiros alemães, ele buscou obsessivamente a ordem em um mundo particular e miniaturizado. "Ele é visto por dias a fio com um humor negro", relatou uma testemunha, "uma mão paralisada, uma perna dobrada sob ele, recusando-se a dar audiência e passando o tempo desmontando e remontando relógios."[26] Em 1556, ele abdicou da Coroa espanhola em favor de seu filho Filipe e se recolheu em um mosteiro, para dedicar sua alma a Deus. Além de livros religiosos e dos diários pessoais, ele levou consigo seus mapas do mundo e as obras de Júlio César. O desastre marítimo final de seu reinado ocorreu no verão de 1558: uma expedição espanhola foi aniquilada no Magreb. Quando a notícia chegou à Espanha, Carlos estava no leito de morte. Ninguém teve coragem de contar a ele.

A essa altura, Solimão já havia afirmado a própria satisfação por ter vencido a disputa com seu grande rival. Em 1547, ele assinou uma trégua com Carlos e seu irmão Fernando; Fernando concordou em pagar uma verba anual para seus territórios húngaros, o que, aos olhos de Solimão, o reduziu ao status de vassalo, enquanto o documento apenas se referia a Carlos como "Rei da Espanha". Fernando e Carlos assinaram pessoalmente. Solimão, muito elevado para tratar com o infiel em pessoa, teve sua cifra imperial anexada, como de costume, por um funcionário. Para o sultão, os títulos, termos e forma do acordo assumiram grande importância simbólica. Daí em diante, ele passou a se considerar o "imperador dos romanos" – César.

Um momento decisivo do triunfo no mar Branco seguiu-se na esteira da morte de Carlos. Quando Filipe II herdou a coroa da Espanha, o agravamento da situação nas margens de seu domínio chamou a atenção para o problema do Mediterrâneo como uma questão premente: os corsários norte-africanos passaram a se aventurar no Atlântico, interrompendo o tráfego de galeões com as Índias. Outra pausa na interminável luta com a França, em 1559, parecia oferecer o momento decisivo para enfrentar o Magreb novamente.

Um plano foi desenvolvido para retomar o estratégico porto de Trípoli e recuperar o controle do eixo do mar. Os preparativos, como todos os empreendimentos navais espanhóis, eram trabalhosos e de algum modo inibidos por Filipe. O novo rei não era como seu pai: enquanto Carlos tinha sido um aventureiro, Filipe era cauteloso – destinado a entrar para a história como o Rei Prudente; enquanto Carlos comandava os próprios exércitos, Filipe lutava por procuração, na tentativa de controlar seus comandantes por uma sequência de ordens a distância, no palácio real, em Madri. A escolha do comandante era controversa. Mesmo o aparentemente indestrutível Andrea Doria, aos 93 anos, estava, enfim, velho demais para participar; o bastão passou para seu sobrinho-neto Gian'Andrea, um novato de 21 anos. Os resultados foram desastrosos.

A frota só navegou em dezembro de 1559, com 50 galeras e 6 mil homens. Incerta sobre seu objetivo, ela finalmente se estabeleceu em um covil pirata de Turgut, em Djerba. A ilha foi facilmente invadida na primavera de 1560 e um forte foi construído e guarnecido com soldados. No entanto, os corsários se precipitaram até Istambul e uma frota otomana de 86 galés, sob seu comandante Piyale Paxá, logo passou a navegar. Eles fizeram a viagem para Djerba no tempo recorde de vinte dias. A frota de Gian'Andrea foi pega de surpresa quando as velas otomanas surgiram no horizonte. Havia uma indecente pressa para embarcar; portanto, nenhuma tentativa de formar uma linha de batalha. Piyale apenas apanhou os navios, um por um. Gian'Andrea saiu de cena com as galeras de sua propriedade e vagas promessas de ajuda para o forte atingido. Ninguém apareceu. Filipe agiu com uma ambivalência que logo se tornou habitual; ele apressou os preparativos para a frota de auxílio, então a proibiu de velejar, temendo, no último instante, arriscar mais navios. Ele abandonou os homens à própria sorte. Sitiado, sem acesso a uma fonte de água, o forte condenado caiu. Todos os 5 mil soldados foram mortos em combate. Os comandantes aristocráticos, poupados, foram enviados como troféus com as galeras capturadas para Solimão. Em Djerba, os muçulmanos construíram uma pirâmide com os ossos dos mortos, a "fortaleza de caveiras", que ainda estava lá no século XIX.

A catástrofe para a Espanha era muito mais grave do que a simples contagem de navios e homens perdidos. Não eram as 30 galeras, os 5 mil soldados e os 6.400 remadores – perda difícil, embora eles fossem substituíveis – o que verdadeiramente importava; eram os 600 marinheiros experientes, os 2 mil arcabuzeiros navais, os comandantes maduros – toda uma geração de homens hábeis na galera de guerra, cuja experiência, adquirida com anos de vivência prática, não poderia ser substituída por nenhuma quantidade de ouro inca. Djerba deixou a Espanha e a Itália mais expostas do que nunca.

Em 1º de outubro de 1560, a frota vitoriosa de Piyale Paxá circundou o cabo do Serralho, abaixo do palácio do sultão, e chegou ao Corno de Ouro, com uma recepção tumultuada. O diplomata flamengo Busbecq estava lá para testemunhar um espetáculo "tão agradável para os olhos turcos quanto grave e lamentável para os cristãos".[27] Solimão foi até o pavilhão de azulejos no final dos jardins do palácio, "a fim de que pudesse ver mais de perto a armada quando esta surgiu, expondo os comandantes cristãos".[28] A procissão de navios tinha sido organizada para demonstrar a supremacia do poder marítimo otomano. As galés otomanas estavam vividamente pintadas de vermelho e verde; as embarcações cristãs capturadas tinham sido despojadas de mastros, aparelhamentos e remos, "para que pudessem parecer pequenas, disformes e desprezíveis quando comparadas com as galeras turcas".[29] Na popa do navio-capitânia de Piyale, resplandecente com estandartes e ruidosa, os comandantes cristãos desfilavam como uma lição de humilhação.

O poder naval otomano estava no apogeu. Se houve um momento em que se pode dizer que um dos lados controlou o mar incontrolável, o momento foi esse. Contudo, os que observavam o sultão de perto naquele dia de início de outono não conseguiram ver nenhum sinal de alegria ou de triunfo em seu rosto. Sua atitude era séria, grave, implacável.

Em Gênova, Andrea Doria, quatro dias antes de completar o 94º aniversário, voltou o rosto para a parede e morreu.

PARTE II

# O epicentro: a batalha por Malta 1560-1565

# Ninho de víboras

1560-1565

As notícias da derrota em Djerba percorreram a costa cristã com um tremor convulsivo. Estava claro que a situação no Mediterrâneo central agora era crítica. Em 9 de julho de 1560, o vice-rei da Sicília, que tinha planejado a aventura infeliz – e sobrevivido a ela –, escreveu duramente a Filipe: "Temos de tirar força de nossas fraquezas; que Sua Majestade venda todos nós, e eu em primeiro lugar, se ele puder se tornar senhor dos mares. Só assim ele terá paz e tranquilidade e seus súditos estarão defendidos, mas, se ele não o fizer, então tudo irá mal conosco".[1]

O temor de invasão perseguia a Espanha e a Itália; as pessoas se preparavam para a nova temporada de navegação. Parecia agora não haver nenhuma força contrária capaz de resistir à agressão marítima otomana: era apenas questão de tempo até que Solimão atacasse novamente e com vigor. O Mediterrâneo tornou-se um mar de rumores: cada novo despacho confidencial de Istambul sugeria a partida iminente de uma frota considerável, ainda que nada acontecesse. Mesmo para os observadores próximos da cena turca, a explicação era obscura. Solimão tinha outras prioridades e preocupações. Havia uma estrondosa guerra civil entre seus filhos, problemas com a Pérsia, lutas de poder entre seus vizires, a peste e a escassez de alimentos. Uma atmosfera de falsa guerra pairava sobre o mar. Todos os anos, as defesas costeiras dos reinos de Filipe eram preparadas e, em seguida, suspensas; enquanto isso, Filipe, nitidamente ciente da vulnerabilidade da Espanha no mar, começava a construção de galeras. Os franceses o observavam atentamente. "Há dois meses", lê-se em um relato de 1561 ao rei da França, "o dito rei da Espanha tem mantido os estaleiros de Barcelona trabalhando diligentemente para terminar várias galés e outros navios."[2] Filipe estava tentando se igualar ao inimigo para enfrentar o inevitável momento.

A tempestade finalmente irrompeu sobre o Mediterrâneo central, em 1564. Naquele verão, os cavaleiros de São João desencadearam uma série de eventos cujas repercussões se fizeram sentir nos pavilhões de azulejos do palácio de Solimão – e, sem querer, desencadearam uma disputa decisiva pelo centro do mar.

Após a chegada dos cavaleiros a Malta, em 1530, as galeras da ordem zarparam quase todos os anos para realizar sua cruzada marítima pessoal, varrendo os mares do saque e da escravização pelos muçulmanos, em nome da religião. Quando Jean de La Valette foi eleito grão-mestre da ordem, em 1557, essa atividade se intensificou. La Valette testemunhou o cerco de Rodes como um jovem cavaleiro e perseguiu a guerra marítima com zelo. A linha entre cruzada e pirataria lucrativa era tênue; para os venezianos, os cavaleiros eram apenas "corsários desfilando cruzes",[3] indistinguíveis de seus correlatos muçulmanos, e suas atividades provocavam problemas intermináveis. Entre tais corsários estava Romegas, que tinha sobrevivido à tromba-d'água de 1555. Seu sistema nervoso tinha sido danificado permanentemente pelas longas horas preso na água sob o casco – dizia-se que suas mãos tremiam tanto que ele não conseguia beber de um copo sem derramar o conteúdo –, mas Romegas mantinha uma reputação temível pela habilidade náutica, coragem e violência. As mães muçulmanas o invocavam como um bicho-papão para assustar os filhos na hora de dormir; para os cristãos desmoralizados, ele era uma fonte de esperança. Rumores de suas aparições repentinas na costa da Grécia traziam toda a população local para a praia, com frutas e aves de presente.

Comparativamente, seus ataques eram assuntos de pequena escala. Os cavaleiros só podiam colocar no mar uma frota reduzida, de cinco galés fortemente armadas, mas seu alcance se estendia até o litoral da Palestina e seu impacto podia ser dramático. No verão de 1564, as atividades de Romegas de repente se tornaram, de fato, muito dramáticas.

Em 4 de junho, cruzando a costa oeste da Grécia com o esquadrão da ordem, Romegas deparou com um enorme galeão, o Sultana, acompanhado por uma legião de galés otomanas. Pressentindo um rico prêmio, os cavaleiros avançaram para a batalha e, depois de uma luta feroz, capturaram o navio. Este se mostrou ser um troféu valioso; o navio era um empreendimento do eunuco chefe, um personagem importante na corte do sultão, carregado de 80 mil ducados de mercadoria oriental com destino a Veneza. O galeão estava navegando de volta para Malta, onde se tornaria um poderoso símbolo do orgulho ferido otomano. Enquanto isso, Romegas, por ordem de La Valette, partia novamente para causar estragos na frota do sultão. Ele escolhia seus alvos sem errar. Ao largo da costa da Anatólia, usou seu canhão para fazer um buraco em um grande navio mercante armado e capturou seus passageiros de alto escalão quando eles abandonavam o navio. Deteve o governador do Cairo e a ex-babá de 107 anos da filha de Solimão, Mihrimah, voltando da peregrinação a Meca. Três dias depois, aprisionou o governador de Alexandria em seu caminho para Istambul por ordens do sultão. Essas pessoas notáveis valiam um resgate considerável. Enquanto Romegas retornava a Malta em sua galera com trezentos cativos extras, sucessivas notícias de ultraje chegavam a Istambul. Gritos de indignação e raiva de Mihrimah e dos nobres ecoaram nos ouvidos de Solimão. O rapto da velha senhora, amada por sua filha e destinada a morrer em Malta, foi particularmente lamentado. Havia exigências ruidosas; insultos ao Senhor dos Dois Mares e Protetor dos Fiéis não poderiam ficar impunes.

O Solimão que ouvia esses protestos e lamentações era muito diferente do jovem sultão enérgico, cujas esplêndidas ordens e ações cavalheirescas tinham impressionado tantos reféns cristãos em Rodes, em 1522. Ele tinha setenta anos e governava o maior império da Terra havia quase meio século. Tinha conduzido inúmeras campanhas extensas, de leste a oeste, contra seus grandes rivais imperiais, exceto Ivan, o Terrível, e sobrevivido a todas. Solimão era o potentado mais temido em toda a arena de impérios. Ele tinha sido quase tão cruel quanto seu bisavô, Mehmet, o Conquistador, tão magnífico em suas manifestações de esplendor quanto Carlos V, e, como seu grande rival, tinha se consumido no processo.

Gravuras europeias do sultão idoso mostram um homem abatido, sombrio, de olhos encovados. Ele tinha muito do que se entristecer. Juntamente com a incessante guerra contra os infiéis no Ocidente e contra seu rival muçulmano, o xá da Pérsia, no Oriente, ele havia lutado contra os problemas internos do sistema otomano: as queixas de suas tropas janízaras, a corrupção e a ambição de seus ministros, as guerras civis travadas por seus filhos, as revoltas de grupos étnicos dissidentes, a inflação, os surtos de heresia religiosa, a peste e a fome. Sua vida pessoal tinha sido marcada por atos de fraqueza, mau julgamento e tragédia. Excepcionalmente entre os sultões, ele se casara com sua escrava favorita, Roxelana, rebatizada Hurrem, por amor; mas a lógica cruel da sucessão otomana, em que apenas um filho poderia sobreviver e governar, dilacerara sua família. Houve momentos comoventes. Ele havia testemunhado pessoalmente o estrangulamento de seu filho favorito, Mustafá, por supostamente conspirar contra ele. Só mais tarde saberia que as acusações eram falsas. Outro filho, Beyazit, tinha sido condenado à morte com todos os seus filhos jovens. Na década de 1560, apenas o menos capaz de seus filhos, Selim, estava vivo para sucedê-lo.

Enquanto os primeiros anos haviam tido extravagantes mostras de esplendor mundano, competindo com os potentados da Europa, o reinado de Solimão passou a caracterizar-se pela crescente piedade e sobriedade, pois ele procurava enfatizar sua posição como guardião do califado e líder do Islã ortodoxo. Uma tristeza austera caiu sobre a corte. Hurrem morreu e Solimão se isolou do mundo. Ele raramente era visto em público e assistia às reuniões do divã – o conselho de Estado – em silêncio, atrás de uma grade. Bebia apenas água e comia em pratos de barro. Destruiu seus instrumentos musicais, proibiu a venda de álcool e investiu sua energia na construção de mesquitas e fundações de caridade. Incapacitado pela gota, os rumores de sua saúde debilitada circulavam por toda a Europa. Ano após ano entre o final da década de 1550 e início da de 1560, relatos da proximidade de sua morte vieram à tona nas obsessivamente atentas cortes europeias. "O Turco ainda está vivo, mas sua morte é iminente",[4] dizia-se com segurança na distante Inglaterra, em 1562. Cada vez mais, considerava-se que ele estivesse sob a influência de sua filha devota, Mihrimah, e de figuras piedosas na corte.

Foi nesse contexto que as violações dos cavaleiros de Malta chegaram a seus ouvidos, no final do verão de 1564. Tornou-se crença dos cronistas cristãos que o adoentado sultão, dominado pela mulher, foi instigado a invadir Malta pelos ressentimentos pessoais do círculo do harém – a perda do navio do eunuco chefe, o sequestro da ex-babá de Mihrimah, os governadores de Alexandria e Cairo tomados como reféns –, mas o funcionamento interno da estratégia otomana era, em grande parte, escondido dos olhos estrangeiros. Os ataques descarados de Romegas não foram a causa da decisão de Solimão de limpar os cavaleiros da face da Terra. Foram simplesmente a última gota.

Certamente, o piedoso sultão teve o orgulho ferido pelo fato de o imperador do mar Branco ter sido incapaz de garantir a segurança dos peregrinos a Meca; Mihrimah nunca deixou de apresentar a captura do infiel como um dever religioso do sultão, mas havia razões muito mais profundas para tomar Malta, e tomá-la naquele momento. Havia anos cada estrategista naval cristão previra um ataque à ilha. Barbarossa tinha sonhado com sua captura em 1534. Turgut alegara isso ao sultão em 1551, dizendo-lhe: "Você não fará nada de bom até que tenha desmascarado esse ninho de víboras".[5] Malta era simplesmente muito central, muito estratégica e muito problemática para ser ignorada por tempo indeterminado. A ilha representava uma oportunidade de controlar o centro do mar e uma ameaça permanente ao domínio de Solimão sobre suas posses no Norte da África; ano após ano, os cavaleiros, que o sultão tinha imaginado terem zarpado de Rodes para o esquecimento empoeirado, zombaram de seu poder da maneira mais insultante. Espiões informaram ao sultão que os cavaleiros tinham planos para enormes fortificações novas, dentro do porto seguro. A experiência anterior de Solimão em Rodes ensinara-lhe que, uma vez que eles tivessem se estabelecido firmemente em sua nova casa, seria impossível desalojá-los.

No final do verão de 1564, havia grandes questões estratégicas em jogo em ambos os lados. Os otomanos não conseguiam tirar vantagem do sucesso em Djerba; o espaço de manobra inesperado tinha permitido à Espanha se reagrupar. Os olhos de Filipe estavam agora firmemente fixos no Mediterrâneo como o crucial teatro da guerra. Ele estava construindo galeras tão rápido quanto podia. Em fevereiro de 1564, nomeou um sábio e experiente marinheiro, dom Garcia de Toledo, seu capitão-general do mar. Em setembro, enquanto Istambul digeria as notícias dos últimos ataques de Romegas, dom Garcia cruzou o estreito do sul da Espanha e tomou de novo uma base corsária fortificada na costa da África, Peñon de Vélez. Falou-se dessa pequena vitória do espanhol por toda a Europa, para a fúria de Solimão. Por trás das demandas e contrademandas à prerrogativa imperial no grande mar, estava claro que Filipe e Solimão tateavam cegamente em direção a alguma disputa definida.

Ambos os lados compreendiam que Malta era a chave para o Mediterrâneo central. No outono de 1564, dom Garcia escreveu para Filipe analisando a ameaça marítima otomana para cada base espanhola no mar. Malta estava no topo de sua lista. Tomá-la permitiria à Espanha cercar as costas meridionais da Europa e, finalmente, excluir os otomanos dos mares ocidentais. Perdê-la "resultaria em prejuízo à cristandade".[6] Malta se tornaria a plataforma de lançamento para ataques cada vez mais profundos no seio da Europa; a Sicília, o litoral da Itália, a costa da Espanha e mesmo Roma estariam vulneráveis ao avanço otomano.

Em uma reunião do divã em 6 de outubro de 1564, Solimão tomou a decisão de ir para Malta; nas palavras dos cronistas cristãos, "para ampliar o império e reduzir o poder do rei da Espanha, seu rival [...] Com sua frota ou, pelo menos, uma grande esquadra de galeras nessa posição mais segura, todos os reinos vizinhos, tanto na África como na Itália, seriam obrigados a lhe pagar tributo, bem como todos os navios cristãos, tanto comerciais como particulares".[7] Basicamente, era para ser uma ação devastadora.

Um mês depois, o sultão nomeou seus comandantes e deu razões mais explicitamente religiosas para essa ação:

> Tenho a intenção de conquistar a ilha de Malta e nomeei Mustafá Paxá comandante dessa campanha. A ilha de Malta é uma sede para os infiéis. Os malteses já bloquearam a rota utilizada por peregrinos e comerciantes muçulmanos na parte oriental do mar Branco, em seu caminho para o Egito. Ordenei a Piyale Paxá que participe da campanha com a marinha imperial.[8]

A máquina de guerra otomana começou a entrar em ação. A falsa guerra tinha acabado.

Solimão estava prestes a comprometer os recursos de seu império para o empreendimento marítimo mais ambicioso do Mediterrâneo desde o início das cruzadas. Era uma complexa operação de longo alcance, com extensas rotas de abastecimento. Malta não era Rodes. Enquanto Rodes abraçava as próprias terras, Malta estava a 1.200 quilômetros a oeste, perto o suficiente para ser visível da Sicília cristã, em uma área aberta, exposta a uma grande frota de galeras. Rodes era fértil e bem suprida de água, grande o bastante para suportar um exército invasor, e valia o risco de uma prolongada campanha durante o inverno. Malta nada oferecia.

Estendendo-se no canal entre a África e a Itália, castigadas pelo vento e pelo sol implacável, a ilha e sua vizinha menor, Gozo, são os remanescentes estéreis dos topos de montanhas erodidas, separados da Sicília e da península Itálica pelas catastróficas inundações no final da era do gelo. É um terreno de dureza neolítica – um lugar sombrio, árido, pedregoso, muito antigo. Não há rios e as árvores são poucas. A chuva de inverno tinha de ser recolhida em cisternas recortadas nas rochas; a madeira era tão escassa que era vendida por seu peso em libras. O clima no verão é intenso; os ventos úmidos trazem o vapor da água do mar e envolvem a ilha em um calor equatorial feroz o suficiente para matar um homem em armadura. O tamanho diminuto do lugar – aproximadamente vinte quilômetros de comprimento por doze de largura – aumenta as dificuldades. Há poucos locais de desembarque: o lado ocidental é defendido por altas falésias, deixando, no flanco oriental, um punhado de pequenas baías para o desembarque de tropas, além de um magnífico porto de águas profundas, inigualável em todo o mar, então sob o controle dos cavaleiros. Um exército invasor tinha de carregar tudo durante toda a estada: comida, abrigo, madeira, materiais de cerco. Embora os otomanos pudessem contar com o limitado apoio dos corsários do Norte de África, dependiam materialmente de uma rota de abastecimento longa e frágil. Era crucial agir no momento certo: não deviam partir nem muito cedo nem tarde demais. A janela de oportunidade ficava aberta por poucos meses.

Eles tampouco podiam esperar o apoio da população local. Os malteses são os bascos do Mediterrâneo, um micropovo único, fruto da posição particular de sua ilha, no centro de todas as invasões, migrações e comércios registrados na história do mar. Eles constituem um resumo genético de seu passado. Sucessivas ondas de fenícios, cartagineses, romanos, bizantinos, árabes, normandos e sicilianos formaram um povo de identidade original, enxertado em um antigo rizoma – "um personagem siciliano com uma mistura de africano",[9] como descreveu, de maneira simplista, um visitante francês em 1536. Eles tiveram fortes afinidades com o mundo islâmico e falavam um dialeto árabe, cuja palavra para Deus era "*Alla*", porém eram fervorosos na fé católica, orgulhosamente adotada depois do naufrágio bíblico de São Paulo, com a posterior conversão das ilhas. Essas pessoas resistentes, raspando a parca sobrevivência do solo fino, suportavam uma vida de penúria como qualquer um no Mediterrâneo, mas a possibilidade de que pudessem ser separadas dos cavaleiros dominantes tinha sido severamente reduzida pelos corsários muçulmanos, que mantiveram a ilha em um estado de miséria sem alívio. Turgut – que se regozijava com o título honorífico de Espada Desembainhada do Islã – era particularmente temido. A invasão por ele empreendida em 1551 havia escravizado 5 mil pessoas e despovoado Gozo completamente. Os cavaleiros pareciam ser a melhor proteção contra tais terrores.

Os otomanos estavam bem conscientes de tudo isso. Nenhuma de suas campanhas era realizada sem uma preparação cuidadosa. Apesar dos sussurros do harém, a invasão de Malta não foi uma decisão fácil. Veio depois de anos de exploração e espionagem. Malta havia sido mapeada e descrita pelo cartógrafo otomano Piri Reis no *Livro da navegação* e o conhecimento detalhado que Turgut tinha das ilhas, decorrente de uma dezena de ataques, foi amplamente compartilhado. Pouco antes do cerco, os engenheiros otomanos, disfarçados de pescadores, tinham visitado Malta; usando varas de pesca para medir as paredes, voltaram com plantas confiáveis das fortificações. Dizem que Solimão possuía modelos precisos dos fortes. O alto-comando otomano sabia onde as fontes de água e os ancoradouros eram seguros, os pontos fortes e fracos das defesas. Em Istambul, eles elaboraram uma estratégia com base em tais informações: um porto seguro era a prioridade, para a importantíssima proteção da frota; depois, o controle de poços. Como os cavaleiros usavam armaduras fortes, um bom número de arcabuzeiros – mosqueteiros – era essencial. A madeira para as obras do cerco tinha de ser importada por navio, por causa da escassez de árvores. Quanto ao próprio cerco, o terreno calcário era muito rochoso para a escavação de túneis; era necessário, então, explodir o caminho, por isso a ênfase devia ser colocada nos canhões. Esperava-se que o bombardeio pesado rompesse as cisternas de água dos cavaleiros, forçando uma rendição rápida no calor do verão.

A tarefa de reunir e coordenar homens e materiais exigia planejamento sofisticado e apoio logístico, mas, nos bastidores da organização das campanhas, a administração otomana centralizada era insuperável. Ordens peremptórias percorriam todo o império. Soldados foram alistados para se apresentar em pontos de coleta nos arredores de Istambul e no sul da Grécia. Há uma insistência nos registros de campanha em enfatizar a escala da tarefa, assim como uma ansiedade na ladainha de ordens bruscas aos administradores provinciais e governadores:

> A questão dos cereais é muito importante [...] Há escassez de pólvora [...] Se, por negligência sua, balas de canhão, armas e pólvora negra não chegarem até nós muito rapidamente, em nome de Deus, você não vai se salvar [...] você não deve perder nem um minuto sequer [...] Algumas espécies de frutas e outros tipos de alimentos podem ser encontrados lá; você deve ajudar os comerciantes a trazê-los para a frota [...] Quando meu comando chegar, traga biscoito assado para o navio urgentemente, carregue-o com cuidado e o envie [...] evite qualquer negligência [...] Reúna capitães voluntários na área que se disponham a participar da campanha de Malta.[10]

Todo o império estava fervilhando de atividades.

Dentro da própria Istambul, agentes estrangeiros e espiões logo ficaram cientes de que o Turco enfim se preparava para a guerra. A prova estava, literalmente, diante de seus olhos. Todos os estrangeiros eram impedidos de viver na cidade principal. Em vez disso, residiam na pequena cidade murada de Gálata, do outro lado do Corno de Ouro, a enseada estreita que fornecia um porto de águas profundas para Istambul. Situada em uma encosta íngreme acima da baía, Gálata permitia ter ampla vista das idas e vindas na bacia abaixo e observar, a apenas trezentos metros rio acima, em torno de uma pequena baía, o complexo de galpões de madeira e carreiras,[11] que compunham o estaleiro da cidade.

A construção naval é uma atividade intensa, lenta, barulhenta, e os observadores podiam perceber os sinais de uma empresa militar maior: pesados batelões a vela circundavam o porto com volumosas cargas de madeira das florestas do mar Negro, com corda, lona, piche e bolas de canhão. Cubas de sebo para untar o casco das galeras retumbavam pelos trilhos sulcados em carros de boi. Centenas de trabalhadores temporários se reuniam nos portões do estaleiro para engrossar as equipes do núcleo de carpinteiros, calafates, fabricantes de remos e ferreiros. Durante o inverno de 1564-1565, o ar ressoava a aspereza incessante das serras, o bater dos martelos, o golpe dos machados, o espancamento do ferro nas bigornas. A fumaça subia dos caldeirões de piche borbulhante, misturada com o odor da gordura animal rançosa e serragem.

No estaleiro, os cascos iam crescendo nas carreiras, da quilha para cima; os carpinteiros instalavam plataformas e mastros e aplainavam remos; os montadores ajustavam velas. A logística da operação se espalhava por toda a cidade e muito além. Fundições produziam canhões, espadas, lanças e armas, fornos despejavam lotes de biscoitos assados, agentes imperiais cruzavam as províncias para aumentar a arrecadação dos impostos sobre a mão de obra. No devido tempo, grupos de homens chegavam a Istambul e Galípoli – marinheiros qualificados das planícies costeiras e robustos meninos camponeses dos Bálcãs ou da Anatólia que nunca tinham vislumbrado o mar forneciam energia muscular para os remos. Escravos cristãos estavam presos em cercados, à espera de serem acorrentados aos remos novamente.

O trabalho era impulsionado com uma urgência enérgica, "furiosamente",[12] informou um observador espanhol, em fevereiro. Turgut tinha sublinhado a necessidade de navegar logo, para pegar o vento de primavera. Os venezianos informaram que o sultão inspecionaria os navios pessoalmente; ele "quis ir, mais de uma vez [...] ao estaleiro para ver com os próprios olhos como os negócios estão indo, e ele vem apressando a expedição com muita insistência".[13] O custo foi fenomenal – talvez trinta por cento da receita do Tesouro – e ajuda militar foi negada a outras campanhas. No entanto, nenhum observador europeu tinha certeza do alvo. Supunha-se que fosse Malta, mas também poderia ser uma investida contra a Sicília. Os espanhóis temiam por La Goletta, seu ponto de apoio estratégico em Túnis. Mesmo a neutra Veneza se preparou para fortalecer Chipre. Os turcos mantinham suas cartas caracteristicamente perto do peito e continuavam construindo.

Em dezembro, Solimão decidiu sobre a estrutura de comando. Ele próprio não iria; seria representado por procuração por Mustafá Paxá, um veterano de campanhas na Pérsia e na Hungria, que lutara contra os cavaleiros em Rodes quando jovem. O paxá era um general experiente, mas com temperamento explosivo e traços de crueldade – e um ódio particular aos cristãos. A seu lado, com responsabilidade pela frota, estaria o herói de Djerba, Piyale Paxá; de acordo com os cronistas cristãos, Solimão disse a Mustafá "que ele deveria tratar Piyale como seu filho e ordenou a Piyale honrar e reverenciar Mustafá como seu pai".[14] Outro convocado para Malta, de Trípoli, foi Turgut, que, por seu conhecimento da ilha, recebeu uma breve orientação para ajudar e aconselhar os dois homens. "Estou confiando em você por sua experiência militar", escreveu o sultão ao velho corsário. "Você deve ajudar Mustafá Paxá no mar e proteger nossa marinha contra as marinhas inimigas, que podem partir de outros países para ajudar Malta."[15] Essa divisão de poder entre os três homens seria tomada pelos cronistas cristãos como fonte de grande dificuldade para a campanha, embora pareça claro que Mustafá fosse o comandante-geral.

Em março, as galeras, galeotas e batelões foram lançados e carregados. Tudo o que era necessário para o cerco teve de ser previsto: foram colocados a bordo 62 canhões; 2 catapultas gigantes, que disparavam pedras enormes; 100 mil balas de canhão; 2 mil toneladas de pólvora; arcabuzes e balas de mosquete, setas e elmos, ferramentas para escavação – "chumbo, cordas, pás, picaretas, barras de ferro, madeira";[16] placas de madeira pré-fabricadas para servir de barreira de proteção dos homens; "um grande número de sacos de couro cru e de lã, barracas e velas velhas para construir as defesas";[17] prodigiosas quantidades de biscoitos assados e outros alimentos, barracas, carrinhos de armas, rodas – toda a parafernália de uma grande campanha, arrolada, verificada e contada por contadores de feijão imperiais, que formavam a espinha dorsal de qualquer campanha.

No dia da partida, 30 de março, em uma daquelas exibições teatrais do império, nas quais os otomanos se superavam, Mustafá Paxá recebeu o estandarte e a espada de general e embarcou em seu galeão, o Sultana, com um tumulto ruidoso. O navio havia sido um presente pessoal do sultão; construído com madeira de figueira, tinha 28 bancos para quatro ou cinco remadores e nele tremulava uma bandeira vermelha e branca. Piyale, como almirante, tinha o próprio navio, uma embarcação de grande beleza, cuja popa era marcada pelos símbolos da autoridade marítima: três lanternas de popa, uma faixa de seda verde e uma placa de prata batida de três metros quadrados, encimada por uma lua crescente e uma bola de ouro com o tufo de crina de cavalo do poder imperial. O próprio sultão estava lá representado por um terceiro navio: a galera imperial, cuja popa era decorada com luas e versículos do Corão em letras douradas "e diferentes imagens no estilo turco".[18] Foi, por todos os relatos, um espetáculo extraordinário. A armada partiu depois das orações da manhã. Bandeiras multicoloridas com versículos do Corão, luas crescentes e cimitarras flutuavam na brisa. Remos chapinhavam as águas tranquilas do Corno de Ouro. Canhões trovejavam das fortalezas da costa; címbalos e gaitas de foles ressoavam. Os soldados estavam sentados nas embarcações, parados como pedras – janízaros com seus altos chapéus brancos encimados por plumas de avestruz, homens santos de turbante verde, arrecadadores de turbante branco. Sob o murmúrio das orações dos imãs e os tambores de cronometragem dos mestres de galera, a enorme armada se afastou do prado do palácio para o oeste, em direção ao mar Branco. O maior empreendimento anfíbio da história otomana partiu, de acordo com um relato, "em uma atmosfera de triunfo".[19]

E ainda havia sinais de inquietude. Apesar do profundo planejamento, a expedição fora montada às pressas para pegar o vento da primavera. Os otomanos haviam calculado corretamente o risco? Tinham recrutado homens suficientes? Teria sido tudo muito rápido? Em poucos dias, algumas das embarcações tiveram de ser calafetadas outra vez, e suas quilhas, lubrificadas. Um enorme navio naufragou na costa da Grécia, perdendo centenas de homens e valioso suprimento de pólvora. Tinha havido dificuldades habituais, que se tornaram a companhia permanente dos remadores.

E a empreitada não era totalmente popular. Os soldados, sobretudo os da cavalaria desmontada, não gostavam de longas viagens marítimas e o boato era que a luta seria difícil. Alguns pagaram para ser dispensados; criminosos tiveram de ser perdoados para fazer número. Tudo isso foi resumido em uma observação atribuída ao grão-vizir, Ali, que permaneceu em casa, complacente, ao lado do sultão, apontando riscos e falhas na estrutura de comando. Ao ver Mustafá e Piyale embarcarem em seus navios, ele brincou, ironicamente: "Eis dois homens bem-humorados, sempre prontos a tomar café e ópio, dispostos a fazer juntos uma viagem pelas ilhas por prazer".[20]

Em sua pressa de partir, a frota também tinha ignorado um ritual importante. Não havia feito a visita habitual ao túmulo de Barbarossa, às margens do Bósforo, o talismã do sucesso naval.

# Frota de invasão

## 29 de março a 18 de maio de 1565

Observadores turcos profissionais dentro da cidade enviavam diariamente memorandos apressados ao Ocidente. "Na manhã de 29 de março, o almirante da frota e Mustafá, o comandante-geral, foram beijar a mão do sultão e receber sua autorização", lia-se nos despachos da casa bancária dos Fuggers. "Ainda não se sabe para onde a frota está se dirigindo, mas dizem que vai sitiar Malta."[1] A 1.200 quilômetros de Malta, notícias indistintas dessa atividade chegaram a La Valette antes do final de 1564 – os cavaleiros tinham as próprias fontes de informação em todos os principais postos de escuta do mar. Em janeiro, o grão-mestre gradualmente entrou em ação.

Não estava claro se era pelos anos de falsa guerra – não havia uma primavera sequer em que a frota otomana não ameaçasse uma expedição ao Ocidente –, ou porque, possivelmente, os muçulmanos tivessem como objetivo La Goletta, ou pela falta de dinheiro, ou pela indecisão pessoal de La Valette, mas tudo o que era necessário para a defesa da ilha estava acontecendo tarde demais.

Na primavera de 1565, o grão-mestre tinha setenta anos. Atrás dele havia uma vida de serviço ininterrupto à ordem. Excepcionalmente entre os cavaleiros, a partir do momento em que vestiu a túnica da ordem, aos vinte anos, nunca mais voltou para a casa de sua família, na França. Ele dera tudo para a guerra em nome de Cristo: ferira-se gravemente em uma luta com corsários berberes; fora capturado e passara um ano como escravo de galera; servira como capitão-general das galeras e governador de Trípoli. Como homem nascido no século XV, La Valette remetia-se ao espírito da cruzada feudal: severo, inflexível, ardente, imbuído de um sentido de missão cristã que irritava profundamente os venezianos. O soldado Francisco Balbi escreveu:

> Ele é alto e robusto, de presença marcante e tem a dignidade de um grão-mestre. Sua compleição é um pouco triste, mas, para sua idade, é muito forte [...] ele é muito devoto, tem boa memória, sabedoria, inteligência e ganhou muita experiência em sua carreira, em terra e no mar. É moderado e paciente e sabe muitas línguas.[2]

Apesar das observações de Balbi, havia indícios de que La Valette não era mesmo mais um jovem – sua assinatura grande e trêmula sugeria pelo menos alguém míope – e ele dava sinais de particular cautela ao apressar os caros preparativos para uma guerra incerta. Agora, quase tarde demais, o nervoso trabalho para a defesa da ilha teve início. A segurança da ilha dependia, como em Rodes, da defesa implacável dos lugares fortificados, mas no início de 1565 isso deixava a desejar.

Essencial para Malta era o extraordinário porto natural do lado leste da ilha, uma complexa série de enseadas e pequenas penínsulas que cortava seis quilômetros do caminho até a ilha e fornecia magníficos ancoradouros abrigados. Ali, em dois pequenos promontórios adjacentes, projetando-se do grande porto como galés de pedra amarradas à costa, os cavaleiros tinham estabelecido seus baluartes. O primeiro deles, Birgu (a cidade), era a fortaleza dos próprios cavaleiros, cercada, conforme o usual estilo, por muros maciços e uma vala profunda. Era um local pequeno, com mil metros de comprimento, que afilava em um ponto onde

Latinstock/Classic Image/Alamy

**O severo e dedicado Jean Parisot de La Valette, grão-mestre da ordem dos cavaleiros de São João, em retrato publicado em 1808 em *Historic Gallery of Portraits and Paintings.***

um castelo interior, o forte de Santo Ângelo, dominava a água. O segundo promontório, Senglea, separado do outro por uma faixa de água de trezentos metros de largura, era menos desenvolvido, mas igualmente guardado por um forte, o São Miguel, na parte mais extrema da faixa terrestre. Como um sistema defensivo, essas línguas de terra eram interdependentes. A enseada entre elas proporcionava um porto seguro, onde os cavaleiros mantinham suas galés e que, na primavera de 1565, também abrigou o precioso galeão do eunuco chefe. A entrada do porto podia ser fechada por uma corrente em sua extremidade marítima e os dois assentamentos eram ligados sobre a enseada por um pontão. O problema, na primavera de 1565, era que nem Birgu nem Senglea tinham terminado as fortificações no lado da terra.

Pior ainda, o terreno era desfavorável. Os dois assentamentos eram dominados não apenas pelas altas terras atrás deles, mas pelo monte Sciberras, elevação na parte banhada pela água da península que era o ponto estratégico de todo o porto. Sciberras abrangia tanto Birgu como Senglea de um lado e um porto simétrico de águas profundas, Marsamxett, do outro. Ao longo dos anos, uma sucessão de engenheiros militares italianos tinha recomendado fortemente que os cavaleiros construíssem uma nova fortaleza e a capital em Sciberras, o que proporcionaria o controle total dos únicos ancoradouros seguros da ilha, tornando os cavaleiros praticamente invulneráveis aos ataques. Nada foi feito para seguir esse conselho; apenas se ergueu, às pressas, uma pequena fortaleza em forma de estrela, Santo Elmo, na ponta da península, para fornecer alguma segurança ao porto.

Ao analisar suas defesas, La Valette constatou que as três fortalezas – Birgu, Senglea e Santo Elmo – estavam inacabadas e precisavam de atenção urgente para que eles pudessem enfrentar os experientes artilheiros de cerco otomanos. Nos primeiros meses de 1565, os cavaleiros entraram em ação lentamente. Havia muito a fazer.

O número total de cavaleiros militares na ordem era de cerca de seiscentos – pouco mais do que em Rodes, meio século antes – e muitos deles estavam espalhados por toda a Europa. Em 10 de fevereiro, o grão-mestre emitiu uma convocação para todos os cavaleiros se apresentarem na ilha; em torno de quinhentos o fizeram antes de o cerco começar. Em tempos de guerra, os cavaleiros tradicionalmente contavam com o reforço de tropas mercenárias e cobradores de impostos locais. Em janeiro, La Valette definiu o plano de contratação de soldados; estes seriam contingentes de espanhóis e italianos enviados pelo rei da Espanha, bem como mercenários, mas o processo de organização e transporte dessas tropas do continente italiano e da Sicília era lento e, no final, poucos chegaram a tempo. O terceiro componente de sua força, a milícia de Malta, La Valette não havia considerado. "Um povo de pouca coragem e com pouco amor à fé", segundo ele, "um povo que assim que vê o inimigo fica aterrorizado com os tiros dos arcabuzes – e com mais terror ainda com as balas de canhão que vão matar suas mulheres e filhos."[3] Esse comentário depreciativo revelou-se totalmente injustificado. Os malteses forneceriam a maioria dos homens de combate e se mostrariam totalmente confiáveis.

Ao mesmo tempo, a busca de provisões se intensificou. Na ilha, enormes quantidades de água eram transportadas para Birgu e Senglea em frascos de barro, e navios seguiam para a Itália para comprar comida. Não era fácil: passava-se fome na região do Mediterrâneo e os cereais eram escassos. Romegas deteve navios de carga desafortunados no canal de Malta e exigiu seus conteúdos. Houve uma evacuação forçada dos não combatentes: mulheres, crianças, idosos, muçulmanos livres e prostitutas foram levados para a Sicília, porém muitos civis malteses conseguiram permissão para ficar. Materiais de cerco, armamentos e alimentos vinham de navio: "enxadas, picaretas, pás, ferragens, cestas [...] pão, cereais, medicamentos, vinho, carne salgada e outras provisões".[4] Os cereais eram vertidos em câmaras subterrâneas, fechadas com tampas de pedra. Os soldados chegavam: infantaria espanhola e italiana, brigadas de voluntários reunidos por aventureiros empreendedores chamados para a causa da cristandade, mercenários recrutados por funcionários da ordem na Itália. O estreito entre Malta e Sicília estava ocupado com o embarque. O trabalho para terminar a muralha que circundava Senglea e fortalecer os bastiões de Birgu prosseguia lentamente. O material tinha de ser importado da Itália e a mão de obra era escassa. La Valette exigia os serviços dos malteses, homens e mulheres, e os próprios cavaleiros, incluindo o grão-mestre, trabalhavam algumas horas por dia para dar o exemplo. Ao mesmo tempo, La Valette escreveu ao rei da Espanha, seu chefe secular, e ao papa, seu chefe espiritual, solicitando homens e dinheiro.

Cada Estado no Mediterrâneo cristão observava o progresso da armada turca com a respiração suspensa. Barcos mensageiros se apressavam pelo mar com a notícia. Para Filipe, estava claro que essa era a guerra contra a Espanha por procuração. "A frota turca virá com mais galés do que nos últimos anos",[5] escreveu em 7 de abril. Os arsenais de Barcelona estavam trabalhando a todo vapor e, em uma onda de pânico crescente, ele solicitou um inventário de embarcações particulares como última trincheira de defesa. A frota otomana movia-se rápido para atacar no início do ano, fazendo um caminho em volta da Grécia para pegar alimentos, água e homens nos pontos de coleta já definidos. Em 23 de abril, foi em Atenas; em 6 de maio, em Modon, no sul da Grécia. Em 17 de maio, o comandante local em Siracusa, na Sicília, enviou uma mensagem urgente ao vice-rei: "À uma da manhã, a guarda de Cassibile disparou trinta salvas. Pela quantidade de tiros, temo que seja a frota turca".[6]

A onda de pânico crescia no mar. Todos compreendiam a importância de Malta. Os intercâmbios diplomáticos ressoavam com o conhecimento de uma crise suprema, mas a Europa tocava a mesma velha batida: desunião e desconfiança mútua. A possibilidade de uma resposta conjunta ao grande infiel era tão remota em 1565 como tinha sido em Rodes em 1521 e em Preveza em 1538. O papa Pio IV vociferou por uma liga santa contra os infiéis e ficou amargamente decepcionado com a resposta. Ele havia doado grandes somas de dinheiro para Filipe construir as galés, mas nada parecia ser iminente. O rei da Espanha "retirou-se para a floresta", queixou-se o papa, "e a França, a Inglaterra e a Escócia [são] governadas por mulheres e meninos".[7] O perigo era enorme, e o apoio, mínimo. Ele observou que o sultão "deve estar chegando para fazer mal ao rei católico [Filipe II] ou a nós; a armada é poderosa, e os turcos, homens valentes que lutam pela glória, pelo império e também por sua falsa religião".[8] Eles nada tinham a temer, "considerando nossos pequenos recursos e a divisão da cristandade".[9] Nesse meio-tempo, ele prometeu dar aos cavaleiros a ajuda que pudesse.

No entanto, Filipe, apesar da incapacitante cautela natural, não tinha ficado inativo. Os espanhóis estavam trabalhando arduamente para reconstruir sua frota após o desastre de Djerba. Em outubro de 1564, ele nomeou seu capitão-general do mar, dom Garcia de Toledo, vice-rei da Sicília, dando-lhe a supervisão de todo o Mediterrâneo central e a defesa de Malta. Dom Garcia, um homem "sério, sensato e experiente",[10] tinha uma compreensão estratégica das questões, mas estava impedido por dificuldades insuperáveis. Ele não dispunha dos recursos de coordenação e burocracia central do Estado otomano. A frota espanhola era uma coalizão de quatro esquadrões – os de Nápoles, da Espanha, da Sicília e de Gênova – e ainda dependia, em parte, de empreiteiros de galera particulares, tais como os Dorias. A tarefa de juntar essas forças em um só lugar, com sua lotação de remadores e soldados, munições e provisões e, ao mesmo tempo, proteger a Espanha e o sul da Itália dos ataques corsários aleatórios era assustadora. Enquanto os otomanos navegavam em um mar calmo, a formação de esquadrões espanhóis tinha de lidar com muito mais ventos de tributação no Mediterrâneo ocidental. Em junho de 1565, a um mês do cerco, dom Garcia só tinha conseguido reunir 25 galés; os otomanos vinham com 165. O homem de Filipe era obrigado a ser cuidadoso; a aniquilação de sua frota nascente poderia ter consequências desastrosas para a cristandade. Contudo, ele começou a mobilizar homens e recursos na Sicília contra a eventualidade de um ataque otomano.

Em 9 de abril, dom Garcia fez a curta viagem de 48 quilômetros da Sicília com trinta galés para conferenciar com La Valette. Os dois comandantes percorreram as defesas de Birgu e Senglea juntos. Em seguida, dom Garcia exigiu uma inspeção do forte de Santo Elmo, no cume de Sciberras. O velho espanhol astuto identificou imediatamente a importância estratégica dessa pequena fortificação. Em sua opinião, ela era essencial para toda a defesa.

Com certeza, o inimigo a alvejaria inicialmente, com o objetivo de garantir um ancoradouro seguro para sua frota e barrar o socorro marítimo para Birgu e Senglea. Tratava-se do pivô "do qual a salvação de todas as outras fortalezas da ilha dependiam".[11] Era fundamental "envidar todos os esforços para protegê-la e preservá-la o maior tempo possível",[12] a fim de desgastar o inimigo e dar tempo suficiente para juntar reforços. No entanto, toda a estrutura se mostrava deficiente: muito pequena para acomodar tantos homens e armas, era mal construída e não tinha parapeitos adequados. Dom Garcia estudou o terreno em detalhes microscópicos e identificou um ponto fraco específico. No lado ocidental, acima do mar, um flanco era evidentemente vulnerável ao ataque: "O inimigo pode entrar por aqui sem dificuldade alguma".[13] Ele recomendou a construção urgente de uma fortificação externa de forma triangular – na linguagem dos engenheiros de cerco, um revelim – para proteger aquela parte do muro e orientou seu engenheiro militar na supervisão do trabalho.

No dia seguinte, ele partiu para verificar a segurança do porto de La Goletta, em Túnis, não antes de prometer enviar mil soldados espanhóis e deixar seu filho como garantia de sua boa-fé. La Valette estava desapontado com o fato de o vice-rei não ter trazido nenhum reforço, mas o próprio dom Garcia vinha vasculhando o mar em busca de recursos para repelir os turcos. Olhando as cinco galés da ordem e as duas de propriedade pessoal de La Valette, ele lhes pediu um empréstimo. Certamente seriam contidos no porto inutilmente se os turcos viessem. Quase tão valioso era o destacamento de mil escravos muçulmanos para remar as embarcações, o que poderia ser uma ameaça à segurança, tanto quanto um recurso durante o cerco. La Valette educadamente recusou: as galés ainda estavam sendo usadas para o transporte de materiais e a mão de obra escrava trabalhava nas muralhas. Antes de os dois homens partirem, dom Garcia fez três recomendações: o grão-mestre devia restringir seu conselho de guerra a apenas alguns homens de confiança, para garantir que as decisões fossem tomadas secreta e rapidamente; devia proibir seus cavaleiros de sangue quente de envolver-se em combates glamorosos, mas temerários, fora das muralhas – as vidas eram muito preciosas para serem desperdiçadas; por último, não devia arriscar-se no campo de batalha, "porque a experiência tem mostrado que na guerra a morte do líder muitas vezes leva ao desastre e à derrota".[14] E então ele foi embora.

Na ilha, os preparativos se tornaram mais urgentes, mas provavelmente La Valette ainda não estava ciente de quão rápido o inimigo se movia e quão pouco tempo restava. Foram realizados esforços frenéticos na construção do revelim – de fato, pouco mais de uma terraplenagem – para fornecer um pouco de segurança adicional a Santo Elmo. Em 7 de maio, uma corrente foi atravessada pela galera na entrada do porto, entre Senglea e Birgu, para fechar o mar interno; corporações de soldados e mercenários espanhóis chegaram em 10 de maio, para encorajar os defensores. Homens e equipamentos passaram por inspeção; as milícias de Malta receberam treinamento com armas de fogo rudimentares – "cada homem era obrigado a disparar três tiros de mosquete em um alvo, com um prêmio ao melhor";[15] produzia-se pólvora contínua e rapidamente; pedreiros cortavam pedras para as muralhas; no arsenal dos cavaleiros, os ferreiros batiam o martelo, reparando elmos e armaduras. A responsabilidade geral dos setores de defesa e recursos – água, pólvora, escravos – foi atribuída a determinados cavaleiros. Estabeleceram-se sinais de fogo e tiros de canhão para avisar da aproximação do inimigo, para o envenenamento de poços e fontes de água em campo aberto, para a população local se retirar para os refúgios fortificados, para fazer a colheita e recolher o gado – tudo para garantir que os turcos fossem recebidos por um terreno árido e inóspito. Os cavaleiros realizavam paradas para elevar o moral, esplêndidos com seu elmo de aço e sua capa vermelha sobre a armadura.

Além do porto, havia duas outras posições estratégicas de imensa importância para Malta. Uma delas era a pequena fortaleza na ilha adjacente de Gozo; a outra, a cidadela fortificada de Mdina, no centro da ilha. A Cidade Velha, como era conhecida entre os habitantes, havia sido a primeira capital de Malta. Essa cidadela medieval, de ruas estreitas e tortuosas, cercada por impressionantes muralhas, dominava o topo central da ilha. Sua posição oferecia uma vista panorâmica em direção ao porto, a catorze quilômetros de distância. Mdina costumava ser o local de refúgio dos malteses durante os ataques, mas, na realidade, suas fortificações eram antiquadas e vulneráveis a tiros de canhão. La Valette nomeou o cavaleiro português Pedro Mesquita comandante da cidade e do restante da ilha. Para tranquilizar a nervosa população local, temerosa de que todos os meios de defesa estivessem concentrados no porto, destacamentos de soldados foram enviados tanto para Gozo como para Mdina; a cavalaria dos cavaleiros também estava concentrada em Mdina, de onde era possível levar as missões a cabo.

No entanto, apesar de todos esses preparativos, a ilha foi pega de surpresa. Na manhã de 18 de maio, quando vigias em Santo Ângelo e Santo Elmo avistaram velas surgindo no horizonte a cinquenta quilômetros a sudeste na luz clara do amanhecer, trabalhadores da colheita e o gado ainda estavam nos campos, as providências para proteger os civis ainda não tinham sido tomadas, a alocação dos cavaleiros em seus postos não havia sido finalizada, as fortificações ainda se encontravam incompletas, as casas construídas contra as muralhas da fortaleza, que poderiam servir de abrigo ao inimigo, ainda não tinham sido demolidas. A velocidade, eficiência e habilidade logística da máquina de guerra otomana tinham tomado de surpresa todo o Mediterrâneo central.

Como as armas do forte dispararam os três tiros de advertência, tambores e trombetas soaram e o fogo da sentinela espalhou a notícia por toda a ilha. Houve pânico em meio à população civil. Muitos correram para Mdina, e os mais próximas do porto lotaram o pequeno forte de Santo Elmo ou foram para Birgu, "trazendo com eles seus filhos, seu gado e seus bens".[16] Tantos convergiram para os portões da cidade que La Valette deu ordens para que um destacamento de cavaleiros desviasse parte do fluxo humano em direção à adjacente península de Senglea.

Por volta do meio-dia, os defensores deram-se conta de quão grande era a frota otomana. Por todos os relatos, foi uma visão extraordinária. "A quinze ou vinte quilômetros de Malta a armada turca era claramente visível, velas enfunadas, de modo que o tecido de algodão branco cobria metade do horizonte para o leste",[17] registrou Giacomo Bosio. O espetáculo era de tirar o fôlego: centenas de navios em um desenho de vastidão crescente e adentrando o mar calmo – 130 galeras, 30 galeotas, 9 batelões de transporte, 10 grandes galeões, 200 embarcações de transporte menores, 30 mil homens. À medida que a frota de invasão preenchia todo o campo de visão, os três navios de bandeira colorida se tornaram claramente visíveis, seus estandartes agitando-se ao vento. Cada um era remado por

> cinco homens em cada banco e era soberbamente decorado; o do sultão, com 28 bancos, tinha velas vermelhas e brancas; o de Mus-

tafá, no qual tremulava a bandeira de general dada a ele por Solimão em pessoa, navegava com o general, que levava os dois filhos com ele; e o de Piyale ostentava três lanternas – os três tinham tombadilho esculpido com luas crescentes e intrincadas letras turcas douradas e eram individual e ricamente adornados com suntuosas tendas de seda e brocados.[18]

Havia homens assistindo das ameias de Santo Ângelo e outros sentados eretos nas galeras, para quem esse momento emoldurava sua vida. Quarenta e quatro anos antes, um mundo e uma vida atrás, La Valette estivera nas muralhas de Rodes e tivera essa visão, e havia antigos gregos com ele em Malta que podiam lembrar a frota de invasão do jovem Solimão remando pela costa asiática com o sol nascente. Mustafá Paxá também tinha estado em Rodes e visto os cavaleiros velejarem em uma manhã de inverno. Por quase meio século, a batalha pelo Mediterrâneo havia sido instigada a oeste; agora chegava literalmente a seu centro. Em uma bela manhã de maio, os guerreiros de turbante nas galés suavemente balançantes olhavam para os picos calcários do porto; os cavaleiros, com sua armadura de aço e capa vermelha, olhavam de volta. Era um momento culminante no longo ritmo daquela disputa, tão orgânica e inevitável quanto os ventos que empurravam os navios pelo mar em padrões preordenados de acordo com as estações do ano.

Os planejadores e líderes desse conflito estavam surpreendentemente velhos para as exigências da época. A disputa por Malta reunia a experiência coletiva de uma duradoura geração de potentados, almirantes e generais, literalmente centenas de homens por ano em viagens, invasões e guerras. Solimão, La Valette, dom Garcia e Mustafá Paxá estavam na faixa dos setenta anos; Turgut, preparando-se para navegar a partir de Trípoli, tinha oitenta.

A vida deles remontava ao século XV. Era como se toda a experiência e todas as guerras no mar, que não deixa rastros, fossem reduzidas a um único ponto. Os destinos de seus protagonistas estavam entrelaçados como os sulcos dos navios cruzando as águas; eles compartilhavam experiências e memórias de vitória e derrota, captura e resgate. La Valette e Turgut já haviam se encontrado, quando o corsário, capturado pelo sobrinho de Andrea Doria, estava servindo nas galeras cristãs enquanto aguardava o resgate, e Piyale, triunfante em Djerba, seria novamente confrontado por seu comandante espanhol derrotado, dom Álvaro de Sande. Especialmente para Turgut, Malta era um local de destino. Ele tinha invadido a ilha sete vezes e seu irmão havia sido morto em Gozo; o fracasso em obter a libertação do corpo do comandante da ilha o levara a um extraordinário ato de vingança, escravizando toda a população. A cartomante dissera uma vez que Turgut também morreria em Malta.

La Valette despachou rapidamente um patrulheiro a dom Garcia, na Sicília, e convocou um conselho de guerra. O galeão do eunuco chefe, capturado por Romegas no verão anterior, ancorou no porto interno dos cavaleiros, como uma provocação.

# O posto da morte

## 18 de maio a 2 de junho de 1565

À medida que a frota otomana flutuava pelo sul da ilha, seu progresso era monitorado ponto a ponto por sinais de fogo e tiros de advertência ao longo da cadeia de torres de vigia. Uma força de mil homens foi despachada de Birgu para acompanhar seu movimento em direção à baía que os malteses chamavam de Marsaxlokk – o porto do vento sul –, um grande ancoradouro, ideal para aportar. No entanto, a visão das tropas cristãs alinhadas na costa dissuadiu Piyale da tentativa e a frota contornou o lado oeste da ilha, sob as falésias calcárias. Ao entardecer, os navios tinham baixado âncora nas águas translúcidas de uma série de pequenas baías. Sentinelas no promontório observaram a noite toda como os barcos ancorados balançavam de maneira ameaçadora. Na escuridão, homens começaram a chegar em terra.

No dia seguinte, antes do amanhecer, um destacamento de cavalaria foi despachado de Mdina, sob o comando do cavaleiro francês La Rivière, para emboscar os invasores e fazer prisioneiros. A missão foi desastrosamente malsucedida. La Rivière e alguns homens estavam bem escondidos, espreitando a guarda avançada e ganhando tempo, quando outro cavaleiro rompeu a cobertura e galopou em direção a eles. Confuso, La Rivière saiu do esconderijo e foi flagrado pelos turcos. Passada a surpresa, o francês não teve opção senão arremeter contra o inimigo, mas seu cavalo foi abatido, e ele, preso e arrastado para as galés. Os defensores sabiam das implicações. Na guerra, todos os prisioneiros úteis eram torturados para fornecer informações. Foi um mau começo.

Era uma manhã de domingo; a população cristã corria para a igreja nos povoados fortificados para rezar pela libertação quando a frota otomana navegou calmamente de volta a Marsaxlokk e começou a desembarcar com vigor. Para os que estavam assistindo de longe da costa, era uma visão extraordinária, por vezes aterrorizante, magnífica e estranha – como se todo o extravagante espetáculo da Ásia tivesse entrado em erupção na costa europeia. Havia roupas incomuns, cores brilhantes, chapéus bizarros: impressionantes janízaros de bigode com calças e longos casacos, homens da cavalaria com cotas de malha leves, fanáticos religiosos de branco, paxás com vestes cor de damasco, verde e dourado, dervixes seminus com peles de animais; enormes turbantes, elmos em formato de cebola, chapéus cônicos azuis, gorros brancos com tremulantes plumas de avestruz – e uma série de equipamentos. Os janízaros carregavam longos arcabuzes incrustados com arabescos de marfim; havia escudos circulares de vime e latão dourado, escudos pontudos da Hungria, cimitarras curvas e arcos flexíveis das estepes asiáticas, bandeiras de tiro de seda decoradas com olhos maus, escorpiões e luas crescentes, dispositivos com líquido explosivo árabe, barracas, música e ruído.

No dia seguinte, eles tinham descarregado a maioria de suas provisões e armas pesadas e avançado no estabelecimento de um acampamento acima dos fortes dos cavaleiros, em Birgu e Senglea. O espetáculo encheu o italiano Francisco Balbi de admiração assustadora.

> Um acampamento bem ordenado estava agora configurado no topo de Santa Margarida; era brilhante, com bandeiras e faixas. A visão despertou grande admiração entre nós, assim como o som de todos os seus instrumentos musicais, pois – como é seu costume – eles trouxeram muitas cornetas, trompetes, tambores, gaitas de foles e outros instrumentos musicais.[1]

A multidão tumultuada provavelmente contava cerca de 22 mil a 24 mil combatentes, apoiados por 8 mil não combatentes, embora os cronistas dos cavaleiros sempre tenham indicado um número muito mais elevado. As tropas centrais eram de 6 mil janízaros, homens do próprio sultão, cada um armado com o longo arcabuz otomano, desconhecido dos europeus, mais lento de carregar, porém mais preciso, projetado para cortar e capaz de penetrar uma placa de armadura de peso médio. Com eles vinha um grande grupo de *sipahis*, cavaleiros que lutavam em grande parte a pé, voluntários atraídos pela sedução do espólio, marinheiros e aventureiros. Havia um corpo de artilharia e os recursos de apoio: armeiros, engenheiros, sapadores, porta-estandartes, carpinteiros, cozinheiros e aproveitadores, entre eles, aparentemente, mercadores judeus na esperança de adquirir escravos cristãos. Esses homens provinham de todo o Império Otomano. Havia atiradores do Egito, homens de cavalaria da Anatólia e dos Bálcãs, da Salônica e do Peloponeso; muitos eram renegados, gregos, espanhóis e italianos convertidos, escravos cristãos libertados e tomados em batalha, ou mercenários atraídos pelas oportunidades sob as bandeiras emblemáticas do Islã; alguns não eram muçulmanos de maneira alguma. O Império Otomano era um caldeirão de lealdades e convicções. Alguns tinham vindo lutar pelo Islã; outros, por compulsão ou esperança de ganho.

Dentro da cidadela dos cavaleiros, em Birgu, o fervor religioso tomava conta da população. O grão-mestre e o arcebispo de Malta organizaram uma procissão penitente pelas ruas estreitas, com os sacerdotes e as pessoas "devotamente implorando ajuda divina contra o ataque furioso dos bárbaros".[2] Atônito, Robert de Eboli, um frade capuchinho que tinha sido escravo dos corsários em Trípoli, inspirava o povo com uma oração fervorosa, de pé diante do altar da igreja conventual, ministrando os sacramentos por quarenta horas.

Era uma situação que despertava os mais profundos instintos de cruzada nos cavaleiros. Por quase quinhentos anos, eles haviam ficado entrincheirados atrás de sólidos bastiões, que poderiam defender até a morte contra o Islã. Era o mito de cavaleiro que eles tinham feito para si mesmos em Krak des Chevaliers, Hattin, Acre, Rodes – a última estada em vala gloriosa contra probabilidades impossíveis, massacre, martírio e morte. A existência da ordem era justificada por essa lista de derrotas; isso quase os intimou. Mas, para La Valette, ficou claro que Malta era o último reduto. A derrota não só exporia o coração da Europa cristã, mas também varreria a ordem de São João para sempre.

Havia entre 6 mil e 8 mil homens lutando em Malta. Destes, os cavaleiros aristocráticos europeus, com sua robusta armadura e seu elmo pontudo, que pareciam conquistadores e usavam sobreveste vermelha marcada por uma cruz branca como uma promessa de Cristo – e um alvo útil para os atiradores inimigos –, somavam apenas quinhentos, no máximo. Ao lado deles estavam os profissionais de corporações espanholas e italianas enviados por dom Garcia. Eram homens do rei da Espanha, bem armados e motivados, mas não haviam vindo a Malta para a glória. Tinham as expectativas comuns à maioria dos soldados; lutavam por salários e benefícios e viviam para o outro dia. Nesse aspecto, eram pouco diferentes de muitos de seus colegas muçulmanos. Entre aqueles que se inscreveram, havia um italiano, Francisco Balbi, de sessenta anos de idade e pouca sorte, que lutou como arcabuzeiro e sobreviveu para escrever um relato do cerco em primeira mão.

Acima e além dos profissionais havia um punhado de aventureiros vindos a Malta pela glória, alguns gregos de Rodes, presidiários libertados, escravos de galé e convertidos do islamismo não confiáveis. O conflito em Malta levou todos os diversos povos do Mediterrâneo a um ponto central. Era um lugar de comércio de destinos e anseios, onde lealdades podiam subitamente se inverter; ambos os lados estavam atormentados por deserções, provocadas pelo desejo de escapar da escravidão, para reverter à fé do nascimento, para cobrir apostas contra o resultado final ou por melhores recompensas. Mas a base da defesa cristã repousava sobre 3 mil milicianos malteses irredutíveis com seu elmo bruto e túnica de algodão acolchoada. Ao lado dos cavaleiros, eles se revelariam inflexivelmente leais à causa de Cristo; ardentes em sua fé católica, a população maltesa lutaria até a última criança por suas casas e campos pedregosos.

Em 20 de maio, os otomanos começaram a avançar do porto de Marsaxlokk para o interior, em direção ao grande porto. Enquanto faziam isso, La Valette enviou grupos de escaramuça para emboscá-los na paisagem recortada de campos murados e rotas empoeiradas. O tom do conflito foi estabelecido nesses primeiros embates. Os jovens cavaleiros, inflamados por sonhos de glória, brincavam de esconde-esconde com o exército marchando em seu caminho para coletar água. Eles voltavam para Birgu como bravos apaches com cabeças balançando nas selas e estandartes e joias roubados dos mortos; um trouxe um dedo com um anel de ouro; outro tirou do cadáver ricamente vestido de um oficial uma pulseira de ouro cuja gravação dizia: "Não vou a Malta por riqueza ou honra, mas para salvar minha alma".[3] Qualquer esperança de que a população local pudesse ser destacada da causa aristocrática também era rapidamente dissipada. Os malteses começaram a preparar emboscadas desdenhosas. Depois de matarem um turco, encontraram um porco nas proximidades e o abateram; então, arrumaram o morto em um local conveniente, com o focinho do animal enfiado em sua boca, e o esconderam atrás de um muro. Quando os muçulmanos viram o corpo, correram para a frente com gritos de horror e raiva, para resgatar seu companheiro morto por essa indignidade final, e foram baleados.

Apesar desses êxitos locais, o avanço pesado do exército era irrefreável. Acampamentos eram criados e vigiados; bandeiras tremulavam dos piquetes e tendas; armas e suprimentos eram arrastados por bois que os malteses tinham deixado nos campos; operações de pequena escala dos cristãos eram rechaçadas. Mustafá estabeleceu seu quartel-general no alto, com vista para o grande porto, e confiscou os poços de água em Marsa, que os defensores haviam tentado envenenar com ervas amargas e excrementos. Em poucos dias, todo o sul da ilha estava nas mãos dos invasores e em chamas. Depois de recolherem do território todos os materiais utilizáveis – alimentos, gado, gravetos –, os otomanos incendiaram os campos, de modo que, a partir das muralhas de Birgu e Senglea, "aquela parte da ilha parecia estar completamente em fumaça e fogo".[4]

Assim que montou acampamento, Mustafá teve o primeiro encontro com La Rivière, o cavaleiro francês, trazido para a colina com vista para Birgu. Ele provavelmente já tinha sido torturado. Convidaram o francês a mostrar os setores vulneráveis das defesas e, em troca disso, prometeram sua liberdade. La Rivière indicou duas posições: os postos de Auvergne e de Castela. O paxá determinou que testassem as defesas dos cavaleiros.

Na manhã de 21 de maio, todo o exército seguiu em frente. Visto de longe, das muralhas, o espetáculo assumiu uma beleza sobrenatural:

> O exército turco cobriu toda a paisagem em uma formação completa, disposto como uma lua crescente; vista de Birgu, era uma visão espetacular, os homens com roupas esplendidamente ricas e cheias de ostentação. Além de seus armamentos brilhantes e estandartes

> e bandeiras principais, eles levavam outras bandeiras triangulares, em um arco-íris de cores, que, vislumbrado a distância, parecia um imenso campo de flores cintilantes, que encantava os ouvidos tanto quanto os olhos, porque era possível ouvi-los tocando vários instrumentos musicais estranhos.[5]

De perto, essas impressões eram abafadas pelos espectadores por "horríveis explosões de nossas armas – e das deles – e o estrépito de nossos mosquetes".[6]

À medida que se aproximavam, os defensores batiam seus tambores e desfraldavam o estandarte vermelho e branco de São João. La Valette via que seus homens se esforçavam para chegar até os invasores e determinou que testassem seu moral. Esperou o inimigo estar ao alcance de suas armas da fortaleza e soltou setecentos arcabuzeiros dos portões, com tambores ribombando, bandeiras desfraldadas e um destacamento de cavalaria. Ele teve de manter a lança em punho para evitar que as reservas se juntassem ao combate; se não tivesse feito isso, "nem um homem sequer teria permanecido em Birgu, tão grande era seu ardor para lutar contra os turcos".[7] Após cinco horas de luta feroz, os cristãos se retiraram para dentro dos portões, depois de terem matado uma centena e perdido dez, de acordo com suas contas. Era um sinal da temível intenção dos defensores. Além do mais, a partir dos postos de Castela e Auvergne, havia tal torrente de fogo que a própria vida de Mustafá estava em perigo. O paxá concluiu que La Rivière tinha mentido. Marchou para a galera e o espancou até a morte, com habilidade excruciante e requintada, à vista dos escravos cristãos.

No dia seguinte, 22 de maio, os otomanos montaram uma exploração com vigor semelhante contra a adjacente península de Senglea. Dessa vez, La Valette, recordando o conselho de dom

Garcia, proibiu qualquer escaramuça além dos muros. (Outra ordem – guardar a própria pessoa – o grão-mestre já tinha ignorado; de pé nas ameias de Birgu, com as balas assobiando a seu redor, ele havia visto dois homens caírem a seu lado.) A partir daquele momento, os defensores colocariam sua fé em fortificações. Apesar da impressão deixada pela desinformação de La Rivière, as defesas estavam perigosamente vulneráveis. De acordo com Francisco Balbi, a escarpa da vala "era tão baixa em um ponto que não constituía obstáculo algum ao inimigo".[8] Os homens trabalhavam dia e noite para sustentá-la.

Enquanto isso, no acampamento recém-criado em Marsa, o alto--comando otomano estava considerando suas opções. Mesmo para os ativistas experientes, Malta representava um problema, ou melhor, um conjunto de problemas interligados, com muitas variáveis. Havia muito a contemplar: o enigma do intrincado complexo portuário, os desconhecidos ventos de Malta, a aridez do terreno, as demandas por água, a extensão da rota de abastecimento da frota até o acampamento. Não era que os invasores estavam confrontados por uma fortaleza inexpugnável, como em Rodes, mas eles tinham de levar em conta uma variedade de objetivos mais fracos e dispersos, os quais exigiam atenção.

Lá estavam os dois promontórios ligados, de Birgu e de Senglea, que compunham o núcleo da resistência cristã, porém eram interdependentes do forte de Santo Elmo pela água no monte Sciberras, que fornecia o essencial para o melhor porto. O principal acampamento otomano em Marsa estava a seis quilômetros da frota ancorada em Marsaxlokk e as primeiras escaramuças tinham revelado a necessidade de proteger a rota de abastecimento da emboscada, em toda a sua extensão. Havia também os dois fortes do interior a considerar, em Mdina e em Gozo, que se tornariam centros de guerrilha e pontos de recuperação se fossem abandonados. Um desses alvos teria de ser escolhido primeiro; os outros, gerenciados. Seria necessário dividir o exército em seções. Talvez 22 mil homens de combate não fosse uma força tão grande, afinal.

Outras coisas diziam respeito aos comandantes também. Piyale estava nervoso com os ventos, menos previsíveis no verão do que os da metade oriental do mar Branco. O imperativo de manter a frota segura era sua prioridade absoluta. Um naufrágio ou o ataque ousado de navios de guerra inimigos comprometeriam a expedição de maneira duradoura, mas a morte coletiva nas mãos de um inimigo com reforços estava desconfortavelmente próxima. Malta, debaixo da asa da águia da Sicília cristã, era domínio do rei da Espanha; mais cedo ou mais tarde, um contra-ataque era certo. As longas linhas de comunicação, o finito espaço de tempo, a incapacidade de permanecer em Malta durante o inverno – tudo isso era pesado na balança.

As relações entre Mustafá e Piyale estavam tensas enquanto discutiam as opções em 22 de maio. O almirante e o general tinham dúvidas sobre as prioridades e ambos estavam cientes de Solimão olhando por cima de seus ombros; ele estava ali por procuração, em seus estandartes e bandeiras de navio, mais diretamente na presença de seus arautos pessoais – os *chaushes* –, que lhe relatavam tudo pessoalmente. Os dois homens eram bem relacionados dentro da corte otomana, ambos ávidos de glória e temerosos da desgraça. Só estavam unidos em seu ciúme de Turgut, o terceiro jogador no triângulo de comando do sultão, que era esperado a qualquer momento vindo de Trípoli. Relatos cristãos forneciam histórias vívidas e, provavelmente, muito imaginativas das disputas, das escolhas, dos votos expressos no dia – é bastante improvável que algum escravo cristão estivesse presente na tenda ornamentada do paxá –, já que eles tentariam influenciar suas táticas.

No final, eles escolheram o alvo que dom Garcia havia previsto: o pequeno forte de Santo Elmo, "o lugar essencial para todas as outras fortalezas de Malta".[9] Essa decisão provavelmente tinha sido tomada meses atrás, em Istambul, bem antes da partida, em uma reunião do divã em 5 de dezembro de 1564, quando os engenheiros traçaram planos e modelos de Santo Elmo diante do sultão, explicando-lhe que achavam que o forte ficasse "em um local muito estreito e fácil de atacar".[10] Na época, espiões espanhóis na cidade tinham apresentado um relatório a Madri estranhamente profético em todos os aspectos, menos em um: "O plano deles é tomar o castelo de Santo Elmo primeiro, para que possam obter o controle do porto e colocar a maior parte de seus navios lá para hibernar e então capturar o castelo de Santo Ângelo pelo cerco".[11] Agora os engenheiros de Mustafá estudavam o lugar novamente e estavam confiantes de que seria uma tarefa fácil. "Quatro ou cinco dias" era a estimativa. "Perdendo Santo Elmo, o inimigo perderia toda a esperança de salvação."[12] No entanto, se eles estavam confiantes de tomar o forte rapidamente, havia também uma atitude defensiva, até mesmo de medo, nessa decisão. Santo Elmo "protegeria a frota, representando a segurança deles, por mantê-la no interior do porto de Marsamxett, a salvo de todo o perigo dos ventos existentes, das catástrofes marítimas e de toda possibilidade de um ataque inimigo [e] da morte de todos na ilha sem oportunidade de escapar".[13] Mesmo no início eles ponderavam sobre as implicações de agir tão longe de casa. Para Piyale, principalmente, preservar a frota era o mais importante de tudo. Os comandantes decidiram não esperar por Turgut para confirmar essa decisão. O tempo urgia; eles começaram a trabalhar imediatamente.

O tempo era fundamental para La Valette também. Quando soube do plano otomano pelos desertores que haviam fugido, disseram-lhe que desse graças a Deus; a tentativa em Santo Elmo daria certo alívio para reparar as defesas de Senglea e Birgu e tempo para despachar pedidos de reforços para dom Garcia, Filipe e o papa. O trabalho nas fortificações continuou dia e noite; os obstáculos fora das muralhas que pudessem fornecer fogo e abrigo ao inimigo – árvores, casas e estábulos – foram derrubados; toda a população se envolveu no transporte de grandes quantidades de terra no interior dos assentamentos para a execução de reparos nas muralhas danificadas por tiros. Tudo o que o grão-mestre teve de fazer foi persuadir as tropas de Santo Elmo a vender sua vida o mais caro possível.

Em 23 de maio, os otomanos começaram a transportar armas pesadas com rodas para a península de Sciberras. Foi uma viagem extremamente difícil ao longo de sete quilômetros de solo rochoso, envolvendo grande número de animais e homens. A paisagem ressoava o rangido das rodas de ferro, o mugido dos bois, os gritos de homens exaustos. Balbi observou as armas de Senglea. "Podíamos ver dez ou doze bois atrelados a cada peça, com muitos homens puxando as cordas."[14]

Os defensores faziam seus preparativos. Como os turcos estabeleceram posições na península, o único modo seguro de sair de Santo Elmo era por barco, a partir da costa rochosa em frente ao porto de Birgu, a uma distância de quinhentos metros. La Valette ordenou a evacuação de algumas mulheres e crianças que haviam se refugiado ali e enviou de volta suprimentos e uma centena de homens de combate sob o comando do coronel Mas, sessenta escravos de galé libertados, comida e munição. Ao todo, eram cerca de 750 homens em Santo Elmo, a maioria soldados espanhóis sob o comando de Juan de la Cerda.

Do lado da terra, onde os turcos estavam estabelecendo suas plataformas de armas, Santo Elmo apresentava um contorno longo em declive, como um submarino de pedra flutuando no final do cume rochoso. Duas das quatro pontas da estrela davam para o monte em que os turcos estavam marcando sua posição. O forte era protegido na frente por uma vala recortada na pedra e na parte de trás, do lado do mar, por uma construção elevada, um cavaleiro que se erguia acima de todo o forte como a torre de um submarino. Escondida no coração do forte havia uma praça de armas central, protegida na frente por um blocausse, uma cisterna de água e uma pequena capela, para suprir as necessidades espirituais dos homens. O revelim triangular construído às pressas ficava fora do forte e estava ligado a ele por uma ponte, que fornecia alguma proteção contra um ataque pelo flanco. Contudo, para um engenheiro de cerco experiente olhando para baixo das alturas do monte Sciberras, Santo Elmo parecia pequeno e vulnerável. Havia inúmeras deficiências. Sua concepção fora mal planejada e executada às pressas. Tinha parapeitos baixos e nenhuma canhoneira para proteger os homens, de modo que nenhum defensor poderia disparar sem se tornar um alvo evidente; seu pequeno tamanho impedia o posicionamento de muitas armas nas muralhas; faltavam portas de investida de onde as tropas pudessem sair com segurança para limpar a vala repleta de inimigos ou se lançar em contra-ataques. Pior de tudo, os ângulos das estrelas eram tão agudos que havia grandes áreas perdidas sob as muralhas, de onde os defensores não conseguiam atirar. A avaliação que os engenheiros otomanos faziam da tarefa à frente parecia razoável. Para todos os efeitos, Santo Elmo era uma armadilha mortal de pedra.

Nenhum exército no mundo conseguia se igualar aos otomanos por sua compreensão da arte do cerco, por suas habilidades práticas de engenharia, pela utilização de grande quantidade de trabalho humano para objetivos precisos, por sua capacidade de planejar meticulosamente, mas improvisar engenhosamente. Os exércitos que tinham reduzido castelos na Pérsia e fortalezas de fronteira nas planícies da Hungria, que haviam cavado trincheiras em Rodes com velocidade espantosa, que reconheciam seus inimigos como "inigualáveis no mundo em escavar trincheiras",[15] realizavam sua tarefa com perícia espantosa. Do próprio forte e do outro lado da água, em Birgu e Senglea, os homens assistiam com admiração. O terreno rochoso e a falta de solo superficial e de madeira tornavam difícil a escavação, mas os sapadores avançavam em seu trabalho de teia de aranha nas trincheiras, "com maravilhosa diligência e velocidade".[16] A abordagem por ângulos de aproximação cuidadosos protegia o trabalho do forte por tempo considerável. A terra era transportada de dois quilômetros de distância para a construção de plataformas de armas. Centenas de homens marchavam em longas filas, colina acima, com sacos de terra e tábuas de madeira. O profundo planejamento dessa operação era surpreendente, pois eles tinham trazido os materiais e os componentes para suas baterias de artilharia prontos de Istambul. As trincheiras avançavam com objetivo sinistro.

Em alguns dias, os otomanos estavam entrincheirados, a pouco mais de seiscentos passos da vala de Santo Elmo. Logo as linhas de frente chegaram à beirada da própria vala. Eles formaram duas fileiras de plataformas terrestres elevadas para montar suas armas e as protegeram com ameias triangulares de madeira, cheias de terra. Bandeiras tremulavam brilhantes em suas posições avançadas; as armas eram levadas meticulosamente até o morro nu para serem colocadas no topo; outras posições eram estabelecidas para bombardear Birgu pela água. No transporte noturno, batelões remavam silenciosamente no porto de Marsamxett abaixo de Santo Elmo, com feixes de gravetos para encher a vala do castelo. Do outro lado da água, La Valette assistia a essa atividade com alarme e enviava mensagens urgentes para dom Garcia, na Sicília.

Na segunda-feira, 28 de maio, as armas otomanas começaram a bombardear Santo Elmo das alturas; na quinta-feira, Dia da Ascensão no calendário cristão, eles tinham 24 canhões posicionados em dois níveis, armas de rodas que disparavam bolas de ferro penetrantes e bombardas gigantes, uma delas veterana de Rodes, disparando enormes pedras incandescentes. O bombardeio inicial foi precedido de um barulhento disparo de mosquete, para impedir que algum defensor levantasse a cabeça sobre o parapeito; então, o canhão disparou. Os otomanos começaram a pulverizar as duas pontas da estrela que davam para o lado de fora, para a vala, e o lado fraco em direção ao revelim. De Birgu, La Valette dava tudo de si para romper esse bombardeio, montando quatro de seus canhões no extremo de Santo Ângelo e arrasando as plataformas que eram visíveis no cume, pela água. Ele obteve sucesso – já em 27 de maio, Piyale foi levemente ferido por uma lasca de pedra –, mas o custo da pólvora era grande demais para ser sustentado.

Desde o início os presságios não eram bons para a defesa. Os homens mal podiam levantar a cabeça sobre o parapeito sem serem alvos evidentes contra o céu de verão. Os atiradores janízaros, com seus arcabuzes de cano longo, esperavam nas trincheiras abaixo por qualquer sinal de vida. Sua paciência era extraordinária; eles assistiam, escondidos e imóveis, por cinco, seis horas seguidas, olhando pelo cano, o dedo no gatilho, atentos como caçadores à espera da presa. Eles alvejavam e matavam trinta homens em um único dia. Os defensores faziam o máximo para erguer parapeitos de proteção improvisados e, ao mesmo tempo, trabalhavam para reconstruir paredes desmoronadas com terra ou com qualquer outro material disponível. Em alguns dias, o moral começou a entrar em colapso: sempre que eles se arriscavam a olhar para as armas otomanas aparecendo no alto da colina, corriam o risco de ser apanhados.

A proximidade das trincheiras, o estampido das balas de canhão e as deficiências patentes do forte tornavam óbvio que sua posição não era sustentável. Em 26 de maio, um dos homens dos defensores escorregou para o outro lado do porto na escuridão. Juan de la Cerda era um dos comandantes espanhóis de Filipe e não devia lealdade aos cavaleiros. Ele deu a La Valette e a seu conselho uma avaliação contundente, desconfortável e pública de algo que o grão-mestre já sabia: o forte era vulnerável, pequeno e sem defesas nos flancos, "um corpo tuberculoso, em contínua necessidade de remédio para manter-se vivo".[17] Poderia resistir sem reforços durante oito dias, no máximo. Mais recursos deviam ser investidos.

Isso não era o que o grão-mestre queria ouvir. Em seus cálculos, tudo dependia de Santo Elmo ganhar tempo para que Birgu e Senglea fortalecessem suas defesas e para que dom Garcia, a trinta quilômetros de distância, na Sicília, enviasse reforços. Ele ironicamente agradeceu o conselho ao espanhol e apelou à honra dos defensores. Ao mesmo tempo, prometeu enviar o que era necessário: 120 soldados foram transportados, sob o comando do capitão Medrano, que agora era responsável por todas as tropas espanholas rebeldes, além de alimentos e munições extras. Homens feridos faziam a viagem de volta ao hospital dos cavaleiros, em Birgu. O moral dos defensores era reforçado por essas ações pontuais, mas sua situação subjacente se mantinha inalterada. A insatisfação latente surgiria novamente.

Uma troca regular de pequenas embarcações, aparentemente capazes de quebrar o bloqueio naval otomano com a impunidade, levava mensagens para lá e para cá entre La Valette e dom Garcia, na Sicília. As notícias do vice-rei eram profundamente desanimadoras. Havia inúmeros atrasos na reunião de navios e homens. A logística para montar uma força-tarefa se mostrava imensamente complicada. Algumas galeras ainda estavam sendo equipadas em

Barcelona; em Gênova, Gian'Andrea Doria aguardava soldados da Lombardia, e então choveu muito e o mar ficou agitado demais para que arriscasse mover seus navios. Na Sicília, dom Garcia tinha 5 mil homens, mas apenas trinta galés, e os otomanos sabiam disso. Eles poderiam se dar ao luxo de desarmar muitas das próprias galés e enviar as equipes por terra para trabalhar, deixando setenta para patrulhar a costa. Eles avançaram com o bombardeio. La Valette limitou essas informações a seu pequeno conselho.

Os dias foram esquentando; as noites eram iluminadas por luas brilhantes, mas os sapadores otomanos trabalhavam sem parar, serpenteando suas trincheiras cada vez mais perto das muralhas, construindo diques de proteção com a terra trazida das encostas pedregosas de Sciberras. Giacomo Bosio declarou:

> Realmente era impressionante ver, em uma paisagem árida, a velocidade com que os turcos podiam fazer montes de terra aparecerem quase em um piscar de olhos, com os quais eles criavam bastiões e plataformas para bombardear Santo Elmo, e a urgência com que avançavam suas trincheiras e caminhos cobertos.[18]

Medrano preparava ataques surpresa para interromper a tarefa e matar os trabalhadores, mas durante uma dessas investidas, em 29 de maio, os janízaros contra-atacaram e fincaram suas bandeiras na contraescarpa, bem junto das defesas externas e perto do revelim. No Dia da Ascensão, 31 de maio, os artilheiros otomanos abriram fogo novamente, em uma escala ainda maior, com 24 canhões, determinados a explodir as fortificações de Santo Elmo e torná-las rocha bruta outra vez. O bombardeio continuou inabalável durante toda a noite; os disparos foram tão incessantes que os defensores calcularam que as armas não estavam sendo limpas nem esfriadas entre as rodadas – prática altamente arriscada para armas e artilheiros como aqueles. No dia seguinte, ao amanhecer, um tiro derrubou o mastro e a bandeira de Santo Elmo. Um grande grito surgiu das tropas turcas, que foi tomado como um sinal de vitória iminente.

No entanto, do outro lado da água, em Birgu e Senglea, o tempo gasto no pequeno forte estava tendo bom uso. Os soldados e habitantes trabalhavam febrilmente, levantando muralhas, parapeitos de edifícios e posições de combate, para o dia em que Santo Elmo cairia e as armas se transformariam em suas fortificações. À noite, o som de tiros fez com que os cães das cidades latissem; La Valette mandou matar todos eles – incluindo seus cães de caça – e enviou um fluxo contínuo de pequenas embarcações para o forte. Por ora, porém, os turcos estavam começando a pensar nessa fuga. Eles montaram duas pequenas peças de artilharia e alguns arcabuzeiros na costa, para tentar impedir a salvação de Birgu.

Em 2 de junho, mais uma vez tudo mudou para pior. Ao amanhecer, vigias no cavaleiro de Santo Elmo avistaram velas a sudeste. Houve breves esperanças de que fossem os batedores da frota de auxílio de dom Garcia, mas a verdade era mais sombria. Era Turgut, chegando de Argel, com seus corsários – cerca de treze galés e trinta outras embarcações, 1.500 combatentes islâmicos, com o comandante mais experiente e capacitado de todo o mar. As circunstâncias de sua chegada ressaltaram, talvez, a enorme diferença entre a capacidade de Turgut e a dos comandantes, já evidente. Piyale, determinado a impressionar, navegou com as próprias galés "em perfeita ordem"[19] para recepcionar o recém-chegado. Passando por Santo Elmo, eles dispararam uma saraivada de tiros contra o forte. Os projéteis assobiaram no alto e mataram alguns de seus homens nas trincheiras, enquanto a fuzilaria de resposta vinda do forte furou uma galera a meia-nau, de modo que ela teve de ser rebocada rapidamente, para evitar a perda total.

Solimão talvez tivesse colocado sua máxima confiança em Turgut, "um guerreiro sábio e experiente"[20] – e Mustafá e Piyale estavam cientes disso. A Espada Desembainhada do Islã conhecia Malta melhor do que ninguém; ele não era apenas um exímio marinheiro, mas também um artilheiro altamente experiente e um especialista em cercos. Uma vez em terra, o velho corsário foi logo avaliar a situação. Ele franziu os lábios com desagrado. Provavelmente não gostou de todo o risco e teria preferido uma empreitada fácil no enclave espanhol em La Goletta, uma irritação para seu feudo pessoal norte-africano. Ele pode ou não ter discordado da decisão de ir para Santo Elmo primeiro – todos os relatos cristãos sobre o assunto têm um toque de fantasia –, mas, como o cerco estava em andamento, seria melhor que fosse concluído o mais rápido possível. Ele não perdeu tempo em ir até a linha de frente para voltar a analisar o terreno e a disposição da artilharia. Constatou que a velocidade era essencial: mais armas deviam ser trazidas, e para mais perto. Um segundo bombardeio pesado explodiu adiante e quatro canhões foram colocados na margem norte, para bombardear o flanco mais vulnerável de Santo Elmo. Ele estava determinado a pulverizar o forte tão intensamente quanto possível. Para esse fim, montou uma bateria de armas em um ponto em frente ao porto de Marsamxett, que podia chover tiros no revelim e no cavaleiro; no devido tempo, organizou outra bateria no promontório oposto. Santo Elmo estava agora sob fogo por 180 graus; o tiroteio era tão pesado que Bosio declarou "que era extraordinário que aquele pequeno forte em dificuldades não tivesse se reduzido a cinzas".[21]

Sua sugestão final era tomar o revelim o mais depressa possível, "mesmo à custa de muitos soldados bons".[22]

# O revelim da Europa

3 a 16 de junho de 1565

Nas cartas que La Valette enviava dia após dia para a Sicília e a Itália continental, ele nunca deixou de sublinhar a importância estratégica de Malta. Sua perda deixaria a Europa cristã como "uma fortaleza sem revelim".[1] A metáfora não foi desperdiçada com seu público. Desde a queda de Constantinopla, a linguagem técnica da engenharia de fortaleza italiana estava constantemente na boca dos potentados e clérigos cristãos. Eles concebiam todo o Mediterrâneo cristão como um vasto sistema de defesas concêntricas, no centro do qual estava Roma, morada de Deus, constantemente sob ataque da horda bárbara. Uma após a outra, as obras exteriores tinham se encerrado. Nos anos pós-1453, Veneza tinha sido a muralha externa da Europa; os otomanos a haviam neutralizado em apenas cinquenta anos. Depois, Rodes fora o escudo da cristandade. E caíra. A cada retração, os turcos estavam um passo mais perto. Agora Malta havia se tornado o revelim da Europa. Todos entendiam o significado disso – o papa em Roma, o rei católico no alto de seu palácio em Madri, dom Garcia do outro lado das águas na Sicília –, pois, quando o revelim caía, o final de uma fortaleza estava próximo. No final de maio e início de junho de 1565, a preocupação com as defesas da cristandade se concentravam em um único ponto. Porque, se o mais importante para a Europa era Malta, o mais importante para Malta era Santo Elmo, e a fortaleza, por sua vez, dependia do pequeno e improvisado revelim triangular que protegia seu lado vulnerável. Turgut entendeu isso tão claramente quanto La Valette. E decidiu agir.

Na manhã de 3 de junho, depois de uma noite de intenso bombardeio, as tropas otomanas tinham estabelecido posições abrigadas perto da vala, a apenas dezenas de metros dos muros de proteção do revelim. Era, por ironia, o dia de Santo Elmo, o santo padroeiro dos marinheiros.

Os engenheiros otomanos, com a intenção de avaliar o efeito da barragem da noite, entraram no fosso em frente ao forte e se aproximaram do revelim. O local estava em silêncio – nenhum grito de alerta, nenhum tiro vindo dos mirantes. Eles se levantaram ao pé da fortificação, despercebidos. Com toda a probabilidade, a sentinela foi silenciosamente derrubada por um único tiro de arcabuz e se deitou de bruços sobre o parapeito "como se ainda estivesse com vida".[2] Seus companheiros, somente quarenta ao todo, assumiram que ainda estava em guarda. Outras versões deram uma interpretação mais covarde do comportamento desses homens.

Os engenheiros se esgueiraram e informaram Mustafá. Uma força de janízaros, com escadas, rastejou e furtivamente escalou o parapeito. Eles invadiram a pequena fortaleza com gritos ululantes e mataram os primeiros homens que viram. Os outros viraram-se e fugiram, excessivamente tomados pelo pânico para levantar a ponte levadiça do forte principal atrás deles. Apenas uma investida específica de um pequeno grupo de cavaleiros deteve a irrupção dos janízaros em Santo Elmo. Um vigoroso contra-ataque foi montado para forçar a saída dos intrusos no revelim; por duas ou três vezes eles pareceram ter sucesso, porém mais homens invadiam a vala, e os defensores foram forçados a se retirar. Com a velocidade da luz, os turcos mostravam-se capazes de consolidar sua posição no revelim, enchendo sacos de lã, terra e mato para a construção de uma muralha para se defenderem de um contra-ataque do forte. As bandeiras – os críticos sinalizadores de posse – começaram a se agitar nas defesas improvisadas. Era apenas o prelúdio de um ataque improvisado e violento dos homens na vala, que apoiavam escadas contra as muralhas, na esperança de finalmente assaltar Santo Elmo. Eles tinham certeza do sucesso, mas a tentativa foi suicida. Os defensores arremessaram pedras e líquido incediário em suas cabeças desprotegidas. O barulho da batalha era extraordinário, de acordo com os cronistas cristãos: "Com o bramido da artilharia e dos arcabuzes, gritos de arrepiar os cabelos, fumaça, fogo e chamas, parecia que o mundo inteiro estava prestes a explodir".[3] Após cinco horas de caos, os turcos foram obrigados a se retirar, deixando quinhentos soldados mortos na vala. Os defensores afirmavam ter perdido sessenta soldados e vinte cavaleiros, incluindo o cavaleiro francês La Gardampe, que se arrastara para dentro da capela da fortaleza e morrera ao pé do altar. Apesar das enormes perdas otomanas, o revelim estava agora em mãos inimigas.

As graves consequências da perda foram sentidas quase imediatamente. Os otomanos trabalharam arduamente para consolidar sua posição no revelim, usando peles de cabra com terra para elevar a plataforma até o nível da muralha. Eles agora ocupavam uma posição ofensiva a alguns metros do forte e logo conseguiram bombardear seu núcleo com duas armas capturadas. Na vala abaixo, os homens podiam continuar subindo até a base das muralhas sem ser atacados.

Na madrugada de 4 de junho, enquanto os turcos ainda estavam fortificando o revelim, um pequeno barco foi visto se aproximando do promontório rochoso, abaixo do forte; as sentinelas se esticavam na muralha, prontas para disparar, quando um grito ecoou no escuro: "Salvago!". Era um cavaleiro espanhol, Raffael Salvago. Ele havia sido derrubado da galera na Sicília, com mensagens de dom Garcia, e tinha fugido do bloqueio em volta do porto.

Com ele estava um capitão experiente, Miranda. Os dois homens desembarcaram em terra e inspecionaram brevemente o forte no escuro; em seguida, voltaram a bordo. Até aquele momento, o cruzamento entre Santo Elmo e Birgu estava sob a ameaça dos franco-atiradores. As embarcações não podiam mais fazer a viagem em plena luz do dia e até mesmo travessias noturnas eram cheias de perigos. Quando eles remavam em silêncio diante do porto, uma saraivada de balas atingiu o barco e matou um dos tripulantes.

La Valette ouviu seu relato em sombrio silêncio. Foi devastador ter perdido o revelim de maneira tão negligente. A notícia da Sicília não era mais reconfortante: dom Garcia estava se empenhando para conseguir reforços, mas esperava por eles apenas em 20 de junho. A questão era simplesmente quanto tempo Santo Elmo conseguiria permanecer vivo. Miranda foi enviado de volta para fazer uma avaliação mais detalhada das defesas e do moral dos homens. Seu segundo relatório foi enfático:

> O forte não poderia ser mantido por muito tempo, se os turcos fossem persistentes, porque a falta de barreiras significava que os disparos dos defensores teriam pouco efeito. Além disso, não havia posto fortificado algum para onde os defensores pudessem se retirar.[4]

Mais uma vez La Valette queria checar essas informações. Outra comissão foi enviada, especificamente para estudar a viabilidade da retomada do revelim, com a mesma conclusão: "Era impossível recuperar o revelim; eles deveriam ter reforçado as defesas enquanto podiam".[5] Dali em diante, Santo Elmo estaria agonizante. A transferência noturna de homens e materiais ocorria ao longo do porto, esquivando-se das armas inimigas, mantendo vivo o forte condenado.

Na esteira da perda, La Valette estava desesperado para manter o moral na fortaleza; com isso em mente, nomeou Miranda o comandante de fato de Santo Elmo. O espanhol não era um cavaleiro aristocrático, mas um comandante de campo experiente e prático, que compreendia seus homens. Não era o consolo da religião que fortalecia sua determinação, e sim as recompensas tangíveis. Ele pediu dinheiro, "pois nada agrada mais aos soldados do que dinheiro",[6] e barris de vinho. Pagou os homens e montou mesas de jogos e um bar nas arcadas cobertas em volta da praça de armas. No curto prazo, foi eficaz.

Os otomanos, no entanto, sentiram que o fim devia estar próximo. Eles continuaram elevando o revelim para chegar até o topo do forte e despejaram tiros no interior. Os homens trabalhavam furiosamente para encher a vala com mato, terra e fardos de madeira. Ao mesmo tempo, os mastros de algumas das galés foram levados para cima e se construiu uma ponte de andaime através da vala, ao lado do revelim, ponto a partir do qual os trabalhadores estavam protegidos por arcabuzeiros: qualquer defensor que elevasse a cabeça acima do parapeito era imediatamente abatido. A segunda ponte foi feita mais abaixo da muralha. A construção, no entanto, provocou uma resposta furiosa: um ataque armado foi montado para queimar a primeira ponte, com sucesso apenas parcial – e "nas Vésperas já a tinham consertado".[7] O trabalho na ponte continuou: um pavimento, grande o bastante para cinco homens caminharem lado a lado, foi colocado e coberto com terra à prova de incendiários. Agachados atrás do parapeito, era impossível para os defensores esconderem essa operação; toda a fortaleza estava sendo sondada por atiradores, de modo que "não havia um lugar seguro em Santo Elmo".[8] Vendo o desespero de sua situação e a possibilidade de outro ataque, os ânimos na fortaleza enfraqueceram novamente.

A corporação inteira, incluindo os cavaleiros de São João e o capitão Miranda, concordaram em enviar outro capitão, Medrano, para Birgu para levar o caso a La Valette e pedir seu conselho. Foi uma resposta unificada. Medrano declarou que o forte não poderia ser mantido por muito mais tempo: "Como suas defesas foram niveladas, a ponte do inimigo estava quase concluída e, por causa da altura do revelim, que comanda toda a fortaleza, os turcos os estavam bombardeando e não era possível se defender".[9] La Valette, de alguma forma, convenceu o preocupado espanhol a retornar ao forte com palavras vagamente tranquilizadoras, mas não conseguiu aplacar o crescente pânico interior. Enquanto a construção da ponte continuava em ritmo acelerado, o som das picaretas ao pé das muralhas convencia a guarnição de que os turcos estavam prestes a instalar minas. Ao mesmo tempo, o bombardeio continuava noite e dia, sem parar, "de modo que parecia que eles queriam reduzir o forte a pó".[10] Era óbvio que um ataque era iminente. Em 8 de junho, o conselho de Birgu recebeu uma segunda carta: o fim estava próximo, eles esperavam ser explodidos pelos ares a qualquer momento, tinham se retirado para a igreja no centro do forte e preferiam atacar e morrer imediatamente. Essa carta foi assinada por cinquenta cavaleiros.

A resposta de La Valette visava, novamente, ganhar tempo: ele a enviou por outra comissão. Quando os três cavaleiros chegaram, encontraram o forte em alvoroço. Os nervos dos defensores estavam em frangalhos. Preparativos para abandonar o forte eram feitos em clima de pânico; balas de canhão e equipamentos de escavação estavam sendo jogados nos poços; o plano era explodir o forte de dentro. Quando os comissários declararam que Santo Elmo ainda podia se defender – e que era impossível extrair uma fortaleza construída sobre rocha sólida –, a raiva transbordou. Um motim irrompeu na praça de armas; eles provocaram os comissários a lhes mostrar exatamente como o forte poderia ser mantido. Os portões foram fechados para manter os visitantes dentro. Somente quando alguém teve a sagacidade de fazer soar o alarme é que os homens dispersaram de volta a seus postos e os comissários deslizaram para trás, pela água. Em Birgu, o conselho se reuniu para discutir o assunto; a guarnição rebelde enviou rapidamente um nadador através do porto para reiterar seus medos. Entre quatro paredes, o conselho ficou profundamente indeciso sobre como proceder; alguns queriam a retirada para preservar os homens, outros resistiam, mas, na prática, não havia escolha. Seria impossível evacuar uma grande massa de homens com segurança, agora que o porto estava sendo monitorado por armas otomanas. Os defensores tinham de se convencer a continuar ganhando tempo.

Uma combinação de promessas e chantagens finalmente reprimiu o motim. Dom Constantino, um dos comissários dos cavaleiros, ofereceu-se para animar os voluntários a ir para Santo Elmo. Na praça principal de Birgu, os tambores convocavam recrutas conforme a norma. O conselho então calmamente informou aos amotinados que eles poderiam voltar se quisessem, "pois, para cada um que voltava, havia quatro pedindo e implorando para tomar seu lugar".[11] Enquanto isso, La Valette escreveu aos cavaleiros na fortaleza, lembrando-os de sua promessa a Cristo e a sua ordem. Um novo comandante foi nomeado, Melchior de Monserrat; houve uma explosão de zelo. Os cristãos ficaram impressionados por dois judeus convertidos serem voluntários para a causa, e o inspirado pregador Robert de Eboli se destacou. O capitão Miranda fez um discurso de estímulo aos homens "na língua que os soldados compreendiam", no sentido de que "eles deveriam lutar bravamente e fazer com que os bárbaros pagassem um preço por sua vida tão alto quanto possível".[12]

Um segundo nadador voltou do forte, anunciando que "todos disseram a uma só voz que não queriam abandonar o forte, mas que os reforços e munições deviam ser enviados a eles; que todos queriam morrer em Santo Elmo".[13] A transferência noturna de homens e materiais continuou; cem homens foram transportados, com muitas bandeiras para fincar nas muralhas e dar a impressão de uma grande força de auxílio. Não houve mais conversa sobre dissidência.

A batalha que perdurava dia após dia no pequeno forte estava sendo conduzida com todas as armas modernas da era da pólvora. Os otomanos certamente tinham – e usavam – corporações de arqueiros mortais, mas era o som das explosões ecoando em volta do forte atingido que dava a impressão de Armagedom. De longe, era um conflito de franco-atiradores e bombardeio da artilharia; um homem podia ser rapidamente derrubado por uma única bala ou desmembrado por uma bola de ferro, porém nas lutas corpo a corpo nas muralhas uma engenhosa variedade de dispositivos incendiários de pequena escala entrou em jogo. Os cristãos tinham primitivas granadas de mão e lança-chamas, potes de fogo grego e barris de piche, bem como armas giratórias e arcabuzes mais pesados, que disparavam pedras do tamanho de ovos de pombos e balas encadeadas, para matar homens que lutavam muito próximos. Os otomanos responderam na mesma moeda com o estouro de granadas que lançavam fogo nos defensores protegidos por pesadas armaduras. Todas essas armas eram grosseiras, experimentais e instáveis. Os riscos em usá-las eram consideráveis; relatos do cerco falam de mortes acidentais de seus manipuladores. Barris de pólvora explodiam; granadas incendiavam o estoque ao redor antes que pudessem ser lançadas; homens eram regularmente mutilados e queimados vivos pelas próprias armas. Quando funcionavam, esses dispositivos podiam ser devastadores.

Nesse laboratório de guerra flamejante, os cristãos decidiram testar um novo artefato. Em 10 de junho, La Valette enviou um estoque de aros de fogo, uma inovação que dizem ter sido inventada pelo cavaleiro Ramon Fortuyn.

> Estes consistiam de aros de barril cobertos com estopa calafetada, mergulhados em um caldeirão de alcatrão fervente. Eles eram novamente cobertos com estopa e mais uma vez imersos em alcatrão. O processo era repetido até se tornarem tão grossos como a perna de um homem.[14]

O objetivo era lançá-los sobre o parapeito em uma massa de homens. Eles logo foram postos em ação. Naquele dia, os otomanos iniciaram outro ataque feroz; os janízaros, arrastando suas vestes pelas pontes, puseram escadas nas muralhas. À medida que os homens armados avançavam, escalando desordenadamente, os aros eram acesos com tochas; pendurados ao parapeito com pinças de ferro, eles caíam encosta abaixo girando como círculos dementes de fogo. O efeito era devastador. As roupas de dois ou três soldados de cada vez ficavam presas em rodas gigantescas; transformados em bolas incandescentes, os homens viravam e corriam, túnicas e turbantes em chamas, espalhando terror e fogo em seu rastro enquanto disparavam para o mar. O impacto psicológico das rodas foi profundo. Os janízaros se retiraram, mas só por um momento. Mustafá estava determinado a acabar com o forte. Depois do anoitecer, os homens vieram de novo. O céu inteiro era iluminado pelo brilho dos canhões e pela labareda das bombas incendiárias – aros de fogo, lança-chamas e fogo grego choviam sobre as muralhas; os muçulmanos reagiam irrefreadamente, lançando granadas de fogo que estouravam nos parapeitos e iluminavam os defensores com uma luz incrível e medonha.

Não havia escuridão; através da água, Santo Elmo parecia um vulcão em erupção. Estava claro o bastante para que os artilheiros em Birgu, tentando destruir os turcos com fogo cruzado, preparassem suas armas sem tochas. Os gritos, as explosões e a violência da luz convenceu o grão-mestre de que Santo Elmo tinha sido derrotado. No entanto, de alguma forma, o forte resistiu. Mais uma vez os turcos recuaram.

Já amanhecia; o sol começava a surgir; os defensores estavam esgotados, mortos em pé, e Mustafá sabia disso. Ele ordenou mais um ataque frenético. Novos homens avançaram outra vez, com cordas e ganchos, que eles amarraram aos barris de terra e às barricadas improvisadas sobre os parapeitos que protegiam os defensores dos tiros de espingarda. Subindo, eles conseguiram ocupar posição e fincar suas bandeiras. Ao sentir o perigo, o comandante da fortaleza, o coronel Mas, carregou uma arma leve e atirou nos janízaros do lado de fora da muralha com um enorme estrondo "e os jogou de novo na vala, para grande espanto dos outros".[15] O ataque entrou em colapso. Os turcos se retiraram com grandes perdas. O silêncio caiu sobre o campo de batalha. Os muçulmanos passaram o dia recolhendo e enterrando seus mortos em covas coletivas. Mas os defensores também tinham homens com hemorragia em um número inaceitável. La Valette transportou por balsa mais de 150 homens, com munição e "cestas, colchões e cordas"[16] para construir barricadas. O cerco de quatro dias estava agora em seu 14º dia.

As más notícias começaram a vazar do acampamento otomano. Desertores cristãos e turcos capturados forneciam fragmentos de informação encorajadores sobre a defesa de Santo Elmo para La Valette e para o conselho do exército em Birgu. As perdas na noite anterior mostraram-se consideráveis; muitas tropas experientes foram mortas. Havia doentes no campo, e feridos morriam; o racionamento tinha sido instituído – os trabalhadores estavam limitados a trezentos gramas de biscoitos por dia. Imperava a má vontade entre os paxás e os janízaros. "Os paxás repreendiam os janízaros por se autodenominarem Filhos do Sultão e por se vangloriarem tanto, apesar de não terem tido a capacidade de tomar um pequeno forte, vulnerável e arruinado, junto ao qual uma ponte já havia sido construída."[17] Ao mesmo tempo, um ambiente de intensa competição entre Mustafá e Piyale, entre o exército e a marinha, vinha causando tensão nos ânimos do acampamento. Duas forças opostas impulsionavam Mustafá a seguir em frente: o medo da desgraça e o desejo de glória. Chegaram aos paxás rumores de que dom Garcia estava reunindo navios e homens na Sicília; Piyale enviou uma frota de galeras diariamente para patrulhar o canal de Malta.

No entanto, ainda que os ânimos dentro de Santo Elmo tivessem se elevado, isso não significava, de maneira alguma, rocha sólida. Em 13 de junho, Mustafá recebeu informações que pareciam prometer uma solução. Um soldado italiano, sem dúvida considerando que o fim estava próximo, escorregou por cima da muralha e se apresentou no campo otomano. Ele disse a Mustafá que elevasse o revelim ainda mais, para evitar qualquer movimento em torno do forte e interromper todos os reforços vindos de Birgu. Um último ataque, então, acabaria com os poucos homens restantes. No dia seguinte, os defensores ouviram uma voz chamando por eles em italiano. Mustafá estava lhes fazendo uma oferta "dando como garantia sua própria vida".[18] O paxá lhes daria passagem livre para fora do forte, para onde eles quisessem ir. A alternativa era uma morte horrível. A voz prontamente recebeu como resposta uma saraivada de tiros de arcabuz e uma chuva de aros de fogo giratórios. Os defensores estavam decididos a lutar até o fim. Eles se preparavam para mais um ataque.

Mustafá começou o que ele esperava ser o preparativo final das táticas otomanas consagradas pelo tempo: dia e noite de bombardeios contínuos, escaramuças, ataques localizados e inumeráveis alarmes falsos – todos destinados a deixar os defensores sem dormir e exaustos diante da última investida. As corporações trabalhavam incessantemente, tentando preencher as valas com terra e feixes de mato, enquanto os tiros de arcabuz sacudiam os parapeitos. Os defensores dificultavam da melhor maneira que podiam. Incendiavam o matagal e atiravam nos agás dos janízaros, brilhantemente vestidos, o que causou grande perturbação no campo otomano. Na noite de 15 de junho houve outra barragem de artilharia, sob uma lua brilhante. Em seguida, o silêncio.

Na madrugada de 16 de junho, uma voz solitária quebrou o silêncio. Os mulás convocaram os homens para rituais de oração destinados a estimulá-los à luta e à morte; por duas horas, os sacerdotes chamaram e os homens responderam, em um crescendo rítmico. Os defensores, agachados atrás de suas barricadas improvisadas, ouviam os gritos assustadores surgindo e desaparecendo na escuridão. La Valette tinha enviado ainda mais reforços e os defensores, embora já cansados, eram bem disciplinados. Cada homem tinha seu dever e seu posto. Eles estavam agrupados em três: um arcabuzeiro e dois piqueiros. Havia homens designados para arrastar os mortos para longe e três soldados móveis para reforço, sempre que houvesse necessidade. Grandes quantidades de armas de fogo tinham sido armazenadas, rochas, recolhidas, e uma grande quantidade de pão, embebido em vinho. Barris de água ficavam atrás dos parapeitos, nos quais os homens incendiados pelo fogo adesivo podiam se jogar.

À medida que o sol se elevava, houve mais um bombardeio, "de modo que a terra e o ar estremeceram",[19] e, em seguida, Mustafá sinalizou o avanço ao longo de um enorme crescente. O estandarte imperial de Solimão estava desfraldado, um turbante tinha sido espetado em uma lança, mais abaixo da linha havia a resposta de uma nuvem de fumaça. Uma extraordinária variedade de escudos e bandeiras era bem visível, "pintados com desenhos extraordinários, alguns com padrões de pássaros, outros com escorpiões e letras árabes".[20] No front, soldados rasos vestidos com pele de leopardo e gorro com pena de águia corriam freneticamente para as muralhas, gritando o nome de Alá em um crescendo de gritos. Do alto das muralhas vinham as respostas cristãs: Jesus, Maria, São Miguel, São Tiago e São Jorge – "de acordo com a devoção de cada homem".[21] Uma arremetida furiosa seguiu em direção à ponte, escadas foram colocadas nos muros, e a peleja começou. Todo o front era uma massa humana lutando corpo a corpo. Homens foram jogados das escadas e atirados para fora da ponte. No tumulto, alguns atiraram nos companheiros e nos inimigos ao mesmo tempo. O vento oeste soprou a fumaça das armas de volta para o rosto dos defensores e eles ficaram temporariamente cegos; então um estoque de bombas incendiárias voláteis pegou fogo e matou muitos homens.

Em Birgu, Balbi e seus companheiros observavam o desdobramento da batalha, "com nossas mentes divididas", escreveu ele, "imaginando como poderíamos ajudar nossos homens em um perigo tão grande".[22] Certos detalhes chamaram a atenção. Balbi vislumbrou a silhueta de um soldado contra o horizonte, "lutando inspirado, com um lança-chamas em punho".[23] Eles também podiam ver um pequeno bando colorido de turcos arremessando-se à frente em massa; na disputa entre o exército e a marinha, trinta capitães de galera tinham jurado "entrar no forte ou morrer juntos".[24] Com escadas, eles subiram até o cavaleiro, na parte posterior do forte. La Valette ordenou que seus artilheiros em Santo Ângelo mirassem os intrusos. Os tiros foram mal orientados e mataram oito defensores. Calmamente, os outros homens sobre o cavaleiro sinalizaram aos artilheiros do outro lado da água que redirecionassem seus tiros. A segunda tentativa caiu no meio do grupo de ataque, matando vinte deles. "Os que permaneceram foram mortos com fogo e ferro, e seus corpos, jogados para baixo; nenhum deles escapou",[25] registrou Balbi. Mustafá e Turgut eram claramente visíveis com suas túnicas brilhantes, exortando os homens, mas o ataque furioso sobre o cavaleiro falhou. Aros de fogo atravessaram as fileiras de soldados otomanos, "de modo que o inimigo parecia estar coroado e rodeado de fogo";[26] homens eram lançados para fora da muralha, e a vala começou a se encher de mortos. Os coloridos estandartes otomanos fincados nos parapeitos estavam rasgados. O capitão Medrano apanhou um; no momento seguinte, foi baleado na cabeça, porém dois dos estandartes icônicos foram rasgados em pedaços. A bandeira pessoal do sultão foi capturada. Miranda foi ferido, mas o transportaram em uma cadeira pelo parapeito, com a espada em punho. Depois de sete horas de intensos combates, o ataque começou a vacilar; os otomanos retiraram seus homens. Gritos triunfantes atravessaram a água: "Vitória e a fé cristã!".[27] O dia pertencia à guarnição exausta. Quase incapazes de ficar em pé, eles viram quando o inimigo se retirou. Era uma espécie de vitória, embora a um preço elevado: 150 homens mortos, um terço da guarnição. E a réplica final a seus gritos triunfantes foi uma voz bradando em italiano: "Calem-se. Se não hoje, amanhã será seu fim".[28]

O renegado italiano que tinha iniciado esse ataque não viveu para desfrutar sua fuga. Poucos dias depois, usando vestes turcas, ele foi pego no campo por malteses de Mdina, amarrado à cauda de um cavalo e espancado até a morte por crianças com paus. O conflito ficava cada dia mais hediondo.

# Os últimos nadadores

17 a 23 de junho de 1565

Foi um comando do exército disciplinado que se reuniu na tenda de Mustafá em 17 de junho, para reanalisar o problema intratável de Santo Elmo. Turgut apontava novamente o ponto cego otomano em toda a operação: a incapacidade deles de fechar a rota de abastecimento através do porto de Birgu havia permitido que o forte fosse continuamente reabastecido. Os turcos começaram uma nova trincheira desde a linha da costa até o ponto abaixo do forte onde os barcos de Birgu costumavam atracar. E eles reforçaram a bateria de armas bombardeando o cavaleiro. Com essa iniciativa, tornou-se evidente que o fim devia estar próximo. Quando o grão-mestre ouviu falar desse trabalho, dizem que deu graças a Deus pelo fato de os turcos terem sido tão lentos para eliminar a tábua de salvação do forte. Doze cavaleiros se ofereceram para ajudar o forte, mas La Valette recusou. Era inútil perder mais homens em uma causa vã. Ele enviou dois barcos com cartas desesperadas para dom Garcia e para o papa, implorando por socorro. Um foi tomado pelo inimigo, mas, para sua fúria, Mustafá não conseguiu encontrar renegados em seu exército que pudessem decifrar o código. Em Birgu e em Senglea, eles continuaram com as fortificações.

O dia seguinte trouxe um breve momento de alegria. Os relatos do que aconteceu diferem. O comando do exército otomano estava nas trincheiras próximas à água para supervisionar uma bateria de armas. Muito provavelmente, o canhão estava mirando muito alto e Turgut ordenou que o ajustassem. Ainda com a mira muito alta, ele instruiu um novo ajuste. O terceiro tiro foi muito baixo. Não conseguiu derrubar a trincheira acima e acertou a muralha; lascas de pedra foram lançadas em toda a plataforma de armas. Uma alcançou Turgut abaixo da orelha. Outra atingiu Soli Aga, o comandante-geral do exército, matando-o de imediato. Turgut, protegido por seu turbante, caiu no chão gravemente ferido. O velho corsário ficou ali, incapaz de falar, com a língua para fora, o sangue jorrando da cabeça. Mustafá, imperturbável pela devastação a sua volta, acobertou Turgut e o levou secretamente para sua tenda, em uma tentativa de preservar o moral, mas a notícia ventilou rapidamente. Os renegados logo chegaram a Birgu com informações sobre o acidente. Turgut continuava inconsciente, nem morto nem vivo.

Os otomanos avançaram. No dia seguinte, o ataque contra um dos bastiões foi tão intenso que abriu uma brecha suficiente para permitir a escalada das muralhas com facilidade; os reparos foram se tornando quase impossíveis. Incapazes de sair para juntar terra sem que fossem mortos a tiros, os homens encheram os buracos com cobertores e velas usadas da melhor maneira que puderam e se agacharam atrás dos parapeitos. Durante a noite, uma enorme explosão abalou toda a zona do porto; uma fábrica de pólvora explodiu acidentalmente em Birgu. As tropas turcas choraram de alegria. La Valette disparou meia dúzia de tiros de canhão do outro lado da água, para acabar com seu entusiasmo, mas a notícia para os defensores era incessantemente ruim. Em 20 de junho, a nova plataforma de armas que guardava o porto foi concluída, porém já não era possível chegar às embarcações diante do porto, mesmo à noite. Um último barco fez viagem na noite do dia 19, mas foi rapidamente descoberto: um homem foi decapitado por uma bala de canhão no caminho, outro morreu por um tiro de arcabuz no retorno. Miranda transmitiu uma mensagem final dizendo que era crueldade enviar mais homens para morrer. A partir daí, apenas nadadores malteses, deslizando silenciosamente no mar noturno, fariam a travessia. La Valette relutantemente concordou que nada mais poderia ser feito.

Vinte e um de junho era festa de Corpus Christi, um dia santo no calendário cristão. "Nós, de nossa parte, não deixaremos de homenagear este grande e nobre dia da melhor e mais devota maneira que pudermos",[1] registrou Balbi em seu diário de observâncias, em Birgu. Haveria uma procissão, da qual o grão-mestre participaria, e a rota teria de ser cuidadosamente escolhida para evitar o fogo inimigo do outro lado do porto. A guarnição de Santo Elmo estava em seu último suspiro. Agora, uma dúzia dos melhores atiradores tinha estabelecido posição no alto, ao lado do cavaleiro, de onde eles podiam sondar o centro da fortaleza. Mesmo a praça de armas poderia ser atingida. No entanto, os defensores continuaram tentando atear fogo ao mato que enchia o fosso; um homem, o italiano Pedro de Forli, desceu pela muralha em uma corda, com um lança-chamas amarrado às costas, para tentar destruir a ameaçadora ponte. Ele falhou – a ponte estava bem coberta de terra; não se sabe se ele conseguiu sair vivo. E o bombardeio continuou. Durante a noite, armas otomanas atingiam as muralhas destruídas; alarmes falsos regulares mantinham os homens, cansados, piscando na escuridão. Agora eles só podiam se locomover de quatro abaixo do parapeito; era impossível deixar seus postos. Os sacerdotes se arrastavam até eles com os sacramentos.

Na madrugada de 22 de junho, Mustafá resolveu terminar o trabalho com outro ataque geral. Ele se assegurou de que Santo Elmo estava completamente cercado; Piyale trouxe suas galeras e, do mar, bombardeou a fortaleza arrasada. Pequenos barcos cheios de arcabuzeiros guardavam a travessia de Birgu. Novamente os janízaros se atiraram sobre a ponte; a circunferência completa do forte foi cercada por milhares de homens encostando escadas na muralha. Foi um combate corpo a corpo nos parapeitos, com os muçulmanos tentando fincar suas bandeiras e os cristãos arremessando pedras e potes de fogo sobre suas cabeças desprotegidas. Os defensores agora estavam sendo atingidos pelas costas por franco-atiradores alojados no cavaleiro, que pegavam os cavaleiros em suas ostentosas armaduras. Monserrat, o comandante do forte, foi decapitado por uma bala de canhão. De acordo com Giacomo Bosio, "o sol era como fogo vivo".[2] Os cristãos assavam em seus elmos e armaduras, mas lutavam hora após hora. De Birgu eles assistiam, em terror e confusão. Ouviam os gritos e o barulho das armas, viam o forte condenado "coberto de fogo em labaredas".[3] E, depois de seis horas de tumulto confuso, o som das vozes podia ser ouvido à deriva através da água, gritando em italiano e em espanhol: "Vitória! Vitória!".[4] O ataque falhou; os otomanos recuaram. De alguma forma, Santo Elmo tinha resistido.

Sob o sol da tarde, os sobreviventes se arrastaram pelo forte arruinado. Muitos dos comandantes haviam morrido; outros – Eguerras, Miranda, Mas – estavam feridos demais para se levantar. Corpos esparramavam-se sobre os parapeitos e pela praça de armas, onde tinham caído. Não era mais possível enterrar ou mesmo mover os cadáveres. As muralhas foram violadas em muitos lugares; não havia material para fazer reparos. No calor atomizante do verão, pairavam o cheiro de pedra e pólvora, o zumbido das moscas, o mau cheiro dos mortos. Era o 26º dia de cerco.

Os que ainda podiam se manter em pé reuniram-se na pequena igreja. Ali, nas palavras dos cronistas, "todos resolveram, em comum acordo, dar fim à vida e à peregrinação humana".[5] Decidiram fazer um apelo final por ajuda. Um nadador entrou no mar e um último barco também se lançou mar adentro. Foram atacados por doze batelões turcos, mas de alguma forma conseguiram atravessar. Ambos, barco e nadador, enviaram a mesma mensagem: era seu último suspiro; havia muito poucos homens vivos e a maioria estava ferida; eles não tinham mais incendiários e a pólvora era pouca. Não viam nenhuma esperança de alívio.

La Valette ouviu essas palavras com expressão impassível. Queria que aqueles homens resistissem até o fim e esse momento tinha chegado. "Deus sabe o que o grão-mestre sentiu",[6] escreveu Balbi em seu diário. Ele resistiu a todos os pedidos para enviar mais voluntários – era simplesmente um desperdício de recursos preciosos –, mas cedeu a ponto de permitir que uma pequena frota de barcos tentasse romper o bloqueio com suprimentos. Cinco capitães, incluindo Romegas, navegaram na escuridão. A tentativa foi vã; no mar salpicado de fogo desde a costa, eles depararam com oitenta galés de Piyale espreitando a distância.

Quando os defensores viram que essa tentativa fracassou, "prepararam-se para morrer, a serviço de Jesus Cristo".[7] Eles não conseguiram deixar seus postos, de modo que, "como homens a quem o dia seguinte seria o último na Terra, confessaram uns com os outros e imploraram a Nosso Senhor que tivesse misericórdia de sua alma".[8] Na expectativa de atos de profanação, os sacerdotes enterraram os utensílios cristãos sob o piso da capela; as tapeçarias, os quadros e os móveis de madeira eles levaram para fora e queimaram. As armas otomanas continuaram atingindo o forte. Durante toda a noite, La Valette observou de sua janela; ele pôde ver o forte vivamente iluminado pelos clarões dos disparos.

No sábado, 23 de junho, Balbi escreveu em seu diário: "Ao nascer do sol [...] sendo véspera da festa de São João Batista, o santo que dá nome e é protetor dessa ordem, os turcos começaram seu último ataque".[9] Os navios de Piyale se aproximavam da fortaleza atingida, com suas bestas apontadas, e deram início ao bombardeio. O exército se reuniu nas muralhas. Dentro havia apenas setenta ou cem homens vivos. Todos estavam exaustos; muitos se encontravam feridos. Eles procuravam nos cadáveres dos companheiros mortos os últimos grãos de pólvora para carregar seus arcabuzes. Miranda e Eguerras, incapazes de ficar em pé, foram colocados em cadeiras, com suas espadas em punho. Durante quatro horas, os homens se mantiveram alinhados. Duas horas antes do meio-dia, houve uma pausa visível no ataque. Quando os janízaros e os *sipahis* se alinharam para atacar novamente, não houve contra-ataque. A pólvora tinha acabado. Seiscentos homens estavam mortos na praça e nas muralhas. Os defensores sobreviventes empunharam espadas e lanças e permaneceram firmes, mas os arcabuzeiros não mais se esconderam. Sentindo que a resistência estava no fim, centenas de homens acorreram à ponte e subiram até os parapeitos sem oposição, matando todos os que encontravam. Outros desembarcaram dos barcos. Miranda e Eguerras foram mortos a tiros em suas cadeiras. Os que ainda podiam correr contavam com a praça para uma última posição de resistência. Alguém tentou fazer uma convocação com a batida de um tambor, mas era tarde demais. Após as humilhações das semanas anteriores, Mustafá havia ordenado que ninguém deveria sair vivo; ele compraria de seus homens a cabeça de cada defensor. Os janízaros convergiram na praça, gritando: "Matem! Matem!".[10] Cercados, alguns defensores dirigiram-se à igreja, na esperança de que pudessem se render, "mas, assim que viram que os turcos estavam massacrando impiedosamente aqueles que tinham se rendido, eles correram para o centro e pagaram caro por sua vida".[11]

De Birgu, eles observaram alguns últimos lampejos do forte em sua agonia: uma figura solitária podia ser vista deitada no cume destruído do cavaleiro, com uma espada em cada mão; um sinal de fogo – aviso combinado para a perda iminente do forte – foi aceso pelo cavaleiro italiano Francesco Lanfreducci; então a bandeira sobre o cavaleiro foi rasgada e a bandeira otomana, hasteada, "o que nos deixou de cabelo em pé em Birgu".[12]

Na praça de armas, o forte vivia seus derradeiros momentos horríveis. Sob o olhar atento de Mustafá, os homens eram alinhados contra a muralha para a prática de tiro ao alvo e disparo de flechas; os feridos que chegavam à igreja eram mortos no interior. Os cavaleiros constituíam os alvos específicos do ódio. Pendurados de cabeça para baixo por anéis de ferro nas colunatas arqueadas, eles tinham a cabeça quebrada, o peito rasgado e o coração arrancado. Um frenesi de derramamento de sangue e loucura caiu sobre os janízaros, cujo orgulho tinha sido tão profundamente ferido. Alguns dos soldados sobreviventes eram profissionais espanhóis e italianos, que caíam de joelhos e gritavam que não eram cavaleiros, implorando "por seu deus"[13] para serem salvos. Não fazia diferença. Um infeliz, vendo o abate, correu para se esconder em um baú. Dois renegados encontraram o item pesado e o levaram para longe, na esperança de fazer um saque rentável, quando foram parados por Mustafá, que exigiu que o baú fosse aberto na frente dele. O estupefato homem foi arrancado de lá e executado. Ninguém deveria sobreviver.

Agora que o último obstáculo havia sido desmontado, toda a frota da Piyale, com as bandeiras tremulando e o estampido das armas, chegou ao porto de Marsamxett. Baixando a âncora com segurança, eles viram as bandeiras otomanas tremulando nas muralhas do castelo.

Mustafá tinha pensado em matar todos os seres vivos em Santo Elmo, mas falhou. Alguns homens, fugindo do forte em direção ao mar, não foram capturados pelo vingativo exército otomano, porém renderam-se aos corsários de Turgut, que os arrebataram como espólio resgatável. Alguns deles, incluindo Francesco Lanfreducci, reapareceriam, como se dentre os mortos, anos mais tarde. E quatro ou cinco malteses, livres da armadura, escorregaram para fora dos portões para a água de frente para Birgu e se esconderam em cavernas na costa. Depois de escurecer, eles deslizaram para o mar noturno e nadaram silenciosamente até Birgu, para entregar um relato em primeira mão de tudo o que haviam visto.

O povo de Birgu, que já estava horrorizado com o que tinha ouvido, recebeu mais uma demonstraçao no dia seguinte. As cabeças dos principais comandantes foram exibidas em lanças, à vista de todos, no porto. Mustafá então expôs os corpos de cavaleiros e de um padre maltês, "alguns mutilados, alguns sem cabeça, alguns com a barriga aberta",[14] vestidos com suas distintas túnicas vermelhas e brancas, pregados em cruzes de madeira, em uma paródia da crucificação. Os corpos foram jogados na água perto de Santo Elmo, e a correnteza os levou até Birgu.

Esses horríveis restos flutuantes destinavam-se a amedrontar os habitantes mais resistentes, mas tiveram o efeito oposto. La Valette estava determinado a não retroceder: não daria alívio algum ao inimigo. Ele fez um discurso estimulante para o povo, proibindo qualquer manifestação pública de luto, e mandou enterrar os corpos com honra. A festa do padroeiro, São João, foi celebrada da maneira habitual e o grão-mestre concebeu, então, um ato de retaliação imediata. Todos os prisioneiros turcos foram tirados das masmorras e abatidos nas muralhas. Ele enviou um mensageiro ao comandante da guarnição em Mdina com ordens de matar todos os seus prisioneiros, mas lentamente, um por dia, todos os dias. Mais tarde naquele dia, as armas de Santo Ângelo entraram em ação. Uma saraivada de cabeças humanas bombardeou o acampamento otomano do outro lado da água. A trégua cavalheiresca de Rodes não se repetiria.

Conta-se que, quando Piyale entrou no forte e observou a terrível cena, foi dominado pela repulsa. Ele perguntou a Mustafá por que tanta crueldade havia sido necessária. Foi tal pergunta, dita ou não, que repetidamente pairou no ar mediterrâneo ao longo de todas as décadas dessa guerra. Mustafá respondeu que eram ordens do sultão: nenhum homem adulto deveria ser capturado vivo. Ele prontamente enviou navios para Istambul com a notícia da vitória e conquistou troféus de guerra. Quando souberam do ocorrido, os venezianos, com um seco cinismo, comemoraram nas ruas – ou talvez as autoridades tenham organizado essa expressão de alegria espontânea para convencer os espiões otomanos de que a república ainda era leal ao sultão.

Duas horas depois da queda de Santo Elmo, Turgut "tomou o suco do martírio e esqueceu este mundo vão".[15]

# O cerco de Malta – maio a setembro de 1565

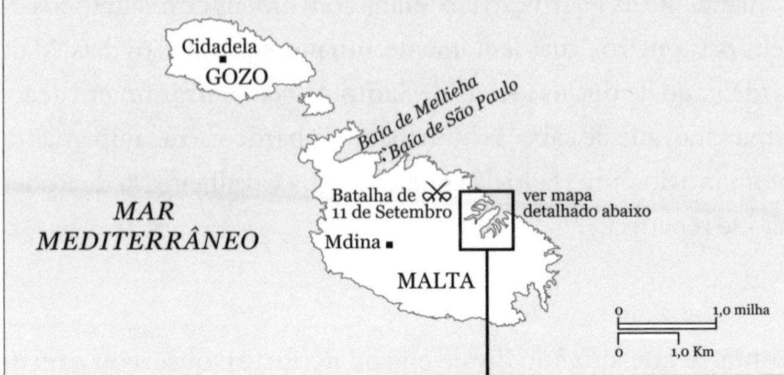


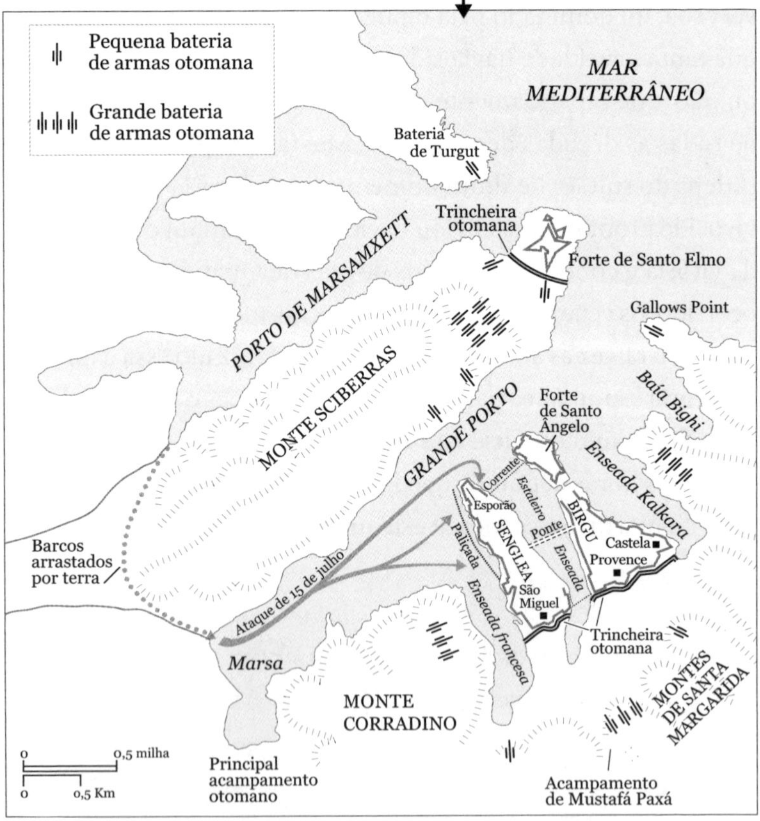

# A vingança

24 de junho a 15 de julho de 1565

Tarde de 24 de junho, dia da festa de São João. De suas posições fortificadas em Birgu e Senglea, os defensores olhavam melancolicamente para o outro lado da água, para as bandeiras otomanas esvoaçantes nas muralhas arruinadas de Santo Elmo. Depois de escurecer, seu acampamento de tendas ficou iluminado por fogos e festejos. "Isso nos entristeceu", suspirou Francisco Balbi em seu diário, "porque essa celebração não era como os cavaleiros costumavam fazer nesse dia, em honra de seu santo padroeiro."[1]

No entanto, La Valette não era o único comandante a estar incomodado. Mustafá tinha perdido um tempo precioso – uma coordenada rígida em todo o plano – e pelo menos 4 mil homens, cerca de um sexto de toda a sua força, incluindo grande parte de seus peritos janízaros. Ele havia disparado 18 mil tiros de canhão e, independentemente de quão amplo tinha sido o planejamento militar em Istambul, a pólvora não era inesgotável. A morte de Turgut foi outro golpe. Mustafá ordenou que os corsários transportassem o corpo para Trípoli e que retornassem com toda a pólvora que conseguissem encontrar. Ele também apressou uma galé a partir para Istambul com alguns canhões do forte como troféus; foi uma medida acertada. Instintivamente ele podia sentir que a falta de notícias positivas começava a aborrecer Solimão. Era essencial que Mustafá avançasse no ataque final. Em Istambul, entretanto, ocorria uma revolução sem derramamento de sangue na administração imperial. Em 27 de junho, o grão-vizir morreu.

Foi substituído pelo segundo vizir, o bósnio Sokollu Mehmet Paxá, que se mostraria um dos vizires otomanos mais competentes e um estadista digno de seu grande mestre. Seria Sokollu que, em grande medida, dirigiria o navio otomano nos anos seguintes.

Em Birgu, La Valette enfrentava as consequências de defender Santo Elmo até o fim. Proporcionalmente, os 1.500 cristãos mortos eram uma perda ainda mais pesada – cerca de um quarto de todos os seus homens de guerra –, mas os sobreviventes tinham, pelo menos, ganhado tempo para fortalecer as frágeis defesas nas duas penínsulas. Porém, por trás da face pública resoluta, algo se aproximava do desespero. Uma sequência de cartas urgentes foi enviada para Mdina, no centro da ilha, e, em seguida, para o resto do mundo, por um pequeno barco. Para Filipe, na Espanha, La Valette escreveu imediatamente: "Eu tinha colocado todas as nossas forças para defender Santo Elmo [...] agora somos tão poucos que não conseguiremos aguentar por muito tempo".[2] Para dom Garcia, o homem de ação na Sicília, ele pediu repetidamente o envio imediato de uma frota de resgate, em grande escala, "sem a qual estaremos mortos".[3]

Tanto o grão-mestre como o paxá tinham lutado em Rodes quando jovens e as lições daquele encontro não haviam sido esquecidas. Enquanto os engenheiros otomanos examinavam o porto, mapeando ângulos de disparo e posicionando as plataformas de armas para o inevitável bombardeio de Birgu e Senglea, Mustafá decidiu tentar desfazer o nó de suas dificuldades. Em 29 de junho, "na hora das Vésperas",[4] uma pequena legião de cavaleiros se aproximou dos muros de Senglea, carregando uma bandeira branca. O líder, ricamente vestido com uma túnica colorida brilhante, disparou uma arma no ar, indicando que queria negociar. Foi recebido por uma rajada de tiros de canhão, o que o obrigou a desviar, de maneira inteligente, para trás de uma pedra. Um único homem foi empurrado para a frente e correu cegamente em direção às muralhas, com a esperança de não ser morto por um tiro; esse infeliz era um velho espanhol que tinha sido escravo otomano por 32 anos e falava turco. Os cavaleiros o pegaram, vendaram seus olhos e o levaram para o grão-mestre. O homem fora enviado para repetir a oferta feita por Solimão quarenta anos antes: eles poderiam evitar a morte se aceitassem a proposta de passagem livre para a Sicília, "com todo o seu povo, suas posses e sua artilharia".[5] La Valette prontamente respondeu, "com voz grave e terrível: 'Enforquem-no!'".[6] O velho caiu de joelhos, aterrorizado, "dizendo que era apenas um escravo e que tinha sido forçado a vir com aquela mensagem".[7] La Valette deixou o pobre homem ir embora, com o aviso aos paxás de que não aceitaria enviados; o próximo homem seria morto.

Por trás disso, havia uma clara lição de Rodes. La Valette entendeu que o baixo moral dos habitantes da cidade tinha sido um fator crucial para o resultado em 1522. Qualquer sinal de negociação poderia minar a determinação. Conversa derrotista seria punida com a morte. Quando um renegado maltês começou a chamar seus compatriotas por cima do muro, alguns dias depois, La Valette proibiu qualquer resposta. Haveria apenas silêncio e tiros. No evento, Mustafá já havia perdido a última chance de angariar a compaixão dos malteses em Santo Elmo com o corpo decapitado e crucificado de seu sacerdote flutuando na baía. A população civil inteira, até as mulheres e crianças, estava pronta a picar seus prisioneiros em pedaços.

Como não conseguiu uma vitória rápida, Mustafá avançou com urgência. A decisão de isolar as duas penínsulas foi tomada, primeiro atacando Senglea, a mais fraca das duas, e, em seguida, arrasando Birgu, o principal reduto dos cavaleiros. Senglea consistia de uma fortaleza, São Miguel, que defendia a península por terra e abrigava uma pequena cidade. O promontório era estéril; havia uma colina com dois moinhos de vento e, onde se reduzia a um ponto no porto, uma plataforma de combate em bico, chamada Esporão. Quase todas as defesas de Senglea eram insatisfatórias; o bastião de São Miguel, com sua inacabada vala escavada na rocha, era tão deficiente quanto Santo Elmo nos melhores pontos do projeto. O lado ocidental do promontório, voltado para o mar, em volta do Esporão, que podia ser facilmente bombardeado a partir da costa, não continha fortificações importantes; apenas a parte oriental era razoavelmente segura. Ficava de frente para o porto interno e era protegida por Birgu do outro lado; a entrada do porto, entre Senglea e Birgu, era isolada por uma corrente enorme. Mas, se Mustafá pudesse encontrar uma forma de atacar o lado oeste por mar, a condenação do promontório seria rapidamente selada.

Na verdade, o paxá tinha concebido uma estratégia ousada para a tomada de Senglea, que os turcos chamavam de fortaleza do Moinho. Infelizmente, os detalhes logo vazaram por uma curiosa deserção. As forças otomanas contavam com um número substancial de renegados cristãos – tanto de convertidos voluntários como forçados – e a lealdade duradoura desses homens, em tal proximidade com seus correligionários, mostrava-se um problema contínuo. Na manhã de sábado, 30 de junho, Francisco Balbi, olhando do Esporão para o extremo de Senglea, do outro lado do porto, viu uma figura solitária com a armadura da cavalaria acenando furtivamente da praia. O homem indicou que queria que um barco fosse buscá-lo. Nenhuma embarcação poderia ser facilmente enviada sem chamar a atenção; Balbi fez um gesto de atravessar a nado. O homem tirou a armadura, amarrou a camisa em volta da cabeça e se atirou no mar. No Esporão, três marinheiros mergulharam na água para ajudá-lo. Alcançaram o homem exausto no mesmo instante em que os turcos deram o alarme e correram para a praia. O lado cristão deu cobertura atirando até o fugitivo ser arrastado da água, mais morto do que vivo.

A deserção era uma espécie de golpe de inteligência – e um duro revés para Mustafá. O homem se chamava Mehmet Ben Davud, mas nascera Philip Lascaris, filho de uma família nobre grega, do Peloponeso. Ele tinha 55 anos e havia sido levado quando criança pelos otomanos e se convertido ao Islã, porém agora, vendo a defesa heroica de Santo Elmo, com "o coração, tocado pelo Espírito Santo",[8] de acordo com os cronistas piedosos, ele estava resolvido "a retornar à fé católica".[9] Mehmet era um soldado de certo nível no acampamento e no partido otomano para os conselhos íntimos do paxá. Ele expôs os detalhes do plano de Mustafá para La Valette, ponto por ponto. A fim de atacar o flanco oeste de Senglea sem ter de navegar pelo porto, passando pelas armas cristãs, o paxá estava planejando arrastar seus barcos menores por terra até a base do monte Sciberras, na parte superior da enseada, para além de Senglea. Essa informação era inestimável; os defensores começaram a planejar contramedidas enérgicas. E, enquanto Mustafá estava ocupado preparando suas plataformas de armas para um bombardeio furioso de Senglea, sofreu mais uma indignidade.

Na noite de 3 de julho, uma longa fila de figuras escuras fazia seu caminho furtivamente pela paisagem maltesa. Moviam-se pela noite quente de verão em silêncio, exceto pelo bufar ocasional de um cavalo, pelos passos abafados, pelo tilintar débil das armaduras;

eles faziam seu caminho pelo labirinto de ruas empoeiradas do acampamento otomano.

Esses setecentos homens armados compunham uma pequena força de auxílio enviada em quatro galeras da Sicília por dom Garcia, que tinha desembarcado secretamente no norte da ilha alguns dias antes. A operação fora cuidadosamente planejada com um elaborado sistema de sinais de fogo e mensagens transmitidas por corredores malteses vestidos como turcos. Na névoa espessa, a força havia sido conduzida para Mdina e escondida na cidade murada. Sua presença foi preservada do inimigo, mas só por acaso. Uma criança, olhando de uma janela da amurada, avistou uma figura fantasmagórica deslizando em meio à neblina e gritou: "Turcos! Turcos!".[10] Os cavalariços caçaram o fugitivo e o arrastaram de volta; um escravo grego, na esperança de ganhar a liberdade, tinha partido para o acampamento otomano com as novidades. Foi cortado em pedaços.

A brigada de ajuda atingiu a costa de Birgu antes do amanhecer, para um encontro previamente combinado com os barcos enviados pelo grão-mestre. A marcha de vinte quilômetros tinha implicado um enorme desvio semicircular, para evitar as linhas otomanas, mas se passou quase sem contratempos. Apenas um cavaleiro, Girolamo de Gravina, "fortemente armado e muito gordo",[11] tinha se separado da tropa, juntamente com uma dúzia de soldados carregados de bagagem. Foram capturados e levados perante Mustafá. O restante fez uma entrada triunfal em Birgu, de barco. Foi um momento de regozijo para La Valette; o novo contingente consistia principalmente de soldados profissionais da guarnição da Sicília, sob seu comandante Marshal de Robles. Entre aqueles que também vieram estava o sobrinho de La Valette e dois aventureiros ingleses, os católicos exilados John Smith e Edward Stanley.

Quando Mustafá soube a verdade por meio de Gravina, ficou ao mesmo tempo surpreso e furioso. Foi sobre Piyale que recaiu a culpa por aquela ajuda humilhante, bem debaixo de seu nariz. Mustafá achou prudente dar sua explicação a Solimão em primeiro lugar; outro navio foi enviado para Istambul em 4 de julho. O exército foi posto a trabalhar freneticamente, por fim isolando Birgu e Senglea de todo contato com o mundo exterior. Daí em diante, o envio de mensagens tornou-se um negócio arriscado; nadadores malteses entravam no mar noturno com cartas codificadas enroladas em chifres de vaca tapados com cera.

Enquanto isso, os habitantes de Senglea eram submetidos a todas as medidas que haviam testemunhado em Santo Elmo. Plataformas de armas de madeira foram organizadas em um arco em volta dos dois promontórios; as armas foram laboriosamente arrastadas de volta do terreno elevado de Santo Elmo por equipes de homens e bois, posicionadas e preparadas para disparar. Os tiros de canhão que se abriram para valer em 4 de julho bateram nas muralhas terrestres do forte de São Miguel e na exposta costa ocidental; foram acompanhados pelos disparos dos arcabuzeiros, cujo objetivo era abater soldados e operários que trabalhavam para fortalecer as defesas contra o ataque iminente. O bombardeio foi incessante. La Valette respondeu enviando escravos muçulmanos para trabalhar em posições expostas, acorrentados em pares. Não fez diferença; Mustafá investiu de maneira independente – derrubando os trabalhadores relutantes dos locais elevados. Balbi considerou lamentável a situação deles. "Essas pobres criaturas estavam tão exaustas pelo completo cansaço da labuta constante que mal podiam suportar. Eles cortavam as próprias orelhas e preferiam ser mortos a trabalhar por mais tempo."[12] Poucos dias depois, alguns escravos acorrentados, capturados na linha de fogo, gritaram em turco a seus companheiros do outro lado das muralhas que parassem de atirar, por compaixão. A intenção de suas palavras foi mal interpretada pelos malteses, que imaginaram que estavam orientando os artilheiros para as seções fracas da muralha. Uma multidão de mulheres aos berros caiu sobre os escravos, arrastou-os pelas ruas da cidade e os apedrejou até a morte.

Na sexta-feira, 6 de julho, as informações de Philip Lascaris mostraram-se corretas. Vindos do nada, apareceram seis barcos na parte superior do porto: arrastados sobre rolos lubrificados por quase mil metros desde o outro lado da península do monte Sciberras por parelhas de bois, eles flutuaram na bacia superior. No dia seguinte, surgiram mais seis; no décimo dia, havia sessenta; no 14º, oitenta. Misteriosamente, os barcos na baía também pareciam estar ficando cada vez maiores: de alguma forma, suas laterais estavam sendo construídas para proporcionar uma superestrutura de proteção contra o fogo dos arcabuzes.

Os dois lados estavam envolvidos em incessantes preparativos. O bombardeio e as escaramuças dos otomanos eram constantes – com apenas uma estranha calmaria em 8 de julho, para o festival do Sacrifício. Em 10 de julho, a injustificada pressa de Mustafá resultou em um acidente espetacular. Não se deu tempo suficiente para que os canos das armas esfriassem entre as salvas. Uma das armas rachou, e uma língua de fogo incendiou o depósito de pólvora, que, "com um enorme clarão e fumaça, explodiu pelos ares, matando quarenta turcos".[13]

Nas oficinas e forjas de Senglea e Birgu, contramedidas furiosas estavam em andamento. Ferreiros e carpinteiros faziam pequenas balas e rastilhos para os arcabuzes, consertavam armas, forjavam pregos, construíam estruturas defensivas de madeira. Prevenido por Lascaris da vinda do ataque, La Valette tinha iniciado dois grandes projetos de engenharia. Uma ponte de barris herméticos foi montada, pronta para ser posta a flutuar no porto interno, entre Birgu e Senglea; ela ligaria os dois assentamentos, permitindo que as tropas fossem rapidamente transferidas de um para o outro. Enquanto isso, os carpinteiros navais malteses tinham desenvolvido, no litoral vulnerável, uma defesa genial contra ataques que partissem de navios. Vadeando nas águas quentes da beira-mar à noite – o único momento seguro para trabalhar –, eles cravaram uma longa fila de estacas feitas de mastros de navio na areia, a poucos passos da praia. Amarraram anéis de ferro a cada estaca e passaram uma corrente por eles, formando uma resistente barreira defensiva ao longo de toda a costa ocidental de Senglea até o contraforte, com o objetivo de impedir que os barcos subissem até a praia.

Esse dispositivo irritou instantaneamente o alto-comando otomano e, no dia seguinte, tornou-se foco de uma disputa extraordinária. De madrugada, quatro homens entraram no mar vindos da costa otomana, armados com machados, e nadaram debaixo d'água até a fileira de estacas. Subindo nelas, conseguiram se equilibrar e começaram a quebrar a corrente. Ao mesmo tempo, arcabuzes fizeram uma cortina de fogo para impedir que os defensores atirassem nos nadadores. A situação exigia uma resposta rápida. Um grupo de soldados e marinheiros de Malta, estimulados pela promessa de recompensa, tirou a roupa e mergulhou. Eles estavam nus, com a cabeça protegida pelo elmo, e carregavam uma espada curta entre os dentes. Seguiu-se uma batalha de nadadores; os homens nus se debatiam de maneira ineficiente, batendo e esmurrando uns aos outros, remando com uma das mãos e tentando dar golpes com a outra. A água azul começou a ficar cor-de-rosa, por causa do sangue. Um dos invasores foi morto; os demais se retiraram para a margem oposta, feridos. Outro grupo de nadadores voltou à noite com uma estratégia diferente. Eles amarraram às estacas cabos de navio que estavam enrolados em cabrestantes na praia e, em grupos, movimentaram os cabrestantes com força para retirar as estacas da água; novamente marinheiros malteses nadaram e cortaram os cabos.

Impaciente e frustrado, Mustafá decidiu avançar em um ataque final. O ímpeto foi acelerado pela chegada de Hasan, genro de Turgut, governador de Argel, com 28 navios e 2 mil homens, sedentos de luta e cheios de desprezo pelos esforços do exército. O tiroteio durou todo o dia e toda a noite, abrindo brechas nas muralhas terrestres. La Valette fez o pontão balançar em sua posição entre Senglea e Birgu; apesar das tentativas furiosas, os tiros otomanos não conseguiram destruí-lo. Munições e bombas incendiárias foram distribuídas aos homens que aguardavam em seus postos. Não havia surpresa sobre a investida iminente. O plano explícito de Mustafá era simplesmente montar um ataque simultâneo por terra e por mar, para esmagar a defesa – embora houvesse detalhes ocultos. Desertores vindos do campo também haviam transmitido aos cristãos a intenção de matar todos eles; só La Valette deveria viver. Ele seria entregue a Solimão, acorrentado. A resposta do grão-mestre foi o juramento público de que nunca seria capturado vivo.

Foi uma noite desconfortável para os defensores, tensos em seus postos. A lua brilhava. Balbi esperou com os outros homens no pontão, com seu arcabuz. Do outro lado do porto, ele podia ouvir as vozes dos imãs, subindo e descendo na escuridão, cantando incessantemente os nomes de Deus.

Domingo, 15 de julho, uma hora e meia antes do amanhecer. Um tiro foi ouvido na colina atrás de Senglea; outro respondeu em Santo Elmo, no lado oposto da água. Os argelinos se concentraram na vala além das muralhas terrestres; arcabuzeiros otomanos enfileirados nas trincheiras da praia, de frente para Senglea, avistaram suas armas; as equipes de artilharia prepararam os canhões. Marshal de Robles e a nova remessa da Sicília se reuniram nas muralhas. No pontão, Francisco Balbi e seus colegas, comandados pelo capitão espanhol Francisco de Sanoguera, estavam agachados atrás de barreiras de terra, prontos para repelir um ataque marítimo. Ao longo da baía, no escuro, homens escalavam ruidosamente barcos invisíveis. O nome de Alá soou três vezes. Os remos mergulhavam espirrando água enquanto a pequena armada partia da costa.

Quando amanheceu, os defensores na costa puderam ver a massa de navios deslocando-se adiante lentamente, sobre a água calma. O sol baixo da manhã iluminou um panorama extraordinário: centenas de homens lotavam as embarcações protegidas com fardos de algodão e de lã – janízaros com altos chapéus de plumas esvoaçantes, argelinos esplendidamente vestidos com túnicas escarlate, "de tecido dourado e prateado e damasco escarlate",[14] usando turbantes exóticos e armados de "finos mosquetes de Fez, cimitarras de Alexandria e de Damasco e magníficos arcos".[15] Na vanguarda vinham três navios carregados de homens santos de turbante, "estranhamente vestidos", de acordo com os relatos cristãos, "usando barrete verde na cabeça e muitos segurando livros abertos e gritando imprecações".[16] Estavam recitando versículos do Corão para inspirar os homens para a batalha. Os barcos eram adornados com grande número de bandeirolas multicoloridas e bandeiras, que tremulavam com a brisa da manhã; os sons de castanholas, trompas e tamborins flutuavam à frente até o outro lado da água. Todo o efeito incrível era dirigido pelo corsário grego Candelissa, que, sentado no alto de um pequeno caíque, agitava uma pequena bandeira como o líder de uma orquestra. Para os defensores, foi uma visão extraordinária, uma cena de beleza sublime, "se não fosse tão perigoso".[17]

Ao se aproximarem, o canto parou e as embarcações religiosas recuaram. As armas em terra abriram fogo e arrasaram a frota, matando muitos. "No entanto, apesar disso, eles vinham para o ataque com imensa coragem e determinação",[18] com gritos e o crepitar dos tiros de arcabuz; os remadores trabalhavam mais arduamente, ganhando velocidade. No pontão, esperava-se o impacto devastador dos barcos contra a paliçada.

Enquanto isso, nas muralhas terrestres, Hasan impulsionava os argelinos adiante em uma investida furiosa. Irrompendo da trincheira, arremessaram-se contra as muralhas com suas escadas, ansiosos para mostrar sua coragem. Os defensores os crivaram de balas; eles foram atingidos, pelos flancos, por mais uma saraivada de tiros dos arcabuzeiros espanhóis; a vida de centenas foi ceifada, mas, por uma simples questão de números, eles investiram e conseguiram ganhar posição sobre os parapeitos. Todo o front estava em alvoroço. O cronista Giacomo Bosio escreveu:

> Eu não sei se a imagem do inferno pode descrever a terrível batalha; o fogo, o calor, as chamas contínuas vindas dos lança-chamas e dos aros de fogo; a fumaça espessa, o cheiro fétido, os cadáveres estripados e mutilados, o choque das armas, os gemidos, gritos e lamentos, o barulho das armas [...] homens ferindo, matando, atacando, jogando uns aos outros para trás, caindo e queimando.[19]

Todas as pessoas do mar estavam lutando em combinações confusas: gritos em maltês, espanhol, turco, italiano, árabe, sérvio e grego; lampejos de fogo e fumaça espessa; vislumbres momentâneos de indivíduos à deriva – o frade franciscano, o irmão italiano, o crucifixo em uma das mãos, a espada na outra, passando de um posto a outro; um janízaro enfurecido pulando em cima do parapeito e atirando na cabeça de um cavaleiro francês, à queima-roupa; argelinos cercados por aros de fogo gritando e correndo para o mar. Mas os atacantes eram tolhidos pela estreiteza do terreno e, apesar de seu ardor, Hasan por fim retirou seus homens. Sem pausa, o agá dos janízaros ordenou o avanço das tropas regulares. Uma segunda onda lançou-se para as muralhas.

Voltando-se para a costa, os barcos foram ganhando velocidade e bateram na cerca, que resistiu ao choque; obrigados a entrar na água, os homens caminharam com suas vestes em direção à praia, gritando e atirando. Os defensores estavam prontos para esse momento. Eles tinham preparado e carregado dois morteiros para varrer a praia, mas tão rápido foi o avanço otomano que não conseguiram dispará-los. Sem oposição, os atacantes rumaram para o cume lateral, no final do promontório, cuja única proteção era um aterro baixo.

O capitão do Spur, Sanoguera, tinha acabado de reunir seus homens para fazer os invasores recuarem "com lanças, espadas, escudos e pedras"[20] quando sua defesa foi lançada em uma confusão súbita. Um marinheiro manipulou mal uma arma incendiária, que explodiu em sua mão e ateou fogo em todo o estoque, matando queimados os homens a sua volta. Na fumaça e na confusão, os turcos escalaram e fincaram suas bandeiras no parapeito. Sanoguera correu pessoalmente para conter a invasão; equilibrando-se sobre o parapeito com uma rica armadura, ele era um alvo tentador contra o céu. Uma bala riscou sua armadura de maneira inofensiva; então um janízaro, "usando um grande turbante preto com ornamentos dourados, ajoelhou-se ao pé da artilharia, mirou para cima e atirou em sua virilha".[21] O capitão caiu morto no local; os dois lados correram para tentar pegar o cadáver – os de baixo o agarraram pelas pernas; os de cima, pelos braços. Depois de uma briga tristemente ridícula, os defensores garantiram o prêmio e arrastaram o corpo de volta. Os turcos abandonaram a briga relutantes, "mas antes de desistir tiraram os sapatos dos pés".[22] Os inimigos estavam tão perto e eram tão numerosos que Balbi e seus colegas deixaram cair as armas e começaram a bombardear os intrusos com pedras.

Foi nesse momento, enquanto os defensores estavam intensamente ocupados, em terra e no mar, que Mustafá deu a cartada final. Ele tinha escondido dez grandes barcos e cerca de mil unidades – formadas por janízaros e marinheiros. Quase despercebidos, os barcos, repletos de homens, partiram do outro lado, circundando o cume lateral até a pequena parte do promontório fora da corrente que não era protegida pela paliçada. Ali não havia defesa; os muros eram baixos; um desembarque seria fácil. Esses homens tinham vindo para lutar ou morrer. Para aumentar seu apetite pela batalha, haviam sido selecionados dentre os que eram incapazes de nadar. Os barcos passaram tranquilamente, longe da carnificina furiosa da praia, prontos para se aproximar da costa. A duzentos metros além de seu objetivo, localizava-se a ponta da segunda península de Birgu.

No entanto, ao planejar esse ataque ardiloso, o alto-comando não havia contado com um detalhe crucial. Na ponta da península de Birgu oposta ao ponto de desembarque planejado, os defensores tinham escondido uma bateria de armas, quase ao nível da água. Quando os barcos vieram, o comandante do local percebeu, surpreso, que os intrusos não tinham ideia de que ele estava lá. Sorrateiramente, carregou cinco canhões com uma mistura letal de metralha – sacos de pedras, pedaços de correntes e bolas de ferro com pontas –, desbloqueou as portinholas e esperou, com a respiração suspensa. Inacreditavelmente, os barcos ainda não o tinham visto. Ele esperou que se tornassem alvos fáceis, impossíveis de perder, e, então, acendeu o pavio dos canhões. Uma saraivada de projéteis assassinos rasgou toda a superfície da água e estraçalhou as embarcações. Pegos de surpresa, os homens foram massacrados pela tempestade de fogo ou derrubados ao mar. Nove dos dez barcos foram aniquilados e afundaram; aqueles que não morreram imediatamente se afogaram. O décimo barco deu meia-volta e avançou com dificuldade. De um só golpe, centenas de corpos flutuavam na água.

A luta continuava feroz na amurada e na praia. Candelissa, o grego, em alto-mar, instigava seus comandados com a notícia de que os homens de Hasan haviam violado a muralha em terra; não era verdade, mas a situação lá ainda era crítica. Ansiosamente, La Valette chamou reforços de Birgu para a ponte. Metade foi para a muralha terrestre, a fim de virar o jogo; vendo esses novos homens, o agá dos janízaros começou a recuar suas tropas. Os soldados se retiraram, levando seus mortos e lançando um último bombardeio furioso, que derrubou uma série de cavaleiros. O restante dos reforços do grão-mestre foi incumbido de sustentar a situação à beira-mar. Entre esses homens estava o filho de dom Garcia de Toledo, o vice-rei da Sicília, contra as ordens de La Valette. Ele foi morto quase imediatamente, por um tiro de mosquete.

Na praia, os primeiros a saber sobre a retirada dos otomanos da muralha terrestre foram multidões de jovens malteses, que atiraram com estilingues nos barcos e gritaram: "Rendição! Vitória!".[23] A força de ataque marítimo de repente percebeu que a sorte tinha virado contra eles. Pior, haviam sido enganados por Candelissa.

Vociferando maldições ao "traidor grego",[24] começaram a correr para a beira da água. Pânico, confusão, horror, medo e desordem eclodiram. Houve uma luta furiosa no desembarque; os poucos barcos perto da costa foram derrubados pela horda desordenada; quem não sabia nadar afundou, aprisionado em suas vestes. Pior ainda, a maioria das embarcações tinha se retirado da praia. Os homens do grupo de desembarque estavam liquidados. Eles ainda fizeram sinal freneticamente para que a frota os resgatasse.

Sentindo o momento, os defensores irromperam na praia, esfaqueando e apontando as armas para os muçulmanos que se debatiam nas águas rasas. Balbi e seus companheiros calmamente mantiveram posição e atiraram nos miseráveis, um após outro. Alguns, preferindo se afogar, jogavam-se desesperadamente na água; outros largavam as armas, caíam no chão e imploravam por misericórdia. Não a obtinham; com a lembrança de Santo Elmo ainda viva, os cristãos investiam, gritando: "Morram! Morram! Paguem por Santo Elmo, desgraçados!".[25] Entre eles, o enfurecido Federico Sangorgio, muito jovem para ter barba, cortava e retalhava os inimigos sem remorso, lembrando-se do cadáver mutilado de seu irmão. "E assim, sem piedade alguma, eles os assassinaram."[26]

Próximo à costa, os barcos ainda relutavam em avançar, hesitantes, sem saber o que fazer, recebendo ordens contraditórias. Piyale temia por seus navios. Ele montou seu cavalo e galopou na direção de seus homens, ordenando-lhes que não se movessem – mas foi estatelado no chão por uma bala de canhão que passou e queimou seu turbante, deixando-o temporariamente surdo. Mustafá, o general em terra, vendo o massacre se ampliar, tomou outra decisão. Mandou que os barcos voltassem para resgatar seus soldados, porém eles foram atingidos pela bateria no cabo de Birgu e rapidamente se retiraram de novo.

Para os cronistas cristãos, a cena na água se assemelhou à carnificina em escala bíblica, "quando, no mar Vermelho, o exército do faraó foi esmagado pelas ondas":[27] uma massa viscosa brilhantemente colorida de parafernália militar – bandeiras, emblemas, tendas, escudos, lanças e aljavas flutuavam na superfície tão densamente que aquilo mais parecia "um campo onde a batalha tinha sido travada"[28] – e, aqui e ali, contorcendo-se como peixes em um tabuleiro de mercado, os vivos e semivivos debatendo-se e sangrando, mutilados e agonizantes.

Os malteses entraram nessa situação medonha acabando com os sobreviventes e removendo os cadáveres. Eles saquearam as maravilhosas roupas dos mortos e suas belas armas. Agarraram as cimitarras ornamentadas, os arcabuzes finamente decorados com ouro e prata, que brilhavam ao sol, e outras coisas que sinalizavam a intenção de capturar e ocupar o lugar: grandes quantidades de alimentos, cordas para amarrar os prisioneiros, até mesmo cartas preparadas para enviar a Istambul, anunciando a vitória. Mustafá tinha sido extremamente confiante. Os saqueadores também se apoderaram de uma considerável soma de dinheiro – pois cada homem carregava sua riqueza junto de si – e "uma grande quantidade de haxixe".[29]

Apenas quatro homens permaneceram vivos. Foram levados perante o grão-mestre, para interrogatório, e depois entregues ao povo. Gritos de "Paguem por Santo Elmo!"[30] corriam pelas ruas estreitas em que eram arrastados. Quatro mil mortos foram jogados das muralhas e flutuaram suavemente no mar claro. As ondas carregavam os corpos até a praia por vários dias.

# Guerras de trincheira

16 de julho a 25 de agosto de 1565

No dia seguinte, Solimão expediu uma carta para Mustafá:

> Enviei-lhe uma ordem sobre Malta há muito tempo, para conquistá-la. No entanto, não recebi nenhuma mensagem sua. Determinei que, assim que recebesse a ordem, você deveria me informar sobre o cerco de Malta. Turgut, o governador de Trípoli, chegou aí e o tem ajudado de alguma forma? E a marinha inimiga? Você já conseguiu conquistar parte de Malta? Escreva-me contando tudo.[1]

Solimão enviou uma cópia dessa carta ao doge de Veneza, com a exigência peremptória: "Garanta que ela chegue até Mustafá Paxá sem demora. E você deve me enviar notícias sobre o que aconteceu ali".[2]

O sultão não era o único preocupado com Malta. Os olhos cristãos estavam concentrados na difícil situação da ilha, com crescente apreensão. O Mediterrâneo ocidental estava ocupado com navios mensageiros ziguezagueando para lá e para cá com rumores, notícias, conselhos, advertências e planos. De sua sede em Birgu, La Valette mantinha um fluxo constante de correspondência com dom Garcia de Toledo, na Sicília, mas, após a queda de Santo Elmo, tornou-se cada vez mais difícil obter mensageiros. Nadadores malteses, vestidos como turcos, atravessavam o porto e deslizavam pelas linhas inimigas até Mdina; depois, seguiam em um pequeno barco, via Gozo, até a Sicília. O trabalho tinha se tornado perigoso; às vezes La Valette despachava quatro cópias da mesma carta, na esperança de que pelo menos uma chegasse ao destino. Os navios de Piyale patrulhavam o estreito, perseguindo e apreendendo esses barcos. Os mensageiros jogavam as cartas no mar e se entregavam à morte; mesmo quando as mensagens eram tomadas, Mustafá continuava incapaz de decifrar os códigos, e as linhas de comunicação, embora extremamente perigosas, mantinham-se abertas.

O terror dominou as costas da Itália quando as notícias se agravaram e Santo Elmo caiu. Ninguém tinha previsto tão bem as consequências da derrota quanto o papa Pio IV. "Percebemos", escrevera ele, "o grande perigo para o bem-estar da Sicília e da Itália e que grandes calamidades ameaçam o povo cristão se (que Deus não permita!) a ilha [...] cair sob o domínio do inimigo impiedoso."[3] Roma foi reconhecida como o alvo final da guerra otomana. Na imaginação febril de Pio IV, os turcos estavam quase a suas portas. Ele mandou que o acordassem a qualquer hora da noite para ouvir os despachos da Sicília; já tinha resolvido morrer na cidade, em vez de fugir.

À medida que a percepção dos riscos de Malta se espalhava pela Europa, alguns aventureiros e cavaleiros de São João do posto avançado da ordem se dirigiram à Sicília para participar da tentativa de resgate. Toda a Europa, com a respiração suspensa, assistia com apreensão. Até mesmo a Inglaterra protestante rezava pela Malta católica.

No entanto, os planos de socorrer a ilha estavam progredindo a um ritmo de caracol. La Valette escreveu com gélida polidez e crescente urgência a dom Garcia – e entre os dentes o amaldiçoou. Por que não houve acompanhamento ao pequeno destacamento enviado no final de junho? A população civil estava perdendo o ânimo; apenas 10 mil homens destruiriam os turcos, que eram, "na maioria, uma turba de soldados totalmente inexperientes".[4] Dom Garcia, como homem do rei Filipe no local, estava sendo acusado de hesitação e excesso de cautela; com o tempo, ele se tornaria alvo da completa condenação pelo sofrimento prolongado da ilha.

Mas isso era injustificado. O problema residia não na Sicília, e sim em Madri. Dom Garcia era um militante experiente e imensamente astuto, com uma aguda percepção das circunstâncias. Ele havia estudado a situação de Malta desde o início e colocou as questões diante de Filipe com clareza excepcional. Malta era um desafio para o domínio de todo o mar pela Espanha. Era essencial agir – e agir de maneira decisiva. Ele solicitou homens e recursos para fazê-lo. "Se Malta não for ajudada", escreveu em 31 de maio, "eu a considero perdida."[5] Sugeriu a Filipe que enfrentasse o problema naquele momento. Dom Garcia não era um espectador casual do destino de Malta. Tinha dado um filho para o cerco, que havia morrido antes que ele recebesse uma resposta. As resoluções de Filipe eram cautelosas. O rei era assombrado pela memória de Djerba e estava assustado com o tamanho da frota otomana. A sua havia sido reconstruída com grande custo após Djerba – e Filipe não tinha intenção de perdê-la uma segunda vez. Ele deu ordens explícitas a dom Garcia para que seus navios não corressem risco algum e para que nada fosse feito sem o seu conhecimento. Dom Garcia era responsável pela conservação da frota do rei tão cuidadosamente quanto Piyale havia guardado a do sultão. "Sua perda seria maior do que a de Malta [...] se Malta fosse perdida, que Deus não o permitisse, não haveria outros meios para voltar a recuperá-la."[6]

Não era uma visão amplamente compartilhada no centro do mar. O rei Prudente deu permissão para reunir as tropas, mas não para usá-las.

Todas as divisões da cristandade estavam mais uma vez sendo cruelmente expostas. O papa Pio estava fora de si de tão indignado com a reação de Filipe. A frota do rei tinha sido, em grande parte, paga por subsídios papais e se destinava à defesa de toda a cristandade. Ele fez os cardeais espanhóis lembrarem a Filipe que, "se ele não tivesse ajudado Vossa Majestade com os subsídios para as galés, hoje o senhor não teria um único remo no mar para nos defender dos turcos".[7] O rei permaneceu evasivo e cauteloso; dom Garcia poderia ajudar a ilha, desde que não expusesse a frota a perigo algum. Em tempos de respostas demoradas, não era fácil seguir adiante: levava, na melhor das hipóteses, seis semanas para uma carta da Sicília chegar a Madri e para a resposta ser recebida. Enquanto isso, o vice-rei continuava a reunir homens e navios e mantinha a representação de oficiais na corte de Filipe. No início de agosto, ele estava pronto para montar uma expedição, mas ainda não tinha permissão para usar seus navios, e cada dia a situação foi se tornando mais incerta.

Apesar da catástrofe no Spur em 15 de julho, Mustafá persistiu vigorosamente no avanço do cerco, como se pudesse sentir o desagrado distante do sultão. Ele abandonou qualquer nova tentativa na fortaleza de Malta por mar. Daí em diante, ele buscaria um cerco de atrito no estilo de Santo Elmo – bombardeio pesado, implacável abertura de valas e ataques surpresa para pegar os defensores desprevenidos – e concentraria seus recursos nos pequenos fronts terrestres de Birgu e de Senglea, simultaneamente.

Era a primeira vez que Birgu estava sob ataque pesado. Essa segunda península era o coração urbano da ilha e o último baluarte dos cavaleiros. Por terra, era protegida por sólidas fortificações, na forma dos grandiosos bastiões de São João e São Jaime, os santos protetores da ordem e da Espanha. O promontório que ficava atrás dessa amurada era uma cidade densamente habitada, um labirinto de ruas estreitas que se fixava em um ponto separado da fortaleza de Santo Ângelo. Esse pequeno e forte castelo, separado do continente por um fosso e por uma ponte levadiça, foi concebido como posição de recuo, no caso de uma última resistência.

Até 22 de julho, Mustafá tinha todos os seus canhões concentrados em baterias nos cumes acima do porto. Na madrugada daquele dia, 64 armas em 14 baterias começaram a atacar as defesas de Birgu e Senglea. Elas provocaram "um bombardeio tão contínuo e extraordinário que foi ao mesmo tempo surpreendente e assustador".[8] Para Balbi, parecia o fim do mundo. O povo da Sicília não precisava lembrar que a guerra tinha chegado a sua porta. Todos podiam ouvir o barulho de tiros em Siracusa e em Catânia, 190 quilômetros ao norte. O peso e a penetração desse bombardeio foram extraordinários; as armas podiam varrer toda a cidade, destruindo casas, matando as pessoas no interior delas, reduzindo as fortificações a escombros. Homens eram mortos por trás da aparente segurança de uma barreira de terra de seis metros de espessura. O bombardeio continuou por cinco dias e noites, sem cessar. Os engenheiros otomanos tinham identificado rapidamente o ponto mais fraco nas defesas terrestres de Birgu: o posto de Castela, uma divisão da muralha no extremo leste até o mar que não podia ser facilmente defendida por fogo cruzado. Eles o escolheram para tratamento especial, na preparação para um grande ataque.

Durante os dias quentes de julho, uma disputa furiosa se desenvolveu ao longo das defesas terrestres de Birgu e Senglea, entre dois oponentes equiparados. Mustafá podia aproveitar a experiência de uma vida inteira na captura de fortalezas e todas as habilidades práticas de engenharia e recursos humanos da guerra otomana. La Valette, o severo disciplinador que não dava trégua, dispunha de um conhecimento equivalente de defesas eficazes contra vantagens impossíveis. O velho sabia que estava empreendendo seu último movimento – e não apenas para si, mas para a ordem, à qual ele tinha dedicado a vida. Mustafá Paxá podia sentir o olhar de Solimão caindo sobre ele; os pavilhões de azulejos de Istambul pareciam próximos, de fato. A bandeira do sultão tremulava no acampamento; os próprios homens de Solimão, os *chaushes*, enviavam relatórios para o sultão. Nenhum líder podia se dar ao luxo de perder; ambos estavam pessoalmente preparados para arriscar a vida na linha de frente. A competição entre os dois era tanto um teste de força mental como de habilidade militar.

Apesar da capacidade de reduzir fortificações a montanhas de escombros, Mustafá foi assolado por dificuldades, até mesmo pela escala em miniatura do campo de batalha. O front em Birgu tinha mil metros de largura; o de Senglea era menor. Independentemente de quantos milhares de homens ele tivesse, apenas uma fração poderia ser utilizada a cada momento. Um pequeno número de defensores, blindados e protegidos por paredes e barreiras improvisadas, podia lutar sem desvantagem alguma. Ele estava preocupado, também, com os relatos sorrateiros de espiões e cativos sobre o acúmulo de homens e navios a 48 quilômetros da Sicília e com a intensidade do verão, que espalhava doenças no campo. Nenhum exército da época tomava tanto cuidado com a higiene e a organização de seus acampamentos como o otomano, porém Malta era um terreno desfavorável. O exército teve de acampar nas terras pantanosas de baixa altitude em torno das fontes de água disponíveis, que os cavaleiros tinham contaminado. O tempo pressionava os comandantes otomanos.

Mustafá procedeu com muita rapidez, para tentar romper a defesa. Nos primeiros dias após a derrota no Spur, foram feitas tentativas para atravessar a vala de Senglea sobre uma ponte de mastros. Os defensores procuraram queimá-la várias vezes; o sobrinho do grão-mestre, terrivelmente visível na rica armadura, foi morto a tiros em um assalto descuidado, mas no final eles foram bem-sucedidos. Implacável, Mustafá colocou os mineiros para trabalhar na abertura de túneis através da rocha sólida com cargas de explosivos, cobrindo o ruído da tarefa com tiros. Apenas a sorte salvou Senglea; em 28 de julho, "pela vontade de Deus",[9] os mineiros sondavam com uma lança para ver quão perto estavam da superfície, quando os homens na muralha avistaram a ponta da arma saindo do chão. Eles cavaram contraminas e explodiram o interior do túnel, lançando bombas incendiárias e forçando os mineiros a sair. O túnel foi bloqueado.

Mustafá estava visivelmente desanimado por esse fracasso, que tinha representado um esforço enorme, mas a batalha de inteligência continuou. Quando os otomanos bombardearam as ruas, La Valette tinha erguido nelas muros de pedra. Quando os arcabuzeiros começaram a apontar para os trabalhadores de reparação das barreiras, Marshal de Robles ocultou seus homens com velas de navio, o que forçou os atiradores a disparar às cegas. As tentativas de preencher as valas foram combatidas por saídas noturnas para limpá-las. Como as defesas externas desmoronavam sob os tiros de canhão, os defensores respondiam com a construção de paliçadas – barreiras de recuo improvisadas, de terra e pedra – para destruir a linha de frente, demolindo casas para obter material. No terreno repleto de escombros, cada lado tentava manter posição no fogo cruzado e construía barreiras para proteger seus homens. A guerra de cerco exigia muito esforço humano, mas os otomanos tinham recursos para trabalhar em uma escala imensa: cavando túneis, erguendo muros, serpenteando trincheiras cobertas, retirando terra e reposicionando canhões. E Mustafá baseava-se em um amplo conhecimento de estratagemas; ele mudava as armas de lugar, montava ataques surpresa na hora das refeições ou na calada da noite, provocava bombardeios aterrorizantes em padrões irregulares, algumas vezes em setores específicos da muralha, outras de maneira aleatória, bombardeando a cidade por trás, para assustar a população civil, tentando frequentemente distrair ou minar os ânimos com pedidos de negociação.

Parecia não haver limite para essas variações. Quando os otomanos realizaram um ataque concertado em 2 de agosto, este foi acompanhado por um bombardeio pesado. Enquanto os defensores eram forçados a se esquivar, as tropas inimigas misteriosamente avançavam sem impedimentos, atirando, e começavam a escalar as muralhas. Demorou algum tempo para que os defensores duramente pressionados percebessem que as armas só disparavam cartuchos sem balas. Eles se reagruparam e repeliram o ataque.

La Valette mantinha mão de ferro sobre a organização da defesa. Determinado a não ser surpreendido, instruiu que o sino na hora do Ângelus, de manhã, fosse tocado duas horas antes do nascer do sol, em vez de no horário usual; os homens eram convocados pela batida do tambor e se recolhiam com o toque dos sinos; havia estoques de munição em todos os pontos críticos; armas incendiárias *ad hoc* – sacos cheios de algodão e pólvora, revestidos com piche – ficavam à mão; sacos de terra eram reunidos para fazer reparos; potes de piche borbulhavam. O grão-mestre era visto em toda parte, acompanhado por dois pajens, que levavam seu elmo e sua lança, e por um bobo da corte, cujas funções incluíam informá-lo do que acontecia em vários lugares e "tentar diverti-lo com seus gracejos – embora houvesse poucos motivos para rir".[10]

Para os dois lados, era fundamental manter o ânimo. Os otomanos dirigiam todas as suas campanhas em um sistema bem organizado de recompensas e punições. Os registros navais para a campanha de Malta documentavam claramente a bravura dos homens e suas recompensas:

> Omer prestou serviços relevantes ao capturar um dos infiéis da fortaleza de Mdina durante a noite [...] Mehmet Ben Mustafá capturou a bandeira dos infiéis na batalha da fortaleza de Santo Elmo e decepou algumas cabeças [...] Pir Mehmet prestou serviços relevantes ao cortar muitas cabeças [...] foi decretado que um cargo deve ser dado a ele.[11]

Às vezes os cavaleiros davam prêmios para os atos de coragem. Andreas Muñatones, que liderou a operação sob o túnel para repelir os mineiros, foi recompensado com uma corrente de ouro; a três arcabuzeiros que se distinguiram durante o ataque em 2 de agosto foram concedidos mais dez escudos, além de seu salário; Romegas ofereceu uma bolada de cem escudos do próprio bolso para qualquer um que capturasse um turco vivo fora das trincheiras.

Conseguir homens era fundamental; a coleta de informações constituía uma preocupação infinita para ambos os lados. Sob tortura, um turco capturado revelou, em 18 de julho, que naquele momento havia genuína apreensão no campo otomano sobre a gradual concentração na Sicília. Poucos dias depois, Piyale enviou um barco a vela leve a Siracusa, tripulado por renegados italianos, para conferir a história. A discórdia sobre como proceder eclodiu entre os dois comandantes. Piyale, renunciando à responsabilidade pelo cerco em terra, colocou a frota ao mar para vasculhar quem se aproximava, em busca de sinais do agrupamento de uma armada; isso causou uma onda de medo no exército, por acreditar que estava sendo abandonado. Passaram-se alguns dias até que as diferenças fossem vencidas. Piyale voltou ao cerco em Birgu, em um ambiente cada vez mais competitivo; tornou-se uma questão de honra entre os dois paxás quem conseguiria derrubar as muralhas primeiro. Por trás disso havia uma extensa lista de queixas mútuas sobre honra pessoal, táticas e uso da frota. Piyale considerava uma ofensa Turgut continuar vivo, e sustentava que o general favorecia as próprias tropas em detrimento da frota quando se tratava de recompensas. Disputas mesquinhas afetavam o ânimo do grupo, de acordo com o cronista Peçevi: "Quando o almirante estava disparando os canhões, seus artilheiros foram informados: 'Não disparem agora; o general está fazendo a sesta'".[12] A resposta dos marinheiros foi dar de ombros. Quanto cuidado e esforço eles deveriam se preocupar em investir? Eles culpavam Mustafá por criar tais divergências.

Saber dessas discórdias e do ânimo vacilante dos otomanos era extremamente valioso para La Valette, mas ele tinha os próprios problemas. As pessoas tinham certeza de que a ajuda estava a caminho; acreditava-se que os reforços chegariam em 25 de julho, dia da festa de São Tiago, padroeiro da Espanha. Quando nada se materializou, La Valette se sentiu compelido a fazer um discurso para tocar o povo, exortando todos a colocar sua fé em Deus. Ele se preocupava com o abastecimento de água também; havia tumulto nas ruas. Suas cartas para dom Garcia agora traziam um tom mais pessimista: "Ele tinha dúvidas se a água seria suficiente; eles estavam sendo conduzidos à ruína final e irredutível".[13] A escassez de água foi providencialmente solucionada; uma fonte foi descoberta no porão de uma casa em Birgu, atendendo às necessidades de grande parte da população. O grão-mestre agradeceu publicamente a Deus, como fez com cada escaramuça bem-sucedida e cada batalha ganha, mas o bombardeio constante, "como um terremoto em movimento",[14] estava cobrando um preço implacável. Nesse ambiente, os dois paxás redobraram seus ataques furiosos; os defensores continuaram a recuar e a atirar.

Fora das fortalezas sitiadas havia uma segunda guerra em jogo. Diariamente, um pequeno grupo de cavalaria cavalgava de Mdina para emboscar retardatários e espionar o acampamento otomano. O líder dessa pequena força era um cavaleiro italiano chamado Vincenzo Anastagi, um homem inteligente e de iniciativa, destinado a certa imortalidade após o cerco em um retrato de El Greco – e a um fim violento, assassinado vinte anos mais tarde por dois de seus companheiros cavaleiros. Anastagi capturou retardatários do acampamento para interrogatório e plantou espiões de língua turca dentro dele. A distância, estudou as atividades diárias do enorme bivaque e chegou à conclusão de que não havia defesas na parte de trás. "Nós o encontramos nas mesmas condições que foram descritas tantas vezes", escreveu em uma carta para a Sicília, "ou seja, construído apenas para se defender dos tiros de nossas fortalezas, sem trincheiras por trás ou dos lados; e eles dormem sem sentinelas."[15] Ao mesmo tempo, no final de julho, ele percebeu que os otomanos estavam planejando um ataque final maciço para acabar com o cerco. Durante sete noites seguidas, a cavalaria de Mdina se escondeu em um vale seco a um quilômetro do acampamento e observou. Na oitava noite, 6 de agosto, eles puderam ouvir uma grande massa de homens deixando o acampamento no escuro. Os homens de Anastagi frearam seus cavalos e esperaram.

Segunda-feira, 6 de agosto, não foi um bom dia para La Valette. Na hora do jantar, quando tudo estava relativamente calmo nas barreiras de Birgu, um soldado espanhol chamado Francisco de Aguilar esgueirou-se até o posto de Aragão, perto do mar. Ele estava usando o elmo de ferro com pluma de um arcabuzeiro virado para cima e carregava a arma sobre o ombro. Tinha vindo, afirmou ele, para alfinetar o inimigo. Acendeu o pavio da arma e estudou o terreno em busca de alvos nas trincheiras abaixo. "Não consigo ver nenhum desses cães!",[16] disse ele à sentinela. Então, de repente, quando ninguém estava olhando, ele pulou para dentro da vala e começou a correr a toda a velocidade para as linhas otomanas. Houve um grito de advertência e salvas de tiros por trás das barreiras, mas o homem já estava na trincheira avançada do inimigo, onde foi recebido com alegria e imediatamente levado para Mustafá Paxá.

Essa deserção era muito grave. Aguilar era um homem altamente valoroso e confiável, e estava bem informado. Tinha presenciado algumas discussões entre Marshal de Robles e La Valette e ouvido uma longa conversa confidencial sobre a situação dos defensores – diálogos francos sobre as fortificações, detalhes do dia a dia dos guardas, suprimentos de armas e táticas. Tudo isso agora estava nas mãos de Mustafá.

La Valette começou imediatamente a preparação das defesas contra o ataque, ciente de que Mustafá poderia ter como alvo preciso os setores mais frágeis da muralha. Dispositivos incendiários foram estocados em pontos-chave; tábuas com pregos, bem posicionadas; caldeirões de piche, preparados. O grão-mestre planejava esperar com uma força de auxílio móvel na praça da cidade, para enfrentar quaisquer perigos que surgissem.

Durante a noite seguinte, os otomanos bombardearam Birgu e Senglea com fúria e reuniram seus homens para o ataque. Eles haviam esvaziado o acampamento e os navios de todos os seus combatentes. Fileiras de homens foram levadas do porto para o leste de Birgu. A cavalaria de Anastagi, a três quilômetros de distância, esperava com seus cavalos na escuridão, ouvindo o barulho das armas e observando o acampamento.

Uma hora antes do amanhecer, Mustafá e Piyale lançaram um ataque simultâneo sobre os dois promontórios. Cerca de 8 mil homens convergiram para Senglea e 4 mil foram para Birgu. Abriu-se com os procedimentos habituais: o cantar no escuro, o rufar dos tambores, os gritos aterrorizantes. A negridão era iluminada pelo ribombar dos arcabuzes e pelo clarão de dispositivos incendiários, aros de fogo, lança-chamas e caldeirões de piche fervendo. Havia gritos confusos, o toque dos sinos das igrejas, o bater de címbalos. À luz crescente, os defensores podiam distinguir uma figura brilhante vestida de seda vermelha, lutando ao longo do parapeito em ruínas, bandeira na mão. Era Candelissa, o grego, severamente acusado de covardia no Spur, liderando o ataque com a promessa de fincar a primeira bandeira nas muralhas. Ele estava visível demais para escapar. Os defensores rapidamente o derrubaram com um tiro de arcabuz; seguiu-se a habitual luta furiosa pelo corpo. Apesar desse revés e de uma terrível proporção de acidentes, o peso dos números otomanos gradualmente começou a contar. A defesa tornou-se mais irregular.

No front adjacente a Birgu, os homens de Piyale lutavam em seu caminho até o posto de Castela, cujas defesas exteriores tinham sido reduzidas a uma colina de escombros pelos dias de tiroteio concertado. Eles se estabeleceram nas barreiras e começaram a fincar bandeiras. Na praça, chegou a La Valette a notícia de que a situação tinha se tornado crítica. Tomando o elmo e a lança de seus pajens, ele correu para a cena com a força de auxílio móvel, gritando: "Este é o dia para morrer".[17] Os capitães de Castela tentaram segurá-lo; eles o impediram à força de subir até o cavaleiro, onde o inimigo já estava estabelecido. Movendo-se para outra posição, "com a lança na mão, como se fosse um soldado comum",[18] ele agarrou o arcabuz de um soldado e começou a atirar.

A essa altura, os otomanos tinham conseguido fincar o estandarte real do sultão nas muralhas; a cauda de cavalo branco sobre uma bola de ouro tornou-se o centro de uma disputa furiosa. Francisco Balbi escreveu:

> Vendo-o, nós lançamos ganchos com linhas, para tentar nos apossar dele, e, finalmente, conseguimos fazê-lo. Como resultado de puxarmos para um lado e os turcos para o outro, a bola sobre o eixo caiu, o que lhes permitiu salvar o estandarte do sultão, mas não antes de termos queimado grande parte de sua seda e de suas borlas de ouro com as bombas incendiárias.[19]

A batalha continuou. À medida que cada onda de soldados otomanos caía para trás, era substituída por outra. Pessoas importantes de ambos os lados eram retiradas da luta. Muñatones, o herói dos túneis, foi ferido na mão direita e morreu mais tarde; Ali Portuch Bey, o governador de Rodes, foi morto; La Valette foi atingido na perna e finalmente convencido a se retirar. "Os ataques nesse dia foram mais ousados e os dois lados lutaram bem, com grande amargura e muito derramamento de sangue",[20] escreveu Balbi. A cena no campo de batalha era medonha; havia muitos "sem cabeça, sem braços e pernas, incinerados ou com os membros estraçalhados".[21] Sentindo que a batalha chegava ao auge, a cavalaria de Anastagi furtivamente pegou um caminho através dos campos em direção ao acampamento otomano. Quando chegaram, atacaram subitamente.

Nenhum dos paxás tinha intenção de abandonar o campo sem a vitória. Havia intensa competição para ganhar o dia. Se os homens vacilavam no campo de morte, levavam bordoadas da guarda militar. Dentro das muralhas, os defensores enfraqueciam. Eles estavam lutando sem descanso por nove horas. Apesar de La Valette ter assegurado o fornecimento de pão e vinho para fortificar os homens e a população civil, tanto as mulheres como as crianças entraram na briga e a situação foi se deteriorando. Os comandantes otomanos podiam sentir que o fim estava próximo.

Então, de súbito, sem razão aparente, o ataque esmoreceu. De uma hora para outra, os homens na vala em Castela se viraram e fugiram; os de Senglea se juntaram a eles. Correndo da batalha, eram alvejados pelas costas. Nem ameaças nem golpes de seus oficiais puderam impedir essa fuga repentina. Se os homens nas barreiras ficaram perplexos com o rumo dos acontecimentos, Mustafá Paxá ficou ainda mais. Montado em seu cavalo, ele se esforçou para controlar o exército e manter a formação fora do tiroteio. Corria a informação de que a força de auxílio de dom Garcia havia desembarcado na ilha e incendiado o acampamento. Houve um alvoroço abafado, e a fumaça podia ser vista subindo das tendas. O pânico se espalhou por todo o exército otomano; cada homem, mulher e criança nas cidadelas sitiadas subiu até as barreiras para ver as trincheiras desertas, descrentes. Então eles começaram a gritar: "Vitória e alívio!".[22]

Os dois lados estavam errados. Não era um poderoso exército espanhol da Sicília. A pequena força de cavalaria de Anastagi – talvez não mais de uma centena, uma força mista de cavaleiros e milícia maltesa – tinha se lançado sobre o acampamento desprotegido. Apenas os doentes e feridos foram deixados para trás, com um pequeno grupo de sentinelas e o pessoal do abastecimento.

Os cavaleiros entraram no acampamento, sabres balançando, com a força da vingança. Esbravejando, massacraram os doentes, mataram sentinelas, queimaram barracas, destruíram suprimentos, espalhando um pânico cego por todo o exército. Então, retornaram para Mdina, antes que Mustafá pudesse reagir, deixando o alto-comando otomano furioso e humilhado. Outro amargo bate-boca eclodiu entre Mustafá e Piyale.

Malta sobreviveu até 6 de agosto simplesmente por um golpe de sorte de Anastagi. A ilha estava pendurada como pele entre os dentes. Um "Te Deum" foi cantado na igreja de São Lourenço, seguido de uma procissão. Havia choro nas ruas. No entanto, quando os defensores viram o estado das muralhas, houve uma preocupação profunda de que o fim poderia estar próximo. Para abafar rumores de que os cavaleiros recuariam para a fortaleza de Santo Ângelo, no extremo de Birgu, e abandonariam a população civil à própria sorte, La Valette tomou medidas decisivas. O velho impiedoso tinha levado todos os preciosos ícones da ordem para lá e levantado a ponte levadiça. Toda a população lutaria em conjunto nas muralhas em ruínas; os ícones poderiam fazer uma última aparição por conta própria.

No dia seguinte, Mustafá decidiu lidar com a cavalaria de Mdina. Era uma decisão que deveria ter tomado no início do cerco, e não fazê-lo tinha lhe custado caro. Piyale foi encarregado de exterminá-los. A emboscada foi preparada com cuidado; um destacamento de tropas foi enviado para atacar o gado que pastava na planície fora da cidade. Quando os cavaleiros cavalgaram para vê-los, encontraram a passagem barrada por grandes formações de infantaria. Foi uma luta feroz, com a perda de cerca de trinta homens e de alguns cavalos, obrigando muitos a voltar para a cidade a pé no dia seguinte. Os homens de Piyale, então, avançaram. Quando se aproximaram da cidade, ficaram surpresos ao ver o grande número de soldados nas ameias. Os otomanos acreditavam que o lugar estava enfraquecido e mal defendido; em vez disso, as muralhas estavam repletas de tropas, que desencadearam uma chuva de tiros, com o rufar dos tambores e o toque dos sinos das igrejas. O avanço de Piyale pode ter sido oportunista, mas não foi planejado – eles não tinham trazido nenhum canhão pesado –, e decidiram se retirar. Os otomanos estavam correndo contra o tempo; havia pouca energia livre para comparecer a sério em Mdina. Eles marcharam de volta ao acampamento. O "exército" nas muralhas deu um suspiro de alívio – grande parte dele era composta de civis: camponeses e suas esposas, até mesmo crianças, vestindo peças de uniformes e desfilando nas barreiras.

Quando os cativos dessa emboscada marcharam diante de Mustafá, ele ouviu algumas notícias desagradáveis. Dom Garcia havia deixado dom Salazar, um capitão experiente, na ilha no dia anterior para reconhecer a situação antes de organizar uma tentativa de resgate em grande escala. Mustafá minimizou esse bocado de informação, mas percebeu sua importância. O tempo se esgotava e ele estava sob pressão de todos os lados. Em 12 de agosto, recebeu a carta que Solimão havia escrito em 16 de julho; com ela veio o relato oral de um arauto, esboçando o humor do sultão: ele proferia ameaças terríveis no caso de derrota, o que seria "uma afronta ao nome do sultão e a sua espada invencível".[23] A vitória traria benefícios correspondentes. Mustafá, evidentemente, não queria enviar más notícias a Solimão. Quando o sultão escreveu novamente, em 25 de agosto, ainda não tinha recebido palavra direta alguma de seu general. O tom era mais insistente:

> O *chaush* Abdi, que trouxe boas notícias sobre a conquista de algumas torres no porto da fortaleza de Malta, foi enviado de volta a

> você. No entanto, até agora não recebi notícias suas. Decretei que você deve me enviar informações sobre o cerco de Malta. Você tem provisões e armas suficientes para os soldados? Está próximo o dia da conquista da fortaleza de Malta? Você avistou alguma marinha inimiga? Envie-me informações sobre a situação da marinha inimiga e de nossa marinha. Até agora, enviei-lhe sete navios com provisões. Será que eles chegaram? Envie-me algumas mensagens.[24]

Tanto Solimão como seu general estavam seriamente preocupados com a expansão de dom Garcia. Quando Piyale capturou alguns homens da costa da Sicília, em 17 de agosto, os paxás perceberam que uma operação de resgate formidável estava em andamento. Galeras de Piyale estavam patrulhando a ilha dia e noite, disparando tiros através do canal de Malta, para intimidar os cristãos. Anastagi tinha rastreado seus movimentos a partir da costa e encontrou essa guarda superficial; os ânimos estavam baixos, obviamente.

> Muitas vezes tenho deixado as sentinelas descobrir o que eles estão fazendo [...] eles sempre saem por uma hora à noite. Às vezes vemos uma fogueira a quinze quilômetros do mar, que acreditamos ser deles; e eles a fazem para descansar a cabeça; essa é toda a guarda que eles fazem.[25]

Os dois comandantes estavam lutando por princípios. La Valette espalhou a notícia de que as tropas de auxílio estavam a caminho; Mustafá disse que eram pequenas e mal equipadas. Os problemas do paxá, no entanto, cresciam diariamente. Os homens estavam sendo dizimados pela guerra e pela doença, o fornecimento de pólvora e de munições era escasso e foi ficando cada vez mais difícil forçar os homens para fora das trincheiras e correr para a morte certa. Os jogos mentais tornaram-se mais engenhosos; na noite de 18 de agosto, trinta galés otomanas navegavam sob o manto da escuridão com um grande número de homens a bordo. No dia seguinte, elas reapareceram, fingindo ser um novo auxílio das tropas de choque. Os homens estavam vestidos como janízaros e *sipahis*; o canhão de boas-vindas foi disparado e bandeiras foram fincadas no monte Sciberras, para mostrar essa enorme nova força para os defensores. Mustafá soube pelo desertor Aguilar que a defesa devia estar prestes a quebrar. Ele seguiu em frente com o cerco.

Durante todo o mês de agosto, uma árdua guerra de trincheira continuou ao redor do posto de Castela. Os otomanos tentaram serpentear pelas trincheiras, preparar minas, montar ataques ardilosos e escalar muralhas. Eles deitavam um cobertor de fogo de cada vez, todos os dias. Os cristãos respondiam com ataques surpresa e observação constante. Os dois lados tinham atiradores de emboscada atrás de barricadas improvisadas, caçando o inimigo. Era quase uma forma de esporte, "um agradável jogo de caça".[26] Em 12 de agosto, os otomanos mataram Marshal de Robles, um dos heróis icônicos da defesa, que espreitava de maneira imprudente sobre um parapeito, sem elmo à prova de balas. Os defensores costumavam besuntar as balas com gordura; assim, ao atingirem as vítimas, suas roupas também pegavam fogo. Quando os muçulmanos tentavam recuperar seus mortos, o que invariavelmente faziam, tornavam-se um alvo vulnerável. O inflexível La Valette proibia seus homens de tentar fazer o mesmo – era simplesmente caro demais. Nos escombros das muralhas, os homens atiravam uns nos outros, arremessavam granadas de mão, pedras e bombas incendiárias, atiravam uns nos outros à queima-roupa com armas de campo, saltavam para a posição uns dos outros com sabres e cimitarras. Eles ficavam tão próximos – às vezes a menos de vinte passos de distância – que podiam chamar um ao outro. Os cristãos renegados gritavam mensagens codificadas de apoio a seus correligionários. Em alguns momentos, algo como um sentimento de companheirismo surgia entre os homens de lados opostos de um mesmo dique, submetidos ao mesmo destino.

Os dias passavam em um borrão de violência e morte, ruído e fumaça, o barulho dos sinos das igrejas cristãs, o som dos muçulmanos rezando no escuro antes de cada ataque. Os homens morriam de uma centena de maneiras. Eram alvejados com um tiro na cabeça, ou queimados vivos por armas incendiárias, ou cortados por uma lâmina, ou explodidos em fragmentos por uma bala de canhão. O posicionamento das bandeiras tornou-se uma obsessão. Os otomanos fincavam no parapeito bandeiras verdes e amarelas, assim como vermelhas com cauda de cavalo, e os defensores tentavam derrubá-las. A batalha para esses marcadores de território era tão feroz quanto a luta para recuperar o corpo de um comandante morto. As bandeiras levantavam os ânimos; sua perda significava mau agouro.

Em 15 de agosto, a bandeira da religião foi derrubada no posto de Castela; os muçulmanos nas trincheiras tomaram isso como um presságio de vitória iminente. Quando retrocederam, no dia 18, um soldado pegou a bandeira vermelha e branca de São João e percorreu toda a extensão das muralhas "por pura *joie de vivre*" e tão depressa "que um número infinito de arcabuzes não pôde atingi-lo".[27] Ninguém queria ser pego vivo; a captura significava, inevitavelmente, tortura, e os dois lados despojavam o inimigo morto, realizando rituais que remontavam à Idade do Bronze mediterrânea – como Aquiles arrastou Heitor em volta das muralhas de Troia.

Mustafá impulsionava seus homens o mais duramente que podia para um grande ataque. Os quatro dias de bombardeio, de 16 a 19 de agosto, foram seguidos pela taciturna dissidência dos janízaros. Eles se recusavam a sair das trincheiras, a menos que ele lhes mostrasse o caminho. O paxá não era covarde. Liderou o ataque – e aumentou o número de tropas de choque vestindo servos do acampamento como janízaros e prometendo-lhes a promoção se lutassem bem. A luta foi acirrada, mas sem sucesso; Mustafá teve o turbante derrubado da cabeça e caiu no chão, atordoado. Ambos os lados estavam chegando a suas últimas reservas de força. Mustafá começou a desviar os recursos de pólvora da frota. La Valette apresentou-se na enfermaria e pediu o recenseamento dos doentes e feridos; aqueles capazes de andar foram considerados aptos para lutar. No mesmo dia, uma flecha foi atirada por cima da muralha com uma mensagem de uma única palavra – "Quinta-feira" –, avisando de mais um ataque. Foi lançada de volta.

O cerco estava seguindo lentamente rumo a uma pausa, em um impasse assassino semelhante ao vivido na ilha de Rodes, quarenta anos antes. As reuniões na tenda ornamentada de Mustafá se tornaram mais e mais calorosas. O paxá queria seguir o exemplo de Solimão em Rodes e continuar a campanha de inverno. Piyale se opôs terminantemente. Era impossível reparar a frota durante o inverno em Malta, pois se encontravam longe de casa e o inimigo estava próximo. Mais um ou dois ataques e eles deveriam voltar para Istambul. Cientes das advertências de Solimão, em 22 de agosto eles planejaram outros assaltos. Grandes prêmios foram oferecidos por bravura e sucesso. No sábado, 25 de agosto, começou a chover.

## *"Malta yok"*

25 de agosto a 11 de setembro de 1565

O vento norte, que os italianos chamavam de tramontana, "o vento do sol", é originário dos Alpes. Ele varre toda a extensão da Itália, trazendo fortes chuvas e tempestuosas condições de navegação ao Mediterrâneo central. No final de agosto de 1565, ele atingiu Malta com chuvas torrenciais – as primeiras indicações de inverno.

O mau tempo intensificava o cenário de devastação contínua. Depois de três meses e meio de luta feroz, a área do porto estava reduzida a um deserto apocalíptico. As defesas de Birgu e Senglea tinham sido literalmente pulverizadas; montes de escombros eram tudo o que separava os dois lados. Os otomanos mantinham-se miseravelmente agachados em suas trincheiras alagadas; os cristãos, atrás de barricadas improvisadas. Cada linha de frente era marcada por bandeiras esfarrapadas e as cabeças podres dos inimigos. Ainda que a paisagem fosse de devastação, os muçulmanos esforçavam-se para carregar seus mortos e enterrá-los em valas comuns escavadas com enorme dificuldade na rocha sólida do monte Sciberras. Franco-atiradores, canhões, espadas, lanças, bombas incendiárias, desnutrição, doenças transmitidas pela água, todos tinham feito suas vítimas. Até o final de agosto, provavelmente 10 mil homens tinham morrido no calor do verão equatorial. Cadáveres inchados flutuavam no porto cheios de gás ou se espalhavam desmembrados pelo campo de batalha depois de cada ataque sucessivo. O acampamento otomano em Marsa, atingido pela doença, cheirava a carne podre e pólvora. Ambos os lados estavam por um fio.

Entre os cristãos havia a sensação de que um ataque mais coordenado pudesse destruí-los. O cavaleiro Vincenzo Anastagi escreveu:

> Nossos homens estão em grande parte mortos. As paredes caíram; é fácil ver por dentro, e corremos o risco de ser esmagados pela força. Mas não é apropriado falar disso. Primeiro, o grão-mestre e, em seguida, toda a ordem determinaram que não se dê ouvidos a nada [derrotista] que seja sussurrado lá fora.[1]

Parecia, de fato, que só a força de vontade de La Valette mantinha os defensores vivos. Quando foi sugerido, em 25 de agosto, que eles não podiam mais defender Birgu e deviam se retirar para o forte de Santo Ângelo, no extremo da península, para marcar uma última posição, La Valette explodiu a ponte levadiça. Não haveria retirada. Sessões de culto e orações de agradecimento para cada defesa bem-sucedida fortaleciam os ânimos.

Na linha de frente era impossível para os defensores mostrar a cabeça sobre o parapeito sem que fossem baleados. Às vezes somente pesadas armaduras garantiam sua sobrevivência. Em 28 de agosto, um soldado italiano, Lorenzo Puche, estava conversando com o grão-mestre quando foi atingido na cabeça por um tiro de arcabuz. Seu elmo recebeu toda a força da explosão. Atordoado, o homem caiu no chão, pegou seu elmo amassado e pediu permissão para continuar no combate, o que, nessas circunstâncias, lhe foi recusado. Para diminuir os riscos dos franco-atiradores, os arcabuzes eram amarrados juntos, hasteados acima do parapeito em postes e disparados remotamente por longos fios.

Os dois lados ficavam a poucos metros de distância um do outro, agachados atrás de suas barricadas, na chuva. “Nós às vezes estávamos tão perto do inimigo", lembrou Balbi, "que quase podíamos apertar-lhe as mãos."[2] Os comandantes de ambos os lados percebiam – e temiam – o sofrimento comum a toda a linha de frente. Em Senglea, foi relatado que "alguns turcos falaram com alguns de nossos homens e desenvolveram a confiança de conversar um pouco sobre a situação".[3] Eram breves momentos de reconhecimento mútuo, como bolas de futebol chutadas à terra de ninguém. Em 31 de agosto, um janízaro saiu de sua trincheira para dar a seus oponentes "algumas romãs e um pepino em um lenço, e nossos homens retribuíram com três pães e um queijo". Era um raro momento de humanidade comum em um conflito desprovido de cavalheirismo. As conversas entre os dois grupos de homens deixavam claro que o moral no acampamento otomano estava caindo; os suprimentos de comida diminuíam; a situação era de impasse, com os defensores reparando as rachaduras à medida que eram feitas. Os amigáveis janízaros davam a impressão de que agora a crença comum no acampamento otomano era que "Deus não queria que Malta fosse tomada".[4]

A chuva provavelmente abalou ainda mais o moral dos otomanos; La Valette abasteceu seus homens com esteiras de fibra para se protegerem da umidade e a mudança do clima alterou a dinâmica do cerco. Mustafá sabia que o tempo estava se esgotando. As reuniões na tenda ornamentada do paxá tornaram-se acaloradas e recriminadoras. Todos os velhos argumentos foram discutidos mais uma vez. Eles poderiam invernar? O que o sultão faria se eles se aposentassem sem uma vitória? Quão sérios eram os rumores de uma frota de auxílio?

Piyale novamente se recusou a aprovar a invernagem, mas ele recebeu ordens peremptórias de reforçar as patrulhas marinhas da ilha:

> Em razão da necessidade urgente de proteger e assistir as regiões da ilha de Malta, ordeno-lhe que estabeleça a missão de proteger e assistir as vizinhanças da ilha com trinta galeras [...] você deve castigar quem quer que se oponha ou contradiga suas palavras, com punição adequada.[5]

Ao mesmo tempo, o clima úmido fornecia uma oportunidade a Mustafá. A chuva forte molhava os arcabuzes e outros dispositivos incendiários, permitindo-lhe enfrentar os defensores sem que estes respondessem com tiros.

Nos últimos dias de agosto, os paxás apostaram tudo em uma série de investidas desesperadas na chuva. Os mineiros plantaram explosivos sob as muralhas; construíram-se torres de assédio; ofereceram-se belas recompensas pelo sucesso. Os paxás transferiram suas tendas para mais perto da linha de frente, a fim de inspirar os homens, e Mustafá sofreu ataques pessoais. Mais uma vez ele sentia que o prêmio final estava quase ao alcance, embora continuamente lhe escapasse. Os defensores ainda lutavam com espírito, cavando contraminas, montando ciladas, abatendo as máquinas de assédio de madeira de Mustafá. Quando os arcabuzes não puderam ser utilizados porque estavam molhados demais, La Valette enviou os homens com grande quantidade de bestas do arsenal. Os otomanos eram incapazes de usar seus arcos convencionais na chuva, e a besta – um dispositivo de guerra anacrônico, dos tempos medievais – causava graves danos. A arma era tão poderosa, de acordo com Balbi, "que suas flechas poderiam furar um escudo e, muitas vezes, o homem por trás dele".[6]

Em 30 de agosto, choveu toda a manhã. Mustafá, determinado, liderou a abertura de um caminho entre as pedras caídas e, então, a invasão por ele. Alguns malteses correram ao encontro de La Valette, gritando que o inimigo tinha entrado na cidade. La Valette, mancando, foi pessoalmente até lá o mais rápido que pôde, acompanhado por todos os homens que conseguiu reunir, enquanto as mulheres e as crianças atiravam pedras para baixo, sobre os homens impetuosos. Provavelmente eles só foram salvos pelo clima. A chuva parou e os defensores puderam usar bombas incendiárias e outras armas de fogo para expulsar o inimigo. Mustafá foi atingido no rosto, mas manteve-se firme; de acordo com fontes cristãs, "bastão na mão, ele começou a exortar furiosamente seus homens a continuar".[7] Eles lutaram do meio-dia ao anoitecer, sem sucesso. O ataque foi interrompido. No dia seguinte, os defensores se preparavam para mais uma investida, que, no entanto, não aconteceu. "Eles não se moviam porque estavam exaustos, assim como nós",[8] escreveu Balbi. Todo o cerco havia paralisado. Mustafá sabia que a frota estava a caminho. Ele ofereceu recompensas pródigas pela vitória: para os homens livres, a promoção ao posto assalariado de janízaro; para os escravos, a liberdade. Isso fez pouca diferença.

Mustafá não era o único comandante cada vez mais ansioso para discernir e cumprir os desejos de seu soberano. Malta era uma luta pelo Mediterrâneo travada por procuração – espiando por cima dos ombros dos combatentes, havia as inelutáveis figuras de Solimão e Filipe II, como as peças dominantes em cada extremidade de um tabuleiro de xadrez. Na Sicília, dom Garcia esperava ansiosamente pela permissão de Madri para organizar uma tentativa de retomada. No início de agosto, ele tinha reunido 11 mil homens e 80 navios na Sicília; os homens eram, em grande parte, os empedernidos soldados espanhóis, piqueiros e arcabuzeiros, juntamente com um pequeno grupo de cavaleiros de São João e alguns nobres aventureiros – agiam por conta própria, lutando pela glória da cristandade. Entre os que não conseguiram chegar a tempo estava dom João da Áustria, meio-irmão ilegítimo de Filipe. A força militar deveria ser liderada por dom Álvaro de Sande, o comandante em Djerba, resgatado de Istambul, e por um *condottiere* famoso, o caolho Ascanio della Corgna, que havia sido libertado pelo papa da prisão, onde pagava pena por assassinato, estupro e extorsão. Aparentemente, era possível ser leniente na causa da cristandade.

Eles estavam prontos para partir e dom Garcia era assaltado por pedidos furiosos para velejar. Os relatórios se tornavam cada dia mais desesperados. "Quatrocentos homens ainda vivos [...] não perca nem uma hora",[9] escreveu o governador de Mdina em 22 de agosto. Filipe continuava angustiantemente indeciso, e dom Garcia enfim recebeu a permissão, mas com ressalvas. A tentativa de retomada poderia seguir, "contanto que fosse feita sem perigo real algum de perder as galeras".[10] Não deveria haver nenhum confronto com a frota otomana. Essa era uma determinação quase impossível. Após longas deliberações, tomaram a decisão: embarcar a força militar em sessenta das melhores galeras, que seguiriam para a costa de Malta, deixariam os homens e se retirariam. Para aumentar as chances de burlar a identificação, seria feita uma abordagem a partir do oeste, fingindo um ataque a Trípoli.

Eles zarparam de Siracusa, na costa leste da Sicília, em 25 de agosto e imediatamente se encontraram navegando no olho dos vendavais que estavam atingindo Malta. Em 28 de agosto, as frágeis galés enfrentaram o mar agitado, subindo e descendo sobre as ondas, com a chuva caindo em lâminas, de modo que os homens estavam encharcados "de água, tanto do céu como do mar";[11] o impulso de lutar tinha desaparecido dos navios, remos estalando, mastros quebrando. Com as embarcações em perigo de naufrágio, os soldados de terra firme, com frio e apavorados, voltaram-se para as orações e a promessa de oferendas votivas. O espetáculo do fogo de santelmo queimando em jatos azuis e brancos dos mastros deixava todos mais alarmados: era o dia da decapitação de João Batista, considerado de mau agouro no calendário da Igreja. De alguma forma, todo o comboio sobreviveu à noite e foi violentamente desviado do curso de Trápani, na costa oeste da Sicília. Foi o início de uma semana de pesadelo, de desencontros e de ventos contrários que levou a expedição direto para Malta. No entanto, avistados pela frota otomana, eles retornaram para a Sicília. Os soldados, pálidos e enjoados por toda a experiência, teriam desertado se dom Garcia não os tivesse impedido à força. Finalmente, em 6 de setembro, a frota partiu de novo por uma rota direta através do estreito a fim de tentar pegar a frota otomana desprevenida. Partiram em silêncio, para atravessar os cinquenta quilômetros de mar aberto. Ordens estritas haviam sido emitidas: os galos nos navios deveriam ser mortos; todas as instruções teriam de ser dadas à tripulação por voz, em vez dos habituais assobios; e os remadores estavam proibidos de levantar os pés – o barulho das correntes se propagava longe no mar calmo.

Mas o elemento surpresa se desfez em 3 de setembro, quando foram avistados pelo corsário Uluch Ali, que patrulhava a costa oeste de Malta. A frota da Sicília era agora assunto de intensa discussão na tenda do paxá.

Nos primeiros dias de setembro, tornou-se evidente para os defensores que, embora os ataques continuassem, seu sentido estava mudando. "Eles continuavam a bombardear São Miguel e o posto de Castela com a mesma fúria", escreveu Balbi em 5 de setembro, "mas, com todo o seu corajoso bombardeio, nós os vimos diariamente embarcar suas mercadorias e retirar suas armas. Isso nos deu grande satisfação."[12] Os otomanos estavam arrastando para longe seus preciosos canhões, contra a ameaça de um desembarque na ilha. Esse era um processo longo e trabalhoso, que acarretou muitos problemas. Duas enormes bombardas gigantes causaram grandes dificuldades: uma se desprendeu das rodas e teve de ser abandonada; a outra caiu no mar. Cada vez mais notícias encorajadoras vazavam para os defensores. Eles souberam que alguns corsários tinham tomado seus navios e partido; uma barragem havia sido colocada na saída do porto, para evitar novas deserções. Ao mesmo tempo, um cativo maltês escapou e voltou para Birgu. Na praça principal, ele proclamou publicamente que os turcos estavam tão enfraquecidos que estavam partindo. Pouco depois, mais dois malteses chegaram com a notícia de que o inimigo faria outro grande ataque e em seguida partiria. Na noite de 6 de setembro, não ouvindo nada das linhas inimigas, certo número de homens arrastou-se até as trincheiras otomanas. Eles as encontraram completamente desertas; viram apenas algumas pás e capas. Toda a força havia se retirado temporariamente, para guarnecer as galés contra a possibilidade de ataque.

No entanto, Mustafá ainda não tinha perdido a esperança de que a vitória pudesse ser arrebatada graças a uma falha iminente. Fontes cristãs não confiáveis são o único registro disponível dos agonizantes debates finais na tenda do paxá, na noite de quarta-feira, 6 de setembro. Aparentemente, Mustafá releu uma carta de Solimão, da qual não há nenhum vestígio, trazida por um eunuco do palácio, afirmando que a frota não deveria retornar de Malta sem a vitória. O que se seguiu foi uma intensa discussão sobre a provável reação do sultão. Mustafá era da opinião de que a natureza de seu mestre era tão terrível que o fim deles seria "miserável e horrível"[13] se voltassem de Malta sem a vitória. Talvez ele se lembrasse do destino do cartógrafo Piri Reis, executado por ordem do sultão dez anos antes pelo fracasso em uma campanha no mar Vermelho, com a idade de noventa anos. Piyale, apoiado por um dos oficiais mais velhos, objetou: Solimão era o mais sábio e mais razoável dos sultões; eles haviam feito esforços sobre-humanos para capturar a ilha; o tempo tinha se esgotado; o mais importante era salvar a frota; arriscar-se agora aceleraria a destruição de toda a força. Mustafá declarou-se pronto a morrer em mais uma investida na manhã seguinte. Se isso falhasse, eles se retirariam.

Mustafá já tinha dado uma ordem específica, que sugeria que ele estava se preparando para o inevitável. O enorme galeão do eunuco chefe, o Sultana, tomado de Romegas antes do início do cerco, fora a causa ostensiva de toda a campanha. Ele tinha balançado suavemente durante todo o verão, ancorado no porto interno. Mustafá jurara desde o começo que navegaria nele de volta a Istambul em triunfo, como prova de vitória. Agora, em 6 de setembro, ordenava que fosse afundado a tiros. Assim que os primeiros disparos assobiaram através da água, La Valette amarrou o galeão ao cais com cordas. Estava vazio, mas continuava a flutuar.

O amanhecer de sexta-feira, 7 de setembro, trouxe um belo dia. Como cada ponto no ano, a data era um marcador no calendário cristão: era véspera da festa da Virgem Maria. O tempo tinha mudado para calor tropical intensamente sufocante. As noites tornaram-se tão insuportáveis que ninguém conseguia dormir. As tropas otomanas foram novamente para as trincheiras, à espera da ordem para atacar. A fim de adicionar peso à tentativa, o esquadrão da galera de Uluch Ali tinha acabado de receber ordem para descer de sua estação de vigia, na baía de São Paulo. Era a peça final da má sorte de Mustafá. Duas horas mais tarde, a força de auxílio de dom Garcia entrou na baía adjacente a Mellieha, desembarcando 10 mil homens na areia da praia em uma hora e meia e retornando para o mar. Eles tinham desembarcado sem oposição. Isso era um completo acaso.

A dez quilômetros de distância, os defensores de Birgu e Senglea, já sufocados em suas armaduras, agacharam-se na poeira de suas defesas em ruínas e se prepararam para mais um dia de fúria. Enquanto esperavam, um barulho estranho chegou até eles, vindo das trincheiras otomanas: um murmúrio de vozes discordantes como o zumbido de abelhas furiosas. Verificou-se que os janízaros e os *sipahis* estavam discutindo entre si, cada um querendo que o outro fosse o primeiro a entrar pela abertura. Das muralhas, os defensores observavam com espanto o inimigo abandonar espontaneamente as trincheiras e se retirar. Eles se perguntavam o que isso podia significar quando ouviram tiros vindos de Santo Elmo, um sinal evidente para o acampamento otomano. Daquele ponto veio um pequeno barco, remando com esforço em direção à costa. Uma figura de turbante se apressou em terra, "que, por sua roupa e porte, era, evidentemente, um homem de autoridade",[14] saltou sobre um cavalo à espera e galopou rumo à tenda de Mustafá. Tão grande foi sua pressa que o cavalo tropeçou e caiu; em fúria, o homem sacou a cimitarra e cortou as pernas do animal.

> Tendo feito isso, ele continuou a correr rumo à tenda de Piyale Paxá. E, na direção do Corradino e da linha de frente em Santa Margarida, puderam ser vistos três ou quatro outros turcos a cavalo, com cimitarras na mão, que, apressando-se para lá, puseram todo o acampamento em alvoroço e comoção. Como resultado, eles ordenaram ao exército que se apressasse e embarcasse com todas as provisões da frota.[15]

A ordem de desembarque de dom Garcia tinha colocado os otomanos em uma fúria de atividade. Eles se reagruparam no monte Sciberras e começaram a reembarcar suas provisões e equipamentos com velocidade e eficiência milagrosas, mas Mustafá deixou para trás uma emboscada de arcabuzeiros para massacrar os defensores caso eles ousassem avançar.

No entanto, eles não o fizeram. La Valette continuou cauteloso até o amargo fim, recusando-se a permitir que qualquer um deixasse as fortificações. Em Birgu havia celebrações nas ruas. Todos os sinos da igreja estavam tocando para celebrar a véspera da festa da Virgem; trompetes, tambores e bandeiras forneciam a alegria de boas-vindas nas ruas abandonadas da cidade em ruínas. Havia extraordinárias exibições de emoção em massa. Algumas pessoas caíam de joelhos e levantavam as mãos para o céu, agradecendo a Deus. Outras pulavam e gritavam: "Socorro, socorro! Vitória! Vitória!",[16] correndo loucamente. E Vespasiano Malaspina, um cavaleiro "da mais elevada reputação",[17] subiu nas muralhas com uma folha de palmeira nas mãos e cantou o "Te Deum". Ele tinha acabado de chegar ao final do primeiro verso quando os atiradores otomanos o mataram, provavelmente com um disparo fatal feito por um arqueiro a galope.

A noite caiu sobre Birgu e Senglea com um extraordinário e amplificado silêncio após meses de bombardeio contínuo; apenas o estrondo distante das rodas no chão pedregoso, conforme os otomanos arrastavam suas armas de volta para os navios, perturbava o ar quente da noite.

Durante todo o dia, enquanto os otomanos se retiravam para os navios, a força de auxílio trabalhou arduamente nos sete quilômetros de campo que iam do local de desembarque até Mdina. Usando elmo de ferro e escudo, os homens transportavam armas e pesadas cargas de comida. O dia estava opressivamente quente e eles se sentiam exaustos pelo calvário de uma semana nos barcos. Espalhados ao longo da paisagem ressequida, mostravam-se altamente vulneráveis. Alguns soltaram seus suprimentos para tornar a marcha mais suportável, mas foram obrigados a dar meia-volta para recolhê-los. Enquanto subiam com esforço até Mdina, Ascanio della Corgna e Anastagi cavalgaram para encontrá-los e a população local ofereceu animais de carga para levar os suprimentos. Ascanio, com medo de emboscada, estimulava os homens a seguir em frente sem piedade; até o final do dia, todos os 10 mil estavam alojados com segurança em Mdina e na vizinhança.

Quando a expedição otomana antecipou a partida ignominiosa, veio uma súbita reviravolta do destino. No domingo, 9 de setembro, um soldado da força de auxílio desertou para o acampamento otomano. Era mouro, um muçulmano espanhol convertido ao cristianismo sob coação, instigado pelas bandeiras islâmicas que ainda tremulavam no litoral a retornar à fé de seus pais. Ele tinha outro ponto de vista sobre a chegada da força de auxílio: o número real de homens não era 10 mil, e sim em torno de 6 mil, e eles estavam exaustos das traumáticas manobras marítimas e tão famintos que mal conseguiam ficar em pé; além disso, seus diversos líderes se acotovelavam por autoridade. Esse era um fato quase certamente correto: o espanhol Álvaro e o italiano Ascanio não se davam bem; era uma estrutura de comando dividida, replicada no acampamento otomano.

Para Mustafá, ainda incapaz de enfrentar a possibilidade de derrota, tal informação oferecia a chance de salvar algo do naufrágio. Ele decidiu dar uma última cartada. Antes do amanhecer de terça-feira, 11 de setembro, desembarcou 10 mil homens das galés na escuridão, de modo que suas intenções não pudessem ser detectadas, e começou a marchar para o norte em formação de batalha, com o objetivo de derrotar a força de auxílio antes que esta se recuperasse da viagem. Ao mesmo tempo, a frota de Piyale saiu do porto e navegou para o norte, afastando-se da baía de São Paulo. De Birgu e Senglea, eles observaram o inimigo escalar o monte Sciberras e fincar a bandeira vermelha e branca dos cavaleiros de São João sobre as ruínas de Santo Elmo. Os otomanos podiam agora ser vistos em marcha, incendiando os campos enquanto seguiam.

Na verdade, o plano de Mustafá fora rapidamente vazado para os cristãos por um renegado da Sardenha que tinha mudado de lado, e os batedores malteses vinham acompanhando de perto seus movimentos. La Valette enviara mensagens urgentes até Mdina para preparar as tropas. No início da manhã, os 10 mil homens da força de auxílio pararam em terreno elevado além de Mdina. Eles tiveram dois dias de descanso e apenas alguns biscoitos do navio para comer, além de uma vaca ou um boi que cada corporação havia recebido. Muitos homens eram veteranos espanhóis das possessões italianas de Filipe, arcabuzeiros e lanceiros acostumados à guerra de campo aberto e com experiência em combate em formações organizadas. As tropas estavam preparadas para a batalha. As bandeiras espanholas foram desfraldadas e os timbales começaram a rufar. As praças estavam repletas de homens com elmo de ferro à espera da carga otomana.

Quando os otomanos se aproximaram, os comandantes espanhóis e italianos acharam cada vez mais difícil controlar seus homens. "Nem mesmo na ponta da espada eles poderiam conter seus homens, tão grande era o desejo de todos de chegar às vias de fato com os turcos."[18] Ambos os lados percebiam a vantagem do terreno elevado e se apressavam para dominar uma colina além de Mdina, encimada por uma torre. Os espanhóis venceram a corrida, hastearam suas bandeiras e começaram a forçar o inimigo para baixo do morro. Os otomanos tentaram se levantar e lutar, mas foram rechaçados. A luta foi feroz – os homens eram derrubados por arcabuzes ou por flechas – e, com o sol a pino, o calor era intenso, "tanto que afirmo nunca ter visto dia tão quente em todo o cerco como aquele",[19] escreveu Balbi. "Cristãos e turcos mal conseguiam suportar o cansaço, o calor e a sede, e muitos morreram."[20]

A decisão de Mustafá de atacar mostrava-se agora um terrível erro de julgamento. A força cristã era maior do que o mouro havia afirmado – e eles estavam mais descansados do que os muçulmanos, que já estavam no campo por quatro meses. Os otomanos começaram a fraquejar. Os arcabuzeiros de Mustafá mantiveram-se alinhados por algum tempo, mas o avanço dos cristãos se provou irrefreável. O impacto dos lanceiros espanhóis levou à debandada. Mustafá, valente até o fim, tentou conter a maré. Saltou de seu cavalo e o matou, correndo e colocando-se na linha de frente. Foi em vão; seus homens fugiam em desordem para o mar enquanto o inimigo avançava rapidamente, com bandeiras tremulando e tambores batendo, os cavaleiros com sua túnica vermelha e branca, as levas de soldados espanhóis esfaqueando e espetando com suas lanças. Ascanio foi ferido e dom Álvaro recebeu um coice do cavalo que montava, mas o avanço dos cristãos era agora irresistível. Os oficiais otomanos não conseguiam mais controlar seus homens, que corriam em fuga desordenada.

Mustafá despachou uma ordem urgente à frota, para trazer seus navios para perto da costa, proa à frente, com as armas prontas para cobrir a retirada. As áridas planícies que iam até o mar se tornaram uma cena de carnificina. Estava tão quente que os homens de ambos os lados caíam sob o peso da própria armadura e morriam; mas a força de auxílio espanhola era mais forte e bem-disposta. Gritando "Vamos matá-los!",[21] eles varriam o que viam pela frente sob o ímpeto da vingança. Com a memória de Santo Elmo ainda viva, a ordem era a de que não deixassem ninguém vivo. Alguns turcos caíam no chão e não conseguiam se levantar. Eram mortos onde estavam.

Os terríveis momentos finais da batalha por Malta foram travados nas margens da baía de São Paulo, local do naufrágio do lendário navio de São Paulo, de intenso significado cristão para os malteses. Para os muçulmanos em retirada, agora era apenas uma questão de sobrevivência pessoal. Enquanto as dezenas de galés se afastavam da costa, uma quantidade de pequenos barcos a remo surgiu na baía para levar os homens embora. Os soldados em retirada foram conduzidos para a praia, depois para os arenitos que rodeavam a baía e finalmente para o mar. As águas rasas se tornaram uma cena de carnificina. As jovens tropas maltesas e espanholas chapinhavam na lagoa, cortando os turcos, que se debatiam. Homens tentavam arrastar os barcos e virá-los. Corpos flutuavam na água azul, com faixas de sangue. Os últimos sobreviventes se revolviam nos navios. As galés então voltaram suas armas para a costa e dom Álvaro e Ascanio ordenaram aos homens que se retirassem. Eles ficaram sob o sol quente, exaustos e desidratados, observando a frota; na praia e na água, turbantes, cimitarras, escudos e um incalculável número de mortos. "Não podíamos estimar exatamente o número de seus mortos naquele momento, mas dois ou três dias depois os corpos dos afogados flutuavam à superfície", escreveu Balbi. "Tão intenso era o mau cheiro na baía que nenhum homem conseguia se aproximar."[22]

Depois de escurecer, as galeras tomaram as águas e partiram – os corsários berberes de volta ao Norte da África, a frota imperial na longa viagem para casa para enfrentar o desagrado do sultão, deixando talvez metade de seu exército, cerca de 10 mil homens, mortos na paisagem estéril. Eles deixavam para trás uma ilha destruída, "árida, saqueada e arruinada",[23] nas palavras de Giacomo Bosio; dos 8 mil defensores, apenas 600 ainda estavam aptos a carregar armas e 250 dos 500 cavaleiros haviam morrido. Malta fedia a morte. Os sobreviventes cristãos tocavam os sinos e davam graças a Deus, havia fogueiras nas ruas de Roma e orações de agradecimento por todo o caminho até Londres. Pela primeira vez em quarenta anos, Solimão estava pagando um preço alto no mar Branco. Diante de toda a experiência anterior, o revelim da Europa tinha realizado muito, protegendo a costa cristã de certa depredação. Malta havia sobrevivido graças a uma combinação de zelo religioso, força de vontade irredutível... e sorte. No processo, La Valette inflamara toda a Europa.

A inevitável notícia encontrou seu caminho até Solimão, em Istambul. Mustafá e Piyale tomaram a precaução de enviá-la antes da chegada deles e então deslizaram a frota para o Corno de Ouro à noite. Quando a notícia chegou à cidade, não houve tristeza coletiva. Os cristãos "não podiam andar nas ruas, com medo das pedras que eram lançadas contra eles pelos turcos, que estavam universalmente em luto, por um irmão, um filho, um marido ou um amigo".[24] No entanto, a resposta de Solimão foi, estranhamente, muda. Ambos os comandantes permaneceram calmos, embora Mustafá tivesse perdido seu posto. Piyale estaria no mar novamente no ano seguinte, invadindo a costa italiana, e Solimão foi generoso com os janízaros que sobreviveram à dura luta. Ele ordenou que "aqueles que lutaram durante o cerco de Malta fossem promovidos e recebessem algum dinheiro como recompensa".[25] O fracasso em Malta foi rapidamente pulverizado dos registros imperiais: "*Malta yok*" se tornou a máxima turca – Malta não existe. Como Viena, a batalha foi considerada um contratempo insignificante na série de vitórias otomanas.

E, por todos os sinos de vitória e fogueiras, ninguém no Mediterrâneo central via Malta como o encerramento de um capítulo nas ambições otomanas. Uma sensação de terrível e iminente perigo continuava a soar nos intercâmbios diplomáticos cristãos depois de a frota inimiga navegar para casa. Malta estava em ruínas; suas fortificações, destruídas; sua população, endividada e empobrecida; e alguns dos cavaleiros sobreviventes jamais poderiam lutar novamente. Não havia certeza de que Solimão, abalado pela derrota de 1565, reconstruiria sua frota e atacaria novamente. "Ele deu ordens", declarou um relatório de Istambul em outubro, "para que 50 mil remadores e 50 mil soldados ficassem de prontidão em meados de março."[26] A Europa continuava em pânico e insegura. Havia pouco tempo para recolher tropas e dinheiro e rearmar a ilha. O trabalho febril começou no monte Sciberras para construir uma nova cidadela chamada Valetta, em homenagem ao grão-mestre. As pessoas olhavam nervosamente para o leste.

No entanto, apesar de um ataque inconsequente na Itália, os otomanos abandonaram o mar. As ambições imperiais voltaram-se para a Hungria. No ano seguinte, Solimão liderou as tropas pessoalmente. Era sua 13ª campanha e a primeira de doze anos. O sultão tinha 72 anos e não estava bem; incapaz de cavalgar, viajava lentamente em carruagem e a seu lado marchou o maior exército que ele já havia montado. Era para ser um exercício de poder imperial. Depois de Malta, Solimão quis reafirmar suas credenciais de líder da guerra santa, demonstrando que a autoridade e o poder do "sultão dos sultões, distribuidor de coroas aos governantes da superfície da Terra",[27] ainda corriam mundo. O tempo da conquista islâmica destinava-se a ser inesgotável.

Em meados de setembro, após a laboriosa aniquilação da fortaleza de Szigetvár nos pântanos, onde uma pequena força húngara lutou e morreu, com o espírito de Santo Elmo, Solimão estava a caminho de casa. A carruagem imperial sacudia ao longo das planícies. Seis pajens acompanhavam o cortejo, junto ao carro, recitando versículos do Corão. O sultão, de rosto pálido e nariz aquilino, seguia dentro da carruagem, protegido por cortinas; às vezes se fazia visível: vislumbres tranquilizadores da Sombra de Deus na Terra eram exibidos às tropas.

O homem no interior da carruagem, porém, não era Solimão: era um dublê de corpo da casa imperial. O sultão estava morto; seu cadáver estripado e embalsamado sacudia atrás, em segredo. Quando Solimão morreu em 5 ou 6 de setembro de 1566, Szigetvár ainda se mantinha firme. Impaciente e irritado com a resistência do forte, ele escreveu algumas horas antes de sua morte: "Esta chaminé continua queimando e o grande rufar de tambores da conquista ainda tem de ser ouvido".[28] As palavras caíam como um termo da vida do grande sultão, cuja carreira começara de maneira tão brilhante às vésperas da captura de Belgrado. Elas sugeriam decepção, amargura, uma sensação de fracasso. Não importava quantas ilhas tivessem sido capturadas, quantas cidadelas invadidas, o sonho do império mundial do Islã tinha escorregado, como areia, por entre seus dedos. Ele estava a sessenta quilômetros de Mohács, onde havia destruído os húngaros em 1526. Os crânios dos cristãos ainda branqueavam as longas planícies.

E, na bacia do Mediterrâneo, todos sabiam que a mola propulsora da conquista otomana continuaria. Malta era um episódio inacabado, que pedia por conclusão. O sul da Europa havia escapado de suas garras por um triz.

PARTE III

# Fim de jogo: avançando para Lepanto 1566-1580

# O sonho do papa

1566-1569

Cento e cinquenta anos se passaram até que a Europa cristã compreendesse a verdadeira natureza da sucessão otomana. Para impedir a possibilidade de guerra civil, a notícia da morte de um sultão era sempre controlada nos bastidores; quando ela chegou ao Ocidente, foi invariavelmente recebida com um suspiro coletivo de alívio. Esperanças piedosas eram de que o novo sultão se mostraria mais ameno, menos agressivo do que seu antecessor, como se a propensão para a guerra derivasse de escolha pessoal; mesmo Mehmet, o conquistador de Constantinopla que fizera campanha contínua durante trinta anos, a princípio tinha sido considerado muito inexperiente para representar uma ameaça. No momento em que Selim ascendia ao trono, em setembro de 1566, a Europa estava completamente desiludida com tudo isso: a mudança de um governante implicava novas guerras.

O novo sultão havia sobrevivido ao processo de seleção assassina, por meio da morte ou da execução de seus irmãos mais talentosos. Ninguém tinha uma opinião elevada de Selim. Fisicamente pouco atraente, ele era preguiçoso e impopular no exército – os janízaros se referiam a ele como "o Boi"; dizia-se que ele era um beberrão. Os embaixadores arquivavam relatórios desfavoráveis: "De natureza irascível e sanguinária, ele é dado a todos os tipos de prazeres carnais e, acima de tudo, é um grande amante do vinho".[1] Entretanto, em meados do século XVI, a Europa compreendeu que as qualidades pessoais eram quase irrelevantes. A ideia de conquista era fundamental para o sultanato, intricadamente entrelaçada com a posição de seu titular como líder do mundo muçulmano. Isso era expresso repetidamente nas visíveis armadilhas de poder: os títulos altissonantes proclamavam o domínio sobre a Terra; as elaboradas tendas e bandeiras de campanha, as espadas ornadas com joias e os elmos cerimoniais decorados com as suras de vitória do Corão enfatizavam seu papel como guerreiro islâmico. Somente as conquistas espetaculares poderiam legitimar um sultão.

A guerra não dependia de vontade pessoal; era um projeto imperial incessante, autorizado pelo Islã. Toda a máquina do Estado otomano exigia isso. Se uma conquista falhava momentaneamente, como em Malta, era um problema temporário, a ser superado em breve. "A expansão turca é como o mar", observara um sérvio uma centena de anos antes, "nunca tem paz, mas sempre rola."[2] Outrora, o sultão tinha conduzido todas as campanhas. Agora, ele poderia estar lá apenas pela presença de suas bandeiras com cauda de cavalo e dos emblemas esplendidamente decorados, enquanto seus comandantes conduziam a luta. A distância do campo de batalha dotava Selim de certo desprezo pelas disputas; os venezianos, juízes inquisitivos dos sultões otomanos, pensavam que ele tivesse "uma avaliação de si mesmo muito elevada, desprezo por todos os outros potentados do mundo; ele se considera capaz de colocar no campo exércitos infinitos e se recusa a ouvir todos os que se opõem a ele".[3]

A necessidade de guerra foi imediatamente impressa no íntimo de Selim. No dia em que ele fez sua entrada triunfal em Istambul pela porta de Edirne – o portão da conquista –, a divisão de janízaros se amotinou. Eles barraram os portões do palácio para o novo sultão e exigiram seus presentes habituais. Piyale Paxá, ainda almirante da frota, foi derrubado de seu cavalo. Fez com que uma

Latinstock/Chris Hellier/Alamy

**O sultão Selim II, que ascendeu ao trono do Império Otomano em 1566, sucedendo a Solimão.**

distribuição apressada de moedas de ouro resolvesse o assunto, mas a lição não foi desperdiçada por Selim. O exército permanente era um tigre que cada novo sultão tinha de aprender a montar; subordiná-lo exigia vitórias e as recompensas correspondentes, que eram espólio e terra. Selim, temendo golpes de Estado, foi o primeiro sultão a não ir muito longe em campanha – no tocante a isso, seu reinado representou um divisor de águas –, mas as conquistas continuariam assim mesmo. E o Mediterrâneo era um projeto em que ele estava muito interessado.

O homem que orquestrou a sucessão de Selim com habilidade consumada foi o grão-vizir de origem bósnia, Sokollu Mehmet Paxá. Foi ele que ocultou a morte de Solimão, com a cooperação de seu médico, e reprimiu a revolta dos janízaros na chegada a Istambul. Alto, magro, inescrutável, suscetível a subornos, mas totalmente leal a cada novo sultão – servindo a três antes de cair , Sokollu era um homem de talentos excepcionais. Provou suas habilidades para Solimão como general, juiz, governador provincial e mesmo almirante da frota, após a morte de Barbarossa e antes de sua nomeação como grão-vizir, em 1565, e do casamento com a filha de Selim. Sokollu estava cauteloso com empreendimentos no Mediterrâneo após o fracasso em Malta; ele teria preferido uma campanha em terra na Hungria, mas havia outros contendores pela lealdade do sultão. Mais uma vez os venezianos avaliaram seus pontos fortes e fracos:

> Ele é extremamente habilidoso e tem profundo entendimento das negociações diplomáticas [...] o sultão deixa todo o cuidado do governo com ele [...] apesar disso, [Sokollu] Mehmet não é suficientemente confiante para manter o favor do sultão, para ousar falar com ele sem medo [...] ele às vezes diz que, apesar do importante poder que o sultão lhe dá, ele não corre o risco, nos casos em que

> recebe ordens para armar 2 mil galés, de dizer-lhe que o império de Sua Majestade não está capacitado para isso. Essa timidez surge em parte da natureza do sultão [...] em parte, do fato de que ele é objeto de inveja constante dos outros paxás.[4]

O principal objetivo de Sokollu era agarrar-se ao pináculo do poder, mas, desde o início do reinado de Selim, ele foi confrontado por rivais ambiciosos, sobretudo pelo tutor da infância de Selim, Lala Mustafá Paxá, e por Piyale Paxá. O redemoinho de facções que cercava o sultão em casa tinha efeitos potentes sobre a tomada de decisões dos otomanos no mar Branco. Todos os candidatos ao favor imperial também estavam completamente conscientes das muralhas salpicadas de sangue que marcavam a queda de Ibrahim Paxá; isso desestimulava o fracasso no serviço do sultão.

O sultanato de Selim coincidiu com outra sucessão significativa. Na complexa matriz de poder político da Europa, nenhuma instituição forneceu oposição tão consistente ao sultão como o papado. Roma e Istambul eram os centros de dois mundos, adversários implacáveis e inabaláveis. Em 9 de dezembro de 1565, Pio IV, que guiara a cristandade pelos terrores do cerco de Malta, morreu em seus aposentos na Torre Borgia. Durante os dias curtos do solstício de inverno, os cardeais da Igreja Católica ficaram em concílio para negociar a escolha de um sucessor.

Com a fumaça branca das chaminés do Vaticano, em 8 de janeiro surgiu um nome que quase ninguém havia previsto. Michele Ghisleri era um tipo de prelado diferente de seu antecessor. Pio IV, imperturbável e tolerante, na medida do possível, no olho do furacão protestante, era um homem mundano: descendente de família rica, político, urbano – um papa da Renascença. Ghisleri era filho de pobres, que tinha começado a vida como pastor nas colinas do Piemonte e devia tudo à Igreja. Ele a serviu com zelo surpreendente, também como grande inquisidor. O novo papa adotou o nome de Pio V. Foi uma escolha um tanto inadequada, dadas as circunstâncias, já que o antecessor desgostava dele intensamente. Ghisleri não era um prelado de sentar-se à mesa com a nobreza de Roma ou de Florença. Com sua cabeça calva e sua longa barba branca, Pio V era intransigente, ascético e inflexível, mais um profeta do Velho Testamento do que um papa Borgia. Ele não tinha sutilezas políticas, vivia frugalmente, adorava com zelo e nunca descansava. O homem que só possuía duas camisas de lã rústica – uma para lavar e outra para usar – crepitava com energia piedosa. Ele estava repleto de devoção fervorosa para defender e melhorar a Igreja Católica em face de seus inimigos, protestantes e muçulmanos, que remetiam ao espírito das Cruzadas medievais. Foi ele que excomungou Elizabeth da Inglaterra como "uma escrava da maldade".[5] Havia uma lufada de enxofre em torno de sua presença, uma sensação de energia violenta e intolerante, que dividia opiniões. Agentes de Filipe II no Vaticano diziam que ele era "um bom homem [...] de grande fervor religioso [...] ele é o cardeal de que precisamos como papa nos tempos atuais".[6] Os observadores que eram mais pés no chão eram menos entusiasmados. "Gostaríamos ainda mais se o atual Santo Padre já não estivesse conosco, não importa quão grande, indescritível, incomparável e extraordinária sua santidade possa ser",[7] escreveu em resposta um conselheiro imperial, secamente, naquele ano.

O projeto que atraiu o olhar brilhante do velho homem foi o renascimento do sonho da cruzada. Foi mais por sorte do que por juízo que a Europa tinha sobrevivido a Malta. Não havia um propósito unificado antes do cerco; as recriminações à ajuda deixaram um gosto amargo na boca, posteriormente. A cristandade ainda corria um terrível perigo desde as fronteiras da Hungria até a costa da Espanha. Só uma ação unificada poderia se opor com sucesso ao Império Otomano. "Ninguém sozinho é capaz de resistir a ele",[8] insistiu ele. Pio V desejava fortemente ser bem-sucedido onde os papas anteriores haviam falhado: despertar os poderes cristãos de seu perigoso sono e alinhar seus interesses díspares na formação de uma sólida liga santa para enfrentar os infiéis. Ele trazia o entusiasmo do inquisidor à tarefa. Quatro dias depois de sua sucessão, renovou os subsídios papais a Filipe II com galeras para proteger os mares cristãos. Era um pequeno primeiro passo, mas, nos turbulentos anos da década de 1560, Pio estava emergindo como o campeão da cristandade, uma força da natureza impulsionando a cruzada contra o Islã.

A enormidade de sua tarefa em 1566 era evidente. A Europa era um fermento de paixões violentas, dilacerada por diferentes interesses, sonhos imperiais e tensões religiosas. A atenção de Filipe estava dividida em uma escala de prioridades conflitantes: as colônias do Novo Mundo, a segurança de seus postos avançados na costa do Norte da África, a cruzada interna contra a população muçulmana remanescente, a ameaça dos turcos, a desconfiança mútua com a rival França, a latente rebelião protestante na Holanda. Tudo isso, sucessivamente, dominava a atenção do rei católico em seu sombrio palácio na alta Madri. Seu império disperso estava rachado por fracassos e dificuldades; somente a regular frota de galeões carregados de prata sul-americana poderia manter o empreendimento imperial espanhol à tona – não havia dinheiro que chegasse. Filipe não tinha uma estratégia para o Mediterrâneo, apenas respostas parciais a mil problemas. Quando a dissidência nos Países Baixos explodiu em revolta aberta em 1566, o rei foi obrigado a marchar com suas melhores tropas por uma Europa tensa e desconfiada; no Mediterrâneo, ele estava extremamente impotente para agir. Os franceses não ofereciam nenhuma perspectiva melhor para o papa. Eles ainda tinham tratados com os otomanos e enfrentavam a guerra religiosa – em 1566, a revolta protestante ardia intensamente em todo o sul da França –, enquanto ninguém confiava, de maneira alguma, nos egoístas venezianos. A fim de montar uma resposta unificada contra os turcos, Pio precisava pelo menos triangular os recursos do papado com os de Veneza e da Espanha. Levaria cinco anos para que o desencadeamento de eventos singulares ocorresse.

Nos anos imediatamente após Malta, Filipe resistiu aos apelos do papa por uma liga santa mesmo ainda recebendo os subsídios para a cruzada; ele estava ocupado com os Países Baixos e não queria provocar novas guerras. O rei podia ser surpreendentemente pragmático; ele até brincava secretamente com uma trégua formal com Selim. Ao mesmo tempo, não tinha esquecido as lições de Djerba. Calculando calmamente, Filipe continuava a construir galeras em Barcelona; em 1567, ele tinha cem – não o suficiente para enfrentar os otomanos sozinho, mas o bastante para impedir um ataque de longa distância.

Os otomanos, porém, continuavam praticamente ausentes do mar. Em 1566, Piyale tinha causado novos tremores no mundo cristão, aparecendo no Adriático com 130 galeras. Todas as defesas da Sicília, Malta e La Goletta foram preparadas, mas logo se retiraram, depois de uma incursão tímida na costa italiana. Esse padrão de expectativa e de anticlímax continuou nos anos sucessivos. Os turcos estavam quietos; seu comportamento era inexplicável.

O Mediterrâneo tornou-se novamente um mar de rumores, um mundo sombrio de relatórios de inteligência anônimos. Ao longo dos portos do Norte, os espiões lucravam, servindo-se de boatos e passando-os adiante; entre eles estava o homem de Veneza em Dubrovnik, pago por sua habilidade com a palavra. Nos dois lados espalhavam-se falsos relatórios, que os serviços de inteligência rivais pacientemente desfaziam. Havia rumores, insinuações, ameaças: os turcos estavam preparando ataques a algum lugar – La Goletta ou Malta, Chipre ou Sicília – ou a nenhum. Não havia sombra de treinamento; os otomanos lançavam ao mar uma frota de cruzeiro e em seguida a retiravam – uma guerra de nervos. Cada lado esquadrinhava o horizonte à procura de velas que não se materializavam. Presos entre os dois, os venezianos ficaram alarmados e nervosos, pois começaram a temer por Creta e Chipre. Os otomanos, enquanto isso, pareciam estar se desarmando; eles firmaram um novo acordo com os apreensivos venezianos em 1567 e selaram a paz na Hungria no ano seguinte. A ilusória calma pelo menos trazia vantagens: Malta foi reconstruída; a Espanha trabalhava limpando suas águas de corsários.

Em Madri, Veneza, Gênova e Roma circulavam mil teorias sobre as intenções otomanas. Alguns diziam que o sultão não tinha apetite para a guerra. "O turco só está interessado em se divertir, aproveitar a vida, comer e beber; ele coloca todos os assuntos de Estado nas mãos de seu ministro-chefe",[9] registrava um relatório espanhol. Outros afirmavam que os otomanos estavam ocupados no Oriente ou apenas ganhavam tempo.

As potências estrangeiras desconheciam as verdadeiras fontes da política otomana, não importando quão intensamente os agentes em Istambul pressionavam os ouvidos contra a parede; e ninguém possuía uma visão pan-óptica do mar. Havia acontecimentos mais importantes no período 1566-1568 interferindo nos planos da humanidade no Mediterrâneo: más colheitas e escassez de grãos em cidades com aumento populacional, surtos de peste e fome. Pessoas morreram de inanição no Egito e na Síria em 1566; em 1567, os agentes espanhóis relataram uma terrível falta de pão em Istambul; ali, em 1568, a peste causou a morte de muitas pessoas, entre elas o agente francês Petromol. As margens estreitas de sobrevivência aquietavam as conversas de guerra.

Enquanto isso, o enérgico Sokollu Mehmet estava ocupado com sérias questões mais a leste. Os otomanos descobriram cedo a dificuldade de administrar terras árabes; havia revoltas nos pântanos ao norte de Basra, o problema mais grave no Iêmen. Ao mesmo tempo, Sokollu concebia projetos visionários com o objetivo de superar as barreiras para novas conquistas. Ele ordenou a construção de um canal em Suez, que daria aos navios otomanos acesso direto para as Índias, e desenvolveu um plano complementar para um segundo canal ligando os mares Negro e Cáspio, a fim de atacar o inimigo persa pela água. Nenhum desses projetos se concretizou e seu fracasso foi significativo. Não haveria Novo Mundo para os navegadores otomanos. Cercados, eles deviam necessariamente avançar de novo para o Velho.

Os empecilhos e os contrapesos entre motivação e iniciativa no final dos anos 1560 eram o produto de novas forças globalizantes. O Mediterrâneo constituía o centro de uma imensa arena de turbulência, cujas interconexões só poderiam ser compreendidas do espaço. Eventos no Iêmen, na Holanda, na Hungria e no Norte da África estavam interligados. A revolução protestante no norte da Europa era facilitada pela pressão mediterrânea que os turcos aplicavam a Filipe. E pela primeira vez o Novo Mundo estava exercendo influência sobre a Europa. França e Espanha se indispunham com particular hostilidade após o massacre espanhol dos colonos franceses em Fort Caroline, na Flórida, em 1564. De maneira mais dramática, as minas de prata de Potosí, no Peru, estavam tomando e destruindo as economias do Velho Mundo. Desde a década de 1540, as frotas de ouro através do Atlântico forneciam à Coroa espanhola os meios para lutar. O rei podia construir navios, pagar exércitos profissionais e financiar guerras em uma escala sem precedentes. No entanto, com esse influxo de riqueza, vinha uma pressão inflacionária que os Habsburgos não conseguiam entender. Uma guerra sempre é cara; no século XVI era ainda mais. O preço dos biscoitos de navio – uma despesa crítica na guerra do mar – quadruplicou em sessenta anos; o custo proporcional da operação total nas galés de guerra espanholas triplicou; aumentos de preços oscilavam em toda a Europa e atingiam as costas do mundo otomano também. A guerra tornou-se um jogo caro. "Para levar a cabo a guerra, três coisas são necessárias", previa o marechal milanês Trivulzio em 1499, "dinheiro, dinheiro e ainda mais dinheiro."[10]

Agora, apenas duas superpotências – os otomanos e os Habsburgos – tinham os recursos para empreender a guerra em um nível significativo, e elas estavam equilibradas. Na era do império, ambas poderiam extrair recursos, impostos e material em escala até então inimaginável. Em meados do século, o poder estava concentrado em Madri e em Istambul; burocracias formidáveis dirigiam a logística de guerra nas províncias distantes com habilidade impressionante. No Mediterrâneo, o peso exponencial dos números pressionavam jogadores menores contra a parede. Veneza tinha sido o grande poder naval do século XV; em Preveza, em 1538, sua frota, então cinco vezes maior, fora ofuscada pela dos otomanos. O impacto da dimensão das frotas era o encolhimento do espaço; enquanto as guerras no Mediterrâneo outrora tinham sido locais, agora podiam abranger todo o mar. A Espanha e os otomanos foram cegamente criticados por trinta anos, desde Doria e Barbarossa. Eles lutaram entre si até a paralisação em Malta. Um confronto decisivo para o controle do centro do mundo ainda aguardava.

Ninguém se movia com mais cautela na sombra do poder do que os venezianos. Eles lutavam para viver na fronteira encolhida entre Istambul e Madri. Veneza estava constantemente dividida entre o comércio e a guerra. Sua posição a mantinha ambígua, um limiar entre dois mundos, nem da terra nem do mar, nem Oriente nem Ocidente, interpretando um e outro – e tratada por ambos como agente duplo. Ninguém investiu tanta energia em observar e compreender "o Grande Turco" ou em ser conivente com ele. No fundo do labirinto de passagens sob o palácio do doge, um secretariado ocupado monitorava intenções otomanas em detalhes escrupulosos; milhares de páginas de memorandos, relatórios, instruções internacionais eram derramados da ponta das penas de Veneza. Ao mesmo tempo, os diplomatas da república trabalhavam incansavelmente para apaziguar seu vizinho voraz – mimando e bajulando, paparicando seus sultões, subornando seus ministros, fornecendo informações e ricos presentes – e para espionar. Um incessante turbilhão de mensagens codificadas de seus moradores em Istambul conseguiu chegar ao palácio do doge em galés comerciais e bergantins rápidos, interpretando a política do palácio, os movimentos da frota e os rumores de guerra. Eles informavam descaradamente ambos os lados de acordo com o conjunto de máximas testadas. "É melhor tratar todos os governantes inimigos como amigos", aconselhava um político experiente, "e todos os amigos como inimigos potenciais."[11] Os venezianos seguiam isso ao pé da letra. Ao papa, eles se apresentavam como a linha de frente da cristandade; para o sultão, como parceiros comerciais e amigos. Quando Filipe nomeou seu meio-irmão, dom João da Áustria, para comandar sua renovada frota em 1568, Veneza enviou mensagens melosas de congratulações, porém manteve Istambul plenamente informada de seus movimentos.

Veneza jogava suas cartas com extremo cuidado, mas, depois de Malta, esse delicado equilíbrio tornou-se cada vez mais preocupante. Apesar do novo tratado de paz com Selim em 1567 e das águas tranquilas em 1568, os venezianos estavam nervosos e inquietos. Por que os turcos se mostravam tão receptivos? Eles escondiam alguma coisa? O novo tratado tinha sido projetado para a bonança? Havia sinais alarmantes. Os relatórios da inteligência sugeriam novas obras no arsenal de Istambul e que Selim estava discretamente construindo um forte no continente, oposto a Chipre. Os experientes observadores do mar temiam pela segurança das colônias ultramarinas da Sereníssima República. La Valette, evidentemente a par de uma coisa ou outra, vendeu todos os seus latifúndios da ordem em Chipre em 1567, pouco antes de morrer. O Senado veneziano tomou medidas provisórias – modestamente aumentou as tropas e construiu fundições de canhões em Creta e em Chipre –, mas a guerra era cara e os pragmáticos venezianos relutavam em gastar dinheiro especulativo. Eles continuaram com a mão fechada.

As dificuldades para o papado de congregar Veneza e a Espanha em uma liga santa contra os turcos pareciam tão grandes em 1568 como sempre haviam sido. Filipe ainda estava ocupado com os Países Baixos e não tinha uma motivação forte para a guerra agressiva nem razão alguma para ajudar os egoístas venezianos se estes fossem atacados em Chipre ou Creta. Afinal, eles tinham ajudado em Djerba? Não se alegraram abertamente com a queda de Santo Elmo? E os venezianos continuariam bastante felizes negociando com o Islã até que ocorresse um golpe, quando então eles apelariam para toda a cristandade – mas não antes disso.

No entanto, para aqueles que podiam ver, as condições subjacentes estavam lá: a necessidade de Selim de confirmar uma vitória, as explosões incendiárias de Pio v, a agregação de recursos entre as duas superpotências, o mar encolhido – era apenas questão de tempo até que algo desencadeasse uma corrida desenfreada para a guerra. Nos últimos dias de 1567, eventos na Espanha começaram a acelerar o ritmo.

O clima de fervor religioso na Espanha tinha sido aguçado pela rebelião protestante na Holanda. A Igreja Católica sentiu-se sob ataque de todos os lados, sobretudo na terra do rei católico. O infiel nunca estava longe: ele se encontrava do outro lado do estreito de Gibraltar, a curta distância; cercava a Espanha; mais perto ainda, estava dentro dos próprios redutos. Os mouros, muçulmanos remanescentes do sul da Espanha convertidos à força ao cristianismo por decreto imperial, permaneceram como negócios inacabados; de certa maneira, eles eram inassimiláveis. À medida que a sombra dos turcos se propagava por todo o mar, crescia o medo de que os mouros fossem criptomuçulmanos, uma quinta-coluna da guerra santa otomana nas terras natais. A Espanha cristã desconfiava cada vez mais de sua população de origem. Ano após ano, decretos rigorosos tentavam controlar a expansão dos suspeitos cristãos-novos. Em 1º de janeiro de 1567, Filipe publicou um edital para apagar os últimos traços culturais do Islã na Espanha: o árabe não podia mais ser falado; o véu e os banhos públicas foram proibidos. Foi a gota-d'água para um povo aguilhoado, posto contra a parede pela intolerância e pelo dogma religioso. Na noite de Natal de 1567, montanhistas mouros das Alpujarras escalaram as muralhas do palácio de Alhambra, em Granada, e clamaram por revolta em nome de Alá.

As montanhas do sul espanhol crepitavam em rebelião. A Espanha católica se encontrava, de repente, envolvida em uma guerra santa interna com o Islã, e suas melhores tropas estavam a centenas de quilômetros de distância, na Holanda. O levante projetava todos os temores sobre os turcos em uma tela enorme. Os mouros tinham solicitado a ajuda de Istambul por setenta anos. No final da década de 1560, eles enviaram representantes com novos pedidos de auxílio ao sultão. Selim providenciou homens e armas de Argel no início de 1570; arcabuzes foram enviados para todo o estreito. Logo as montanhas do sul da Espanha foram ocupadas por 4 mil soldados turcos e berberes. Havia muito medo de que os turcos estivessem planejando uma invasão do país a longa distância; afirmava-se que eles velejariam em 1570 "para dar toda a ajuda possível aos mouros de Granada".[12] Sokollu Mehmet pediu abertamente ao rei francês que usasse Toulon como base. No meio da confusão, o corsário Uluch Ali derrubou o regime fantoche espanhol e recapturou Túnis. De um só golpe, a mais orgulhosa realização de Carlos tinha sido desfeita. De repente, a distância encurtou: Istambul já não estava a milhares de quilômetros a leste. O espectro dos turcos encontrava-se muito próximo, de fato.

A revolta moura serviu para concentrar a mente de Filipe firmemente no Mediterrâneo. As tropas foram recolhidas da Itália; cobrou-se mais ainda da Calábria.

Ao meio-irmão do rei, dom João da Áustria, coube a tarefa de aniquilar os rebeldes. Foi uma luta suja, impulsionada pelo ressentimento dos mouros, reprimido havia muito tempo, e pelo medo equivalente dos cristãos. Travada com ódio visceral nas linhas falhas da cultura e da fé, prefigurou o horror dos pelotões de fuzilamento de Goya e as mutilações impiedosas da guerra civil espanhola. Os mouros eram movidos pelo estímulo da intervenção turca; lutavam desesperada e horrivelmente nos caminhos bloqueados de neve das Alpujarras. No entanto, os espanhóis agiam com muita brutalidade. Em 19 de outubro de 1569, Filipe deu ao exército o direito de roubar os despojos dos mouros. A guerra de fogo e sangue se arrastou por todo o ano de 1570. Em 1º de novembro, o rei tomou a drástica decisão de ordenar a expulsão de toda a população civil moura das planícies, para tacitamente incitar a revolta.

Dom João aprovou sua lógica, mas considerou-a lamentável. "Foi a visão mais triste do mundo", escreveu ele em 5 de novembro, "pois no momento da partida havia tanta chuva, vento e neve que as pobres pessoas se abraçavam, lamentando. É impossível negar que o espetáculo de despovoamento de um reino é o mais triste que se pode imaginar."[13] A rebelião entrou em colapso. A prometida armada turca não veio; provavelmente, nunca teve a intenção de vir: é provável que Sokollu tenha usado os mouros para desviar a atenção de intenções mais profundas. A pedra angular do pensamento de Sokollu era garantir o desenvolvimento dos planos otomanos sem provocar ação cristã unificada.

Nessa ocasião, a estratégia se confundiu com os próprios objetivos. Sokollu possivelmente tinha a intenção de amarrar Filipe aos problemas de sua revolta interna. A ação teve o efeito oposto – permitiu a Filipe compreender uma verdade estratégica: até que os turcos fossem derrotados no Mediterrâneo central, a Espanha estaria sempre sob ameaça. A revolta moura tornou Filipe suscetível ao chamado do papa para a guerra cristã unificada.

O que os verdadeiros objetivos otomanos poderiam ter sido foi sugerido por um pequeno incidente no outro lado do mar. No início de setembro de 1568, uma frota de 64 galés otomanas apareceu ao largo da costa sudeste de Chipre, sob o comando do vizir Ali Paxá. Em Famagusta, os governantes venezianos da ilha, tensos, despacharam um de seus navios "com um belo presente de mil piastras em uma tigela de prata",[14] em troca de gentilezas. O vizir declarou que não havia motivo para alarme. Ele estava em seu caminho para carregar madeira na costa da Anatólia e simplesmente queria contratar um piloto. Além disso, os venezianos não deviam levar em conta os rumores de um reforço militar em Istambul; a frota estava sendo preparada para auxiliar os mouros na Espanha e o exército marcharia para a Pérsia. Os venezianos tinham todos os motivos para ser cautelosos com tais "visitas"; em 1566, um desembarque amigável de Piyale na ilha genovesa de Quios resultou em sua captura. No entanto, um contingente de oficiais turcos foi convidado a fazer um passeio de cortesia às fortificações de Famagusta; o próprio Ali Paxá desembarcou no dia seguinte disfarçado. Ele estava acompanhado por um engenheiro italiano a serviço do sultão, Josefi Attanto, com um pedido de que ele fosse autorizado a visitar a ilha para encontrar quatro colunas clássicas adequadas para um prédio que ele estava construindo para Selim. Attanto obedientemente vasculhou a ilha; apesar das colunatas em extensas ruínas em Salamina, a poucos quilômetros ao norte de Famagusta, ele foi misteriosamente incapaz de achar algo apropriado. Deu, entretanto, muita atenção às fortificações de Famagusta e Nicósia.

A frota de Ali partiu. Poucos dias depois, Chipre soube que eles não tinham ido buscar madeira, e sim retornado direto para Istambul, pegando um barco cheio de soldados venezianos de Famagusta assim que zarparam.

# Uma cabeça em um prato

1570

Talvez os venezianos tivessem previsto essa chegada havia algum tempo. Talvez, depois de trinta anos de paz, eles escondessem de si mesmos a verdade sobre o poder otomano. Após a queda de Rodes, Chipre era uma anomalia: a dianteira do cristianismo em um mar muçulmano, isolada, fértil, a centenas de quilômetros de Veneza, tanto uma provocação como uma tentação para os sultões de Istambul – "uma ilha empurrada para a boca do lobo",[1] chamou-a um veneziano.

Como Malta, Chipre sempre viveu à sombra dos impérios e das guerras santas. Do ar ela parece um dinossauro marinho primitivo, com bico de peixe-espada e nadadeiras imperfeitas, empurrado com força para o canto do mar. Beirute está a meros 145 quilômetros a sudeste; as montanhas cobertas de neve da Anatólia são visíveis ao norte. Muito grande, muito fértil, muito próxima para ignorar – todo mundo já reivindicou o lugar ou deixou sua marca ali. Os assírios, os persas e os fenícios chegaram e partiram. Sua população nativa de falantes do grego tinha sido convertida ao cristianismo ortodoxo no longo governo de Bizâncio. Os árabes dominaram a ilha por três séculos e o Islã nunca deixou de reivindicá-la. Quando os cruzados vieram do Ocidente, fizeram dela um mercado e uma estação de triagem da guerra cristã; construíram catedrais góticas entre as palmeiras e transformaram sua capital no interior, Nicósia, em um local de encontro poliglota de diversos mundos e o porto de Famagusta na mais rica cidade da

Terra. No momento em que os venezianos a conquistaram, por um passe de mágica, em 1489, a corrente da guerra santa tinha se invertido novamente e os otomanos já eram mestres de metade do Mediterrâneo oriental.

Quase desde o início do domínio veneziano, Chipre sempre tinha estado na lista das conquistas otomanas. Os venezianos pagavam tributos ao sultão e subornos aos vizires para preservar sua neutralidade, uma indigna política de apaziguamento, que deslizava ducados em mãos complacentes ano após ano. Tratava-se, em geral, de uma manutenção de baixo custo das frotas de guerra, agora abandonadas ao apodrecimento nos remansos. Isso, porém, não permitia recuo e encorajava a crença, em Istambul, de que a república tinha crescido suavemente com a paz e que jamais lutaria.

Durante um curto período, essa atitude tinha valido a pena. Chipre fornecia à cidade-mãe um fluxo de riqueza: grãos da grande planície central, sal da costa do Sul, vinho forte, açúcar e algodão, "a planta de ouro", produzida por servos sob condições escravagistas de plantio. Veneza mantinha a ilha estritamente por sua utilidade comercial e a tratava tão mal como Creta. No imaginário dos artistas venezianos, Netuno derramava as riquezas dessas colônias marinhas de uma concha inesgotável no colo da cidade; eles construíram tudo o que se elevava como uma miragem da lagoa da malária – as igrejas de pedra, as pinturas de Ticiano e a música de São Marcos, os palácios, o Grande Canal ao luar, tudo isso tinha sido trazido ou pago pelas galés mercantes em seu caminho para casa, vindas dos mares orientais.

Era um comércio de mão única. Veneza nada dava em troca. O oprimido campesinato greco-cipriota era governado e tributado de maneira corrupta. Eles eram inacreditavelmente pobres. O visitante Martin von Baumgarten escreveu em 1508:

> Todos os habitantes de Chipre são escravos dos venezianos, obrigados a pagar ao Estado um terço de toda a sua produção ou renda [...] e, além do mais, há anualmente um ou outro imposto, com o qual os pobres são tão comumente esfolados e pilhados que quase não têm os meios necessários para manter corpo e alma.[2]

Quando, em 1516, a administração propôs gerar um dinheiro extra com a venda de alguns de seus 26 mil servos, apenas um homem podia pagar os cinquenta ducados. O tom da ilha também não melhorou por seu uso como lugar de degredo aos indesejáveis da república. Assassinos e dissidentes políticos eram exilados em Famagusta, para aumentar a população. Tratava-se, apesar de tudo, de uma receita para a ocupação nervosa: os cipriotas não lutariam de modo confiável para seus senhores, como os malteses tinham feito. Eles escapavam pelo estreito e faziam apelos ao sultão. Dois cipriotas apareceram em Istambul, na década de 1560, com cartas a Solimão dizendo que os servos gostariam de estar sob o domínio otomano na ilha; o agente veneziano na cidade subornou Sokollu a render os homens; eles convenientemente desapareceram, mas o incidente não aumentou a confiança de Veneza. Os anos 1560 trouxeram crescentes distúrbios civis e maus presságios: uma rebelião proposta pelos camponeses em 1562; violentas tempestades, fome, peste, terremotos e revoltas do pão – todos interpretados como sinais de Deus – e os repetidos e surdos murmúrios de medo da invasão, apesar da renovação dos tratados em 1567.

Selim sempre tinha sido atraído por Chipre. Já em 1550, o Senado fora avisado de que, se Selim subisse ao trono, não haveria guerra. Até o final da década de 1560, existiam razões imperiosas, tanto dinásticas como estratégicas, para eliminar a colônia veneziana, tão próxima da costa otomana. Selim necessitava de plena legitimidade para seu regime, e só uma brilhante vitória poderia vincular o exército a seu sultão menos carismático. O grande arquiteto otomano Sinan estava projetando uma nova mesquita em Edirne, mas, de acordo com os costumes e tradições, uma mesquita de sultão deve ser construída com fundos fornecidos pelos infiéis; estes só poderiam vir da conquista. As incursões no início de seu reinado, na expansão do império mais a leste, tinham dado em nada; havia uma volta ao Mediterrâneo novamente. Ao mesmo tempo, a ilha veneziana era um problema estratégico legítimo. Ficava no meio das rotas de peregrinação a Meca e das rotas comerciais para o Egito, por meio das quais a riqueza do Oriente fluía para Istambul, e as autoridades de Veneza tinham sido menos eficazes na limpeza dos corsários cristãos da área; os cavaleiros de São João continuavam a ser uma ameaça particular. Chipre estava desconfortável no centro de influência otomano e, quando os piratas capturaram o navio que transportava o tesoureiro do Egito, em 1569, as ideias de Selim finalmente se conciliaram. A ilha deveria ser tomada.

Por trás dessa decisão havia uma luta pelo poder no coração da corte otomana. Entre os favoritos de Selim estavam Lala Mustafá Paxá, seu tutor de infância, e Piyale Paxá, ambos ansiosos para recuperar a glória militar após reveses pessoais e levar vantagem sobre o grão-vizir. O próprio Sokollu Mehmet desconfiava de uma iniciativa que poderia unir a Europa cristã e relutava em ver o triunfo de seus rivais, mas o sultão não podia ser contrariado. Sua estratégia pessoal era tentar atrair Chipre diplomaticamente, afastando-a dos venezianos.

Como Veneza estava em paz com o império, buscava-se uma opinião religiosa do mufti quanto à legitimidade de quebrar um tratado com os infiéis. O mufti encontrou devidamente um precedente para a ocupação árabe da ilha: era dever de Selim recuperar esses lugares para o Islã. Foi o único tratado que os otomanos quebrariam no século XVI. Desde o início, a campanha de Chipre tinha conotações específicas de uma guerra santa.

Quando o emissário do sultão, Kubat, entregou a mensagem dele às autoridades de Veneza em 28 de março de 1570, o conteúdo geral já era conhecido e a resposta estava pronta. Mesmo antes de Kubat ser ouvido, a bandeira vermelha da guerra havia sido levada na procissão do doge. Os venezianos ouviram em silêncio o familiar e imperativo acidente de retórica otomano e o relataram assim:

> Selim, sultão otomano, imperador dos turcos, senhor dos senhores, rei dos reis, sombra de Deus, senhor do paraíso terrestre e de Jerusalém, senhorio de Veneza: exigimos de você, Chipre, que se dê a Nós de bom grado ou à força; e não irrite nossa espada terrível, pois Nós haveremos de fazer a guerra mais cruel contra você, em todos os lugares; nem deixe de confiar em seu tesouro, pois Nós haveremos de fazer com que este, repentinamente, fuja de você, como uma torrente; cuidado para não Nos irritar.[3]

Essa era a medida de quão intimamente os otomanos – ou Sokollu – entendiam que, para Veneza, a ameaça mais terrível era mexer com os custos; mas o Senado estava decidido e votou pela guerra com uma margem sem precedentes: 195 a 5. Kubat teve de escorregar para fora pela porta dos fundos, para evitar as atenções da multidão.

Apesar desse trovão, o plano otomano não era um capricho repentino; a visita de 1568 indicou que o plano tinha a densidade de anos de elaboração e era parte de uma intenção clara do definitivo controle otomano do Mediterrâneo oriental. O reconhecimento foi acompanhado por um planejamento que condizia com todas as verdades da diplomacia otomana e que se transformou em cálculos cuidadosos. Independentemente do que sentisse, Sokollu era fundamental na preparação do terreno. Ele tinha estabelecido a paz na Hungria e no Iêmen e depois jogado areia nos olhos da Europa cristã: a intenção da promessa de apoio à revolta moura era distrair Filipe na distante Madri; na França, Carlos IX estava recebendo ofertas de novos tratados dos turcos, para manter a cristandade em crise diplomática. Quanto aos venezianos, eram incentivados a subornar Sokollu como "o amigo de Veneza" que poderia derramar óleo sobre as águas turbulentas da agressão otomana e então se oferecer, no último momento, para tirar a ilha das mãos deles pacificamente.

Sokollu argumentou que Veneza ficava muito distante de Chipre para montar uma defesa adequada – se é que lutaria – e, crucialmente, a Europa estava muito desunida para organizar uma resposta conjunta. O medo das Cruzadas sempre dominou o pensamento otomano, mas a experiência de duzentos anos de ações pan-cristãs caóticas tinha levado Sokollu a esperar que Veneza pudesse ser levada a uma rendição pacífica. Era uma aposta razoável, mas que se revelou equivocada. Ninguém no início de 1570 poderia prever que a guerra de Chipre e a revolta dos mouros – eventos nos confins do mar – provocariam uma reação em cadeia, que seria uma surpresa para todos. E ninguém tinha levado em conta adequadamente a personalidade messiânica do papa Pio V, ou a ousadia de dom João da Áustria, ou a velocidade com que os eventos em Famagusta favoreceriam um senso unido de propósito cristão.

Mesmo antes do dramático ultimato de Kubat, os venezianos começaram a se aproximar da Europa cristã e, contra a vontade deles, levantaram a questão da Liga Santa novamente. Em 10 de março, o doge estava escrevendo para seu embaixador na corte de Filipe, em Madri, com suave insinceridade que

> as forças de Sua Majestade Católica devem estar unidas com a nossa, a fim de se oporem à fúria e ao poder dos turcos, com os quais consentimos, por nosso desejo de bem universal e porque esperamos que o Senhor Deus volte os olhos compassivos para a cristandade, e que Ele esteja disposto, nesse momento, a reprimir a audácia dos infiéis.[4]

O problema era que ninguém acreditava na sinceridade de Veneza; as pessoas se perguntavam até como eles haviam feito essa oferta se a república ainda estava negociando com Sokollu – e de fato estava. Se os otomanos retirassem sua ameaça, os comerciantes do Rialto alegremente esqueceriam o bem maior da cristandade e voltariam a negociar com os infiéis. Filipe, sem dúvida, ainda poderia lembrar os venezianos de aplaudir a queda de Santo Elmo e não tinha interesse intrínseco em ajudar Veneza; na verdade, a concentração otomana em Chipre parecia o momento ideal para retomar Túnis e consolidar o Mediterrâneo ocidental.

Todo mundo, no entanto, tinha ignorado o papa. A crise de Chipre era apenas a oportunidade de reanimar a Liga Santa que Pio estava esperando. Ele se jogou de cabeça no projeto com uma paixão assustadora; imediatamente comprometeu o papado a fornecer galés para o empreendimento e soltou os cordões da bolsa papal com tanta presteza que deixou os destinatários de boca aberta diante da avareza de seu antecessor. "Sua Santidade tem demonstrado a verdade de um de nossos provérbios castelhanos", brincou o cardeal espanhol, Espinosa, "o de que o constipado morre de diarreia."[5]

Pio enviou o clérigo espanhol Luis de Torres até Filipe, com argumentos convincentes para uma ação combinada. "É claro que uma das principais razões pelas quais o turco discutiu com os venezianos é que ele achou que os encontraria sem ajuda, sem esperança de união com Sua Majestade, que está tão ocupado com os mouros de Granada."[6] Esse deve ter sido o cálculo de Sokollu; era razoável, mas teve consequências inesperadas.

Filipe estava desconfiado de toda a ideia das Ligas Santas e não fazia parte de sua natureza agir espontaneamente. Burocrata de Deus, vestindo-se com sobriedade, de preto, ele lia tudo, governava de modo absoluto, embora com suspeita e cautela; não era de se decidir rapidamente – nem de revelar suas intenções de modo prematuro. "Ele é um dos maiores dissimuladores do mundo", queixou-se o embaixador francês; "ele sabe fingir e esconder suas intenções melhor do que qualquer rei [...] até o momento e a hora em que lhe convém dá-los a conhecer."[7] Enquanto Selim se encarregava dos assuntos de Estado, Filipe queria pesar cada detalhe e gerenciar todas as operações pessoalmente. Sua tomada de decisões era sinônimo de preguiça. "Se tivermos de esperar a morte", brincavam seus funcionários, "esperemos que venha da Espanha, pois, daí, nunca chegará."[8]

No entanto, Torres chegou em um momento crítico e inicialmente parecia alcançar resultados inesperados. A guerra moura estava no auge e Filipe encontrava-se em Córdoba, supervisionando a campanha. A Espanha crepitava com fervor religioso, e o medo de que os turcos pudessem estar ajudando na revolta tinha grande importância na mente do rei. Em uma atmosfera de emoções exaltadas, as distâncias encurtadas, parecia a Filipe que nada menos do que um desafio direto ao poder otomano poderia agora resolver seus problemas internos e toda a questão da segurança do

Mediterrâneo. E Torres tinha trazido com ele a promessa de substanciais subsídios papais, pois o dinheiro sempre concentrava as mentes cristãs. Torres teve sua resposta no prazo de dois dias. O rei católico concordou em princípio com a participação em uma Liga Santa, e os termos para isso deveriam ser escrupulosamente trabalhados – a cautela natural de Filipe logo se reafirmou em tal ponto. Nesse ínterim, motivado pela perspectiva de dinheiro no front, ele se comprometeu a fornecer ajuda "imediata" para "agradar ao papa e atender sempre às necessidades da cristandade".[9] Ele enviaria seu comandante naval Gian'Andrea Doria – o sobrevivente inglório de Djerba – com uma frota de galés para o sul da Itália. Pela primeira vez em muitos anos, o Mediterrâneo testemunhava uma tentativa cristã unificada de reverter a maré otomana.

Era para ser uma força tríplice. Veneza, o papado e a Espanha, azeitados pelo dinheiro da Igreja e pelas indulgências dos pecados daqueles que participavam, uniriam suas frotas na tentativa conjunta de salvar Chipre. Cada força nomeou o próprio comandante. Os venezianos deram o bastão de comando a Gerolamo Zane, em um serviço tipicamente elaborado em São Marcos. Ele partiu para a lagoa com uma frota de galeras avançadas em 30 de março de 1570. Doria, o marinheiro mais experiente em toda a operação, era capitão-geral das galeras espanholas, enquanto a escolha do comandante-geral coube ao papa. Ele fez o que era efetivamente um acordo político. Marcantonio Colonna era italiano, mas também vassalo do rei espanhol; sentia-se que ele poderia apelar para ambas as partes e trazer Filipe para a Liga. O problema era que ele era um diplomata e um general, não um homem naval experiente. Confidencialmente, havia bufos de escárnio no campo espanhol – o cardeal Espinosa declarou que sua irmã sabia tanto quanto ele sobre navios – e Filipe postergou o mais que pôde até aceitar a nomeação, irritado por

Colonna tê-lo feito sem consulta, lembrando seu homem de que ainda não existia algo como uma Liga. No entanto, Pio era inabalável em sua escolha. Em 15 de julho, Filipe escreveu ao comandante expressando satisfação com sua nomeação.

Por trás de tais palavras afortunadas havia oceanos de desconfiança mútua e objetivos não declarados, mas divergentes. A expedição de 1570, realizada em termos não acordados, foi um exercício de má-fé, mantido pela força de vontade e pelos subsídios do papa. Filipe não tinha interesse intrínseco em preservar a economia de Chipre para os venezianos, mas saudou o subsídio papal e teria gostado de desviar a expedição para o Norte da África; a cautela natural e a catástrofe em Djerba regiam suas instruções secretas para Doria. A perda de sua frota cuidadosamente reconstruída deixaria a Espanha exposta aos corsários do Norte da África de novo; ele não tinha nenhuma intenção de arriscar isso pelos venezianos traiçoeiros, que eram capazes de romper um acordo final com o sultão. Os venezianos, por sua vez, tinham uma profunda desconfiança dos genoveses em geral e do clã Doria em particular, após a derrocada de Preveza em 1538, ao passo que nenhuma das partes tinha fé na escolha de Colonna como comandante naval pelo papa. Eles calmamente determinaram a seus almirantes que só obedecessem às ordens de Colonna se sua experiência assim lhes dissesse. A breve diretiva de Filipe para Doria limitava essas instruções a termos particularmente ambíguos: "Você deve obedecer a Marcantonio Colonna como general das galés [...] e, com a experiência prática que possui, sempre chamar a atenção de [Colonna] ao que você julgar ser o curso correto de ação em todas as coisas...".[10] Por trás disso havia um comando maior: "Você deve olhar com cuidado onde coloca nossas galés por causa do grande mal que qualquer infortúnio traria para a cristandade".[11] Filipe estava realmente dando a Doria o mesmo autocomando que tinha dado a dom Garcia de Toledo em Malta: não se envolver com a frota inimiga de maneira alguma. O irmão de Doria disse ter feito uma aposta de "que não haveria combate com a armada inimiga, porque Gian'Andrea tinha ordens de Sua Majestade para não se envolver nisso naquele ano".[12] Isso se harmonizou exatamente com o próprio e peculiar compromisso de Doria com a diligência: ele estava presente como comandante da frota do rei e como contratado particular. Doze das galés eram de propriedade pessoal alugada a Filipe: ele não tinha intenção de arriscá-las em uma luta.

Foi contra esse pano de fundo que os aliados lançaram suas frotas. O empreendimento era periclitante, mal concebido – e tardio. Os venezianos estiveram em paz por trinta anos e brincavam de pega-pega. Construíram e recomissionaram navios com rapidez extraordinária – em junho, o arsenal produziu 127 galés leves e 11 pesadas –, mas a busca de mão de obra confiável constituía, como sempre, um problema. O mar e as condições a bordo logo dizimaram ainda mais a força de Zane. Ele estava em Zara, na costa da Dalmácia, à espera de Colonna e Doria, quando o tifo tomou conta dos bancos de remo. Os homens começaram a adoecer e morrer. Ele permaneceu sentado ali, submetido às ordens, por dois meses e então se dirigiu para Corfu, onde as coisas não melhoraram. A inação desmoralizava a frota; quando mais remadores foram recrutados das ilhas gregas, eles também morreram. Exasperado com o não aparecimento de seus aliados, o Senado veneziano mandou Zane seguir para Creta com seus navios exauridos no final de julho.

Enquanto isso, Doria estava fazendo os laboriosos preparativos habituais, reunindo homens no sul da Itália e aguardando as instruções precisas, mas conflitantes, de Filipe. Revertendo o padrão, o rei ainda não tinha realmente se comprometido a juntar sua frota com os venezianos, mas apenas a enviá-la para a Itália. Foram necessários mais alguns esclarecimentos para que Filipe instruísse Doria adequadamente, porém em termos tão ambíguos que Doria queixou-se ao sogro de que "o rei ordena e deseja que eu o sirva e adivinhe [suas intenções]. No entanto, quanto mais leio sua carta, menos entendo [...] Assim, não tenho outra escolha senão ir, mas lentamente".[13] E assim ele agiu, vagando pela costa sul da Itália para se reunir com as galeras papais de Colonna em Otranto. Colonna, que estava esperando havia quinze dias, teve de suportar Doria fazendo jogos com o protocolo naval. Ele não conseguiu fazer a visita habitual a seu oficial superior; finalmente, Colonna embarcou no navio-capitânia genovês, onde Doria o informou de sua primordial "obrigação de preservar intacta a frota de Sua Majestade"[14] e que ele permaneceria com a frota reunida no máximo até o final de setembro.

Por fim, Colonna e Doria partiram para um encontro com os venezianos em Creta em 22 de agosto, "e tudo isso foi feito", relatou Colonna, com tristeza, posteriormente, "apesar de Gian'Andrea, com medo de ser descoberto, ter ido tão longe pelo mar que mal pôde fazer o desembarque em Creta".[15]

Tudo estava acontecendo muito tarde. Os otomanos tinham planejado sua operação com cuidado e partiram cedo. Piyale deixou Istambul no final de abril com oitenta galés; o comandante do exército, Lala Mustafá, partiu vinte dias depois; a cavalaria e os janízaros marcharam pela Anatólia até o ponto de reunião em Finike, no litoral sul, a 240 quilômetros de Chipre. Até 20 de julho, os otomanos haviam desembarcado em algum lugar entre 60 mil e 80 mil homens perto da ilha.

A expedição era o eco de Malta, embora em escala muito maior. Havia dois objetivos concomitantes: Nicósia, a capital, no centro da ilha, e Famagusta, "o olho da ilha",[16] seu porto fortificado, na costa oriental. O comandante mais competente de Veneza, Astorre Baglione, imaginou que os otomanos iriam para Famagusta, e Piyale novamente defendeu a captura do porto seguro. No entanto, em algum lugar da mente de Lala Mustafá, espreitava a lição de Mdina, que tinha sido a nêmesis de seu homônimo em Malta. Ele estava ansioso para não deixar Nicósia sem proteção na retaguarda.

Lala Mustafá fazia parte do círculo íntimo do sultão. Seu prenome honorífico – Lala, "guardião" – denotava o cuidado com Selim, como se este fosse uma criança; ele era um oponente apaixonado de Sokollu Mehmet, que tacitamente reprovava todo o empreendimento. O sucesso era agora crítico para Mustafá, que compartilhava dois atributos com seu homônimo general Mustafá em Malta: o temperamento explosivo em face da oposição obstinada e a propensão para atos de crueldade exemplar – traços de caráter que serviriam à doentia causa otomana.

Diferentemente dos cavaleiros em Birgu, os venezianos pelo menos tinham se preparado para defender suas fortalezas cipriotas. Nicósia está no centro da grande planície da ilha – uma extensão empoeirada de quarenta quilômetros de comprimento, plana como uma mesa de bilhar, que brilha no calor do verão. O terreno aberto permitia que os venezianos, nada sentimentais, partissem o coração de uma das cidades mais sedutoras e cosmopolitas da Europa. Durante a década de 1560, eles explodiram palácios e igrejas, expulsaram milhares de pessoas e demoliram o prédio mais precioso da ilha, o mosteiro de São Domingo, com suas tumbas reais, em nome da engenharia defensiva. Em seu lugar, construíram uma fortaleza em forma de estrela perfeitamente simétrica, dentro de uma circunferência de quatro quilômetros, tirada diretamente das páginas de um manual de cerco italiano. Tinha algumas deficiências – havia bastiões circundados por grama em vez de pedra –, mas especialistas que a visitaram a consideraram "a melhor e mais científica construção".[17] No verão de 1570, as provisões eram suficientes para um cerco de dois anos. Nas mãos certas, poderiam se estender por longo tempo.

O problema era a necessidade de 20 mil homens para defender todo o perímetro de Nicósia; a cidade tinha 55 mil habitantes, dos quais apenas 12 mil estavam aptos para o serviço militar e muitos destes eram soldados gregos não treinados. O padre Angelo Calepio, que escreveu como testemunha ocular um relato surpreendente do que aconteceu, comentou friamente sobre esses homens: o governo "não tinha nem espingardas, nem espadas para lhes dar, nem arcabuzes, nenhuma armadura defensiva [...] muitos soldados eram corajosos o suficiente, mas muitos tinham tão pouco treinamento que não podiam disparar o mosquete sem queimar a barba".[18] Uma defesa eficaz também exigia um comandante competente e, nesse aspecto, Veneza não tinha tido sorte. A morte havia despojado a ilha de seus generais mais experientes; o melhor soldado restante na ilha, Astorre Baglione, estava em Famagusta. Na ausência de melhor alternativa, o controle de Nicósia passou para o absolutamente desastroso Nicolas Dandolo. "Quisera Deus que o tivéssemos perdido também!",[19] escreveu Calepio, amargamente. Dandolo era cauteloso, não carismático, desdenhoso da opinião dos outros e extremamente inteligente. Ao longo de todo o cerco, frustrou os melhores esforços de seus qualificados oficiais venezianos e da cavalaria grega local.

Ele estragou quase tudo. Lala Mustafá ficou surpreso quando conseguiu aportar sem oposição. Dandolo havia proibido a cavalaria de repelir os invasores. O Senado veneziano tinha enviado à ilha permissão para libertar seus servos gregos, em uma tentativa de última hora de ganhar a boa vontade deles; isso nunca foi feito. Desde o início, os otomanos trataram a população local com grande clemência. "Eles não obtiveram nenhuma liberdade", registrou Calepio, "a não ser a que Mustafá lhes deu."[20] Foi muito fácil separar os cipriotas gregos de seus senhores italianos. Quando a vila fortificada de Lefkara se submeteu aos turcos, uma força de Nicósia investiu e massacrou a população local. Como era de esperar, os apelos por socorro enviados às aldeias periféricas ficaram sem resposta.

Lala Mustafá marchou para Nicósia sem oposição e foi rápido na construção das plataformas de armas e de suas trincheiras serpenteantes. Dandolo parecia congelado em imobilidade, proibindo missões, acumulando pólvora e reprimindo iniciativas. Calepio, posteriormente amargurado pela perda pessoal e pela prisão, não se conteve:

> Estávamos ansiosos para perseguir [o inimigo] com nossa cavalaria e impedir seus cavalos de trazer lenha, porém não nos era autorizado fazê-lo: mesmo quando alguns dos mais ousados deles chegavam perto de nossa vala para derrubar as pontes e os bastiões e perfurar as muralhas, o tenente [Dandolo] não permitia que nossos homens disparassem contra eles se fossem um ou dois, mas apenas dez ou mais, dizendo que não poderia justificar isso para São Marcos. Assim, o inimigo teve todas as condições de danificar nossas muralhas e bastiões da maneira que quiseram, enquanto eu e muitos outros escutávamos com os próprios ouvidos os arrogantes comandos e ameaças dirigidos a nossos artilheiros e seus chefes

> sobre o desperdício de pólvora, que era distribuída com a maior avareza, para evitar ferir os homens que, com disparos furiosos e incessantes, estavam tentando tirar nossa vida. Além do mais, eles tinham o que o tenente queria acumular, de modo que muitas pessoas começaram a pensar que ele era um traidor. Mais de uma vez o *signor* Pisani perguntou [a Dandolo] por que não deixava que nossos homens fizessem o que era necessário para a defesa, e os dois quase chegaram às vias de fato quando ele disse [a Dandolo]: "Ilustre senhor, devíamos limpar a vala e expulsar os inimigos, de modo que eles não possam minar nossas defesas com pás e picaretas, pondo-as abaixo". O *signor* Dandolo respondeu que nossos bastiões eram as montanhas.[21]

Havia divisões dentro da cidade, entre gregos ortodoxos e católicos de Veneza e entre ricos e pobres, que Dandolo – não La Valette – foi incapaz de resolver. "Eu vi muito pouca caridade onde deveria tê-la encontrado", lamentou Calepio, que entregou duas cargas de carros de mula de comida e vinho para os soldados na linha de frente, "para tocar o coração dos ricos e dos poderosos [...] mas achei poucos [homens abastados] a me imitar."[22] Os líderes aristocráticos abandonavam as defesas ao cair da noite e voltavam para casa, o que fez com que os homens se queixassem.

O momento decisivo veio em 15 de agosto. O bispo inspirador de Pafos finalmente convenceu Dandolo a permitir uma investida para conter as armas otomanas. Tudo deu muito errado. Alguns gregos indisciplinados saquearam o acampamento inimigo, e, com isso, Dandolo proibiu a cavalaria de dar apoio à operação. O núcleo dos soldados profissionais venezianos se despedaçou.

Lala Mustafá tentou repetidas vezes convencer Nicósia a se render, com uma mistura de promessas e ameaças. Em 30 de agosto, estava confiante de que a frota de auxílio não viria. Ele fez uma nova tentativa, mas os venezianos, alimentados por um patriotismo profundo, recusaram-se a ceder. "Todo mundo deve saber, neste momento de crise", declarou duramente o aristocrático conde Giacomo, "por nossos feitos brilhantes, por nosso sangue, quão leais somos; como preferimos morrer pelo fio da espada a mudar nossos senhores."[23] Os vassalos gregos eram provavelmente menos animados por esses sentimentos, porém o exemplo de Malta estava firme na mente de todos. Quando sinais de fogo surgiram nas distantes colinas, homens, mulheres e crianças correram para as muralhas e zombaram dos otomanos, lembrando-os de seu fracasso diante das muralhas de Birgu, cinco anos antes. As autoridades das regiões periféricas tinham ordenado os sinais para elevar o ânimo do povo, embora soubessem não haver nenhum alívio à vista. Dandolo era acompanhado por um guarda-costas armado para se proteger contra a má vontade das pessoas.

Enquanto o cerco de Nicósia estava entrando em sua última fase desesperada, a mais de 550 quilômetros de distância, na ilha de Creta, a frota aliada era protagonista de sua lamentável tragédia de brigas e trapaças.

As frotas espanhola e papal finalmente se encontraram com Zane na baía de Souda, ao norte de Creta, em 30 de agosto. O comandante veneziano tinha perdido talvez 20 mil homens e buscava substitutos ao redor das ilhas. Os cristãos agora tinham uma frota considerável – 250 embarcações, ante 150 de seus adversários –, mas não havia consenso em como proceder e nenhuma rede de comando. Em 1º de setembro, Colonna convocou um conselho de guerra em seu navio-capitânia. Eles conversaram por treze dias. Doria não se impressionou com a condição da frota veneziana e acusou Zane de ocultar seu verdadeiro estado; durante a revisão da frota, Zane tinha recolhido todos os seus navios ao porto e transferido seus homens de um para outro, enquanto inspecionava cada um para disfarçar a verdade sobre sua força exaurida. Doria argumentou que era tarde demais para atacar Chipre e declarou, sem rodeios, que não tinha intenção de deixar Veneza "adquirir honra com meus bens".[24] Ele exigiu que os venezianos garantissem 200 mil ducados por suas galeras particulares, caso viessem a se perder no empreendimento. Os venezianos se negaram a isso e insistiram em uma assistência a Chipre: Nicósia ainda resistia. Zane tinha ordens para fazer Chipre destruir a frota otomana; era imperativo que eles fizessem a tentativa. Doria continuou a objetar. Zane escreveu de volta a Veneza relatando a atitude de obstrução de Doria: "Embora finja estar disposto a lutar contra o inimigo, ele não quer fazê-lo e não para de criar dificuldades".[25] Além disso, o pessoal da inteligência foi enviado para determinar a situação em Chipre. À medida que o tempo e a força de vontade driblavam a distância, Colonna ficava cada vez mais desesperado para conseguir alguma coisa, qualquer coisa. Finalmente, na noite de 17 de setembro, toda a frota zarpou e atacou os turcos pela retaguarda, com um atentado em Rodes.

Enquanto isso, Piyale havia enviado observadores para descobrir as intenções da frota cristã. Cretenses prestativos informaram que os navios estavam irremediavelmente atolados e que era improvável que conseguissem qualquer coisa. Ele tinha destacado 16 mil homens das galés para se juntar ao assalto final de Lala Mustafá. Na madrugada de 9 de setembro, eles irromperam para matar, estimulados pela promessa do paxá de recompensas vultosas para os primeiros homens que entrassem na cidade.

Os otomanos concentraram seu ataque em quatro pontos. Os inexperientes soldados gregos ficaram apavorados com o pandemônio da primeira investida e fugiram quase ao mesmo tempo. Em grande medida, restou aos venezianos conter a maré. Sinos ressoavam por toda a cidade, convocando homens para as muralhas. Calepio foi até o bispo de Pafos, "que usava peitoral [e] me fez colocar nele proteção nos braços e um elmo e foi se juntar a seus homens".[26] Durante duas horas, eles detiveram os otomanos, mas seus "homens foram cortados em pedaços e as pequenas fossas do abrigo ficaram cheias de cadáveres".[27] Calepio viu que os homens estavam sendo derrubados um a um:

> O assistente caiu morto por uma bala de mosquete; Messer Bernardo Bollani tombou e ficou algum tempo sob os cadáveres, mas foi pego. Nicolo Sinclitico se retirou, finalmente, ferido no rosto, assim como seu irmão, Geronimo. Thomas Visconti, irmão deles, morreu; o coronel Palazzo morreu no local, o governador Roncome morreu em sua casa e (para ser breve) após duas horas de luta contínua quase todos estavam mortos.[28]

Entre os defensores que ainda mantinham posição, havia confusão e fúria. O artilheiro-chefe em um dos bastiões, agora quase sem pólvora, injuriava violentamente seus comandantes de campo:

> Seus cães, inimigos de Deus, de si mesmos e do reino, não veem que o inimigo está ganhando terreno? Por que não temos pólvora suficiente para expulsá-los? Enquanto eu tiver pólvora para bombardear seus flancos, eles não terão saída. Que o diabo os carregue! Vocês comeram a pólvora? Será que engoliram as bolas? Sua economia em prol de São Marcos, eu posso ver, vai nos fazer perder o dia.[29]

A essa altura, porém, Dandolo não estava em lugar algum onde pudesse ser visto. Ele havia abandonado seu posto e voltado para o palácio.

Havia combates confusos nas ruas, "sem nenhum tipo de ordem",[30] pois os otomanos afluíram. Muitos padres gregos foram mortos do lado de fora de sua igreja. Calepio e outro sacerdote tentaram reunir os soldados gregos que fugiam. "Pegamos uma grande cruz e os exortamos o mais seriamente possível [...] mas ainda que tenhamos passado duas horas fazendo-lhes sermões, pouco adiantou."[31] Alguns tentaram escapar por entre os vãos das muralhas; outros, abrindo os portões. "Muitos foram mortos pela cavalaria turca, outros foram presos e poucos escaparam."[32]

Em torno do palácio, na praça central, os defensores se agruparam para uma última posição. A essa altura, havia venezianos mais dispostos a matar Dandolo do que os turcos. O nobre Andrea Pesaro procurou Dandolo e tentou assassiná-lo. Gritando "Eis que eu digo: nós pegamos o traidor",[33] ele levantou a espada, mas foi derrubado pelo guarda-costas do comandante. Dandolo queria organizar uma rendição, porém foi inútil. Os que depuseram as armas foram mortos na investida. Lutando de metro em metro, os últimos sobreviventes se mantiveram firmes por um tempo nos quartos superiores do palácio, jogando turcos pelas janelas, até que foram reduzidos a um monte de cadáveres. Dandolo vestiu seu manto de veludo carmesim, na esperança de ser poupado como pessoa importante. Foi decapitado assim mesmo. "Então", de acordo com Calepio, "um grego bêbado içou sobre o palácio a bandeira turca, jogando para baixo a de São Marcos."[34]

Finalmente as armas silenciaram e o barulho diminuiu, "mas a mudança era triste e pesarosa".[35] Tudo o que se podia ouvir era o lamento das mulheres e crianças separadas da família e levadas à escravidão. Calepio recordou os terríveis tiroteios e a tristeza pessoal e coletiva:

> Os vencedores continuaram cortando a cabeça das mulheres idosas; muitos deles, enquanto caminhavam, para pôr à prova suas espadas, cortavam a cabeça das mulheres que já tinham se rendido [...] Entre os mortos estavam Lodovico Podochatoro e Lucretia Calepia, minha mãe, cuja cabeça cortada caiu no colo de sua criada.[36]

No dia seguinte à captura da cidade, os prisioneiros e os despojos foram colocados à venda. Dizia-se que tal quantidade de saque não havia sido tomada de uma cidade desde a queda de Constantinopla.

Lala Mustafá enviou um capitão veneziano para Cirênia, na costa norte, acorrentado e com duas cabeças decepadas amarradas a sua sela. Para o comandante em Famagusta, Marcantonio Bragadin, ele despachou a cabeça de Dandolo em um prato.

Na noite de 21 de setembro, a frota cristã estava se abrigando da tempestade na costa otomana quando navios de reconhecimento voltaram com a notícia que eles temiam: Nicósia tinha caído. No dia seguinte, no deque da popa do principal navio de Colonna, o esforço de socorro cristão deu sua última cartada. A maioria dos comandantes estava prestes a voltar atrás; Zane, final e relutantemente, concordou. A frota destroçada navegou para casa, não sem uma ou outra luta pelo caminho. Doria queria lavar suas mãos pela frota e voltar correndo sozinho, consciente do atraso da temporada e da oportuna instrução de manter seus navios a salvo a todo custo. Nisso, pelo menos, ele mostrou bom-senso. No início de outubro, a frota foi atingida por vendavais. Treze galés naufragaram próximo a Creta, embora Doria, provavelmente um marinheiro melhor, não tenha perdido nenhuma. O tifo atingiu as galeras de novo; o navio de Colonna foi danificado por um raio e mais navios afundaram. No final do ano, tanto Colonna como Doria divulgaram suas tendenciosas contas do fiasco. Se o papa se mostrou desanimado, o Senado veneziano ficou horrorizado. Zane terminaria seus dias na prisão, um homem acabado, enquanto Filipe, que era tão responsável quanto qualquer um pelo humilhante fracasso, promoveu Doria ao posto de general.

Em Chipre, a fortaleza veneziana em Cirênia prontamente se rendeu quando o oficial capturado chegou tilintando ao pátio, com as cabeças amarradas à sela. No entanto, em Famagusta, Marcantonio Bragadin enterrou a cabeça de Dandolo com honra e enviou a Lala Mustafá uma resposta enérgica:

> Eu vi sua carta. Também recebi a cabeça do senhor tenente de Nicósia, e lhe digo nesta que, mesmo que você tenha tomado facilmente a cidade de Nicósia, com seu sangue terá de comprar esta cidade, que com a ajuda de Deus vai lhe dar tanto o que fazer que você vai se arrepender para sempre de ter acampado aqui.[37]

O exército otomano marchou para cercar Famagusta. Com ele, Lala Mustafá enviou bens saqueados e alguns jovens, homens e mulheres, tirados de Nicósia. Esses prisioneiros foram embarcados em um galeão de Sokollu e dois outros navios, como presentes para Selim. Em 3 de outubro, longe de Famagusta, uma explosão no depósito do galeão rebentou as três embarcações e balançou as muralhas dos defensores. Diz a lenda que foi um ato de destruição deliberada da filha de uma nobre italiana, determinada a não ser capturada viva.

# Famagusta

janeiro a julho de 1571

A chuva caía tristemente na lagoa de Veneza durante o inverno de 1570-1571. O tempo estava péssimo, o preço dos grãos, em alta, a frota, em farrapos. Ainda havia o tifo nas galés, e os sacerdotes dos navios, com medo de contágio, deixavam os homens morrer sem confissão. A guerra feria Veneza profundamente. O dinheiro era pouco, mas a república não se atrevia a retirar sua frota, com medo de que os homens simplesmente desaparecessem.

Dentro da cidade, a culpa pelo fracasso de 1570 ia e vinha. Um panfleto anônimo, *Os notáveis erros cometidos pela Signoria Veneziana em sua resolução e administração da guerra contra os turcos*, execrava as autoridades pela ingenuidade, pelo mau julgamento e pelos pobres compromissos. O autor as responsabilizava "pela perda de Nicósia, pela morte ou prisão de 56 mil pessoas, bem como pela perda de mais de trezentas peças de artilharia e de quase toda a ilha, exceto o recinto amuralhado de Famagusta".[1] A queda ignominiosa de Nicósia parecia marcar mais um capítulo da queda irrefreável dos destinos da república. Agora, a sorte de Famagusta oscilava na balança. "Só Deus sabe se Famagusta será forte o suficiente para resistir tanto tempo contra as forças dos turcos",[2] escreveu o cardeal francês de Rambouillet para Carlos IX. Era uma visão amplamente compartilhada em Veneza. Quinhentos e trinta quilômetros a leste, Selim estava em Edirne, já se preparando para a nova temporada de campanha; após as ricas recompensas em Nicósia, voluntários se aglomeravam pela causa.

O papa estava perturbado. Para ele, a causa do fracasso expedicionário havia sido a recusa de Doria "em prestar um serviço mais satisfatório aos venezianos".[3] Em Roma, o novo ano começou mal, com um daqueles eventos naturais que deixavam as pessoas inseguras. Em 3 de janeiro, durante uma violenta tempestade, um raio atingiu o campanário de São Pedro e provocou grandes danos. Ainda mais sério, as negociações para a constituição formal de uma Liga Santa pareciam ter se atolado na lama do inverno.

Eles haviam começado de modo muito brilhante em julho de 1570, com os representantes de Filipe e os de Veneza encontrando-se em Roma, sob os auspícios do papa. Houve discussões iniciais sobre termos de referência e custos – os espanhóis queriam que a Liga fosse dirigida de maneira geral contra todos os hereges e infiéis; os venezianos, que não tinham intenção de lutar com os protestantes dos Países Baixos, responderam que o termo "turco" seria suficiente. Os negociadores papais propuseram usar a Liga de 1537 como modelo para o arranjo, e em setembro parecia que todas as grandes questões tinham sido resolvidas; eles, então, tiveram de aguardar enquanto os negociadores espanhóis voltavam para Madri. Em outubro, Filipe, apesar das reservas, estava pronto para assinar; nesse momento, os venezianos começaram a tergiversar, pois mudaram sua equipe e pediram para negociar tudo de novo a partir do zero, ponto por ponto. Seguiram-se meses de negociações, que paravam e recomeçavam, disputas e distorções. Para Pio, impulsionado pelo ânimo cristão, era como pastorear gansos em um cercado.

O processo foi um claro reflexo das forças que destruíram a expedição naval paralela: má-fé, agendas ocultas, falta de confiança mútua, objetivos conflitantes. Filipe II, o rei católico, queria a honra de chefiar a Liga como líder secular do mundo cristão. Seus interesses estratégicos se estendiam para o leste só até a Sicília; na verdade, a queda de Chipre teve algumas vantagens na redução do poder de Veneza. Ele queria dirigir a Liga para uma defesa do Mediterrâneo ocidental e retomar Túnis. Ele também estava muito interessado em dinheiro; os oscilantes subsídios papais eram cruciais para a participação espanhola. Os venezianos exigiam uma operação ofensiva para garantir Chipre e não pensaram em Túnis nem uma vez sequer, enquanto ambas as partes estavam estarrecidas com a visão de Pio de que o objetivo final da Liga deveria ser a reconquista da Terra Santa.

Os venezianos lembravam-se da Liga de 1537 com desgosto e jogavam um complexo jogo duplo. Ao mesmo tempo que o negavam tenazmente, eles realizavam, por fora, negociações descontínuas com Sokollu – mesmo depois de terem assinado – para pôr fim à guerra. Seu representante em Istambul, Marcantonio Barbaro, embora ostensivamente sob prisão domiciliar durante toda a guerra, estava em contato permanente com o grão-vizir. A república usou a ameaça de um acordo com o sultão como pressão por melhores condições da Liga e vice-versa. "Não tenho nenhuma dúvida", escreveu um cardeal observador das negociações, "que, se ele [o sultão] oferecer a esses senhores algum tipo de acordo, e a Liga não se resolver rapidamente, eles vão aceitá-lo, mesmo que isso signifique simplesmente entregar Chipre a ele."[4] Na verdade, os venezianos foram duros nas negociações com Sokollu para a retenção de Famagusta, tanto que os turcos se preparavam para capturá-la. E o grão-vizir tinha o próprio jogo implacável na política de poder. Ele não queria a guerra de Chipre, mas, agora que estava em andamento, ele tinha concluído que seus implacáveis rivais no divã – Lala Mustafá e Piyale – não deveriam ganhar a glória militar a sua custa. Se ele conseguisse obter Famagusta dos venezianos pela diplomacia, ainda poderia pegar suas armas.

Famagusta, "a cidade afundada na areia", como os gregos a chamavam, era o posto mais oriental do império marítimo veneziano. O leão de São Marcos, esculpido em pedra no portão do mar, encarava sem piscar a luz brilhante; sua bandeira farfalhava ao vento salgado, acima das palmeiras e das capelas dos cruzados e da igreja de São Nicolau, uma fantasia gótica inspirada na catedral de Reims, de algum modo encalhada em uma praia tropical.

Os venezianos tinham fortificado intensamente o local nos anos anteriores, antes de Lala Mustafá chegar. O perímetro de três quilômetros, em forma de losango, apresentava um formidável obstáculo para o paxá. "Uma fortaleza bastante razoável e a mais forte e a maior da ilha",[5] considerou o visitante inglês John Locke em 1553 – cinco portões, quinze bastiões, uma vala seca profundamente escavada, muralhas de cinquenta metros de altura e quinze metros de largura –, e o terreno era de baixa altitude e malárico, não um lugar para um exército ficar. O paxá estava ansioso por um resultado rápido.

Assim que chegou, no final de setembro, Lala Mustafá tentou convencer os venezianos a desistir sem lutar. Ele exibiu cabeças e cativos vivos diante das muralhas e endereçou cartas ao embaixador veneziano em Istambul, solicitando a permissão de Bragadin para se render. Desde o início, recebeu uma resposta dura. O comandante Marcantonio Bragadin, como o infeliz Dandolo, descendia de uma das grandes famílias de Veneza, mas era um patriota corajoso. Os assuntos em Famagusta foram colocados em termos muito diferentes daqueles em Nicósia. Havia forte disciplina interna; os soldados foram pagos; a distribuição de alimentos foi sistemática e justa; de acordo com os patrióticos relatos venezianos, "enquanto havia uma dracma de alimentos, Bragadin a distribuía e, quando nada havia, restava sua boa vontade".[6] Apesar da enorme discrepância de forças – 80 mil e 8 mil –, os ânimos estavam elevados. A população grega e seus sacerdotes participaram sinceramente da defesa, e Bragadin foi sábio o suficiente para deixar o comando prático militar para o inspirador Astorre Baglione, que era adorado por seus homens.

Durante o inverno tudo se desarticulou. A frota otomana tinha voltado para os portos seguros do continente e Lala Mustafá ficou esperando a primavera. Nesse ínterim, houve incursões, escaramuças e lutas individuais homéricas para aliviar o tédio, das quais o próprio Baglione participou. Toda a população assistia das muralhas e acusava os turcos de fraude por ferir os cavalos e fugir quando perdiam, em vez de render-se ao vencedor. Baglione oferecia prêmios em dinheiro pelo interesse desportivo: apenas dois ducados por matar o oponente; cinco por derrubá-lo do cavalo.

Em meio a esse compromisso de baixo nível, Veneza deu um pequeno e astuto golpe militar no inimigo, que teria consequências imprevisíveis. Em janeiro, o enérgico Marco Querini foi nomeado comandante das galés em Creta. O novo homem descobriu que os otomanos tinham retirado sua frota dos mares de inverno; havia restado apenas uma força simbólica para apoiar o exército em Famagusta. Ele optou por um ataque de alto risco, audacioso e fora de época, para coincidir com o início do Ramadã. Em 16 de janeiro, ele partiu com uma dúzia de galeras e quatro veleiros carregados com 1.700 soldados designados para reforçar a cidade. Seguindo para o leste no mar de inverno, ele chegou a Famagusta em dez dias; quando os quatro navios seguiam para o porto, foram avistados pelas galés otomanas, mas Querini tinha planejado uma armadilha cuidadosa. Suas galés, à espreita, pegaram os otomanos totalmente de surpresa e dispararam contra três de suas embarcações, deixando-as em pedaços antes que os barcos a vela do comandante fossem rebocados para o porto, para grande alegria dos defensores. Durante três semanas, Querini tumultuou a região da costa, destruindo fortificações e instalações portuárias, capturando navios mercantes e renovando o ânimo dos homens de Bragadin.

Na noite da partida de Querini, Bragadin e Baglione prepararam uma emboscada. Eles ordenaram que ninguém aparecesse nas muralhas na manhã seguinte, carregaram seus canhões e arcabuzes, e deixaram a cavalaria pronta atrás do portão. Ao amanhecer, os otomanos olharam para as barreiras silenciosas. Nada se movia; os navios tinham desaparecido. Eles rastejaram para fora das trincheiras. Ainda nenhum sinal de vida. Começaram a pensar que os venezianos tinham ido embora com Querini. Quando isso foi relatado para Mustafá, todo o exército avançou. Primeiro veio um tiro de alerta; depois, uma furiosa salva de tiros contra as muralhas, que ceifou a vida de muitos homens. Seguiu-se um ataque devastador da cavalaria.

Querini havia partido com promessas de avanço substancial; ele deixou Bragadin com uma leva de peregrinos cativos que seriam incorporados às hostes, ainda que os detalhes desse plano depois tenham sido objeto de controvérsia. Esses desafortunados estavam destinados a exercer um papel crucial nos acontecimentos que estavam por vir.

A "visita" de Querini também servia como um lembrete vívido do que Veneza ainda era capaz de fazer; isso chocou o alto-comando otomano e desencadeou uma série de medidas reativas que trariam grandes consequências. Selim estava indignado e perturbado com essa sacudida em seu orgulho; como protetor dos fiéis, manter as rotas de peregrinação abertas era crítico. Ele executou o governador de Quios, nominalmente responsável, para que servisse de exemplo. Piyale teve a cabeça conservada, mas foi demitido do cargo – um golpe útil para Sokollu infligir em um de seus rivais. O comando da marinha passou para o quinto vizir, Müezzinzade Ali – Ali Paxá –, um comandante muito menos experiente, mas outro rival potencial. Alguns detectaram a mão maligna de Sokollu nessa nomeação, uma tentativa deliberada de sabotar uma operação militar cujo sucesso poderia enfraquecer sua posição. Independentemente do motivo, a nomeação se revelaria crucial. Ao mesmo tempo, o medo de outra força de auxílio obrigou os otomanos a adotar procedimentos incomuns. Para se proteger de Chipre, eles navegaram muito mais cedo do que o habitual.

Em meados de fevereiro, vinte galeras foram vigiar Creta; em 21 de março, Ali Paxá também partiu de Istambul. Ao zarpar mais cedo, a frota estava inevitavelmente comprometida com uma temporada de campanha mais longa. E, quando saiu de Istambul, o novo almirante carregava no bolso um conjunto de instruções sem precedentes. Em princípio, os otomanos tinham pouco interesse na guerra de mar aberto. Eles usavam seus navios para transportar tropas e para apoiar as operações anfíbias contra portos e ilhas inimigos; os cercos de Malta e Rodes foram usos típicos do poder marítimo otomano. A esse respeito, as ordens recebidas por Ali Paxá eram extraordinárias. Elas o instruíam a "encontrar e atacar imediatamente a frota dos infiéis, a fim de salvar a honra de nossa religião e do Estado".[7] É impossível saber se foram emitidas por Sokollu ou pelo próprio sultão imprudente. Era para confirmar uma previsão fatal.

Em Roma, as negociações continuaram. Em março, os espanhóis tentaram desviar o objetivo principal da Liga para Túnis, mas Pio era obstinado – a expedição iria para o leste – e manteve o punho fechado sobre os cordões da bolsa. Quando todas as partes foram finalmente convidadas a assinar, os venezianos suspenderam as negociações sem explicação e voltaram a falar com Sokollu; como a corda apertou em Famagusta, a facção de paz em Veneza cresceu clamorosa. O papa foi levado às lágrimas; parecia que todos os seus esforços estavam fadados ao fracasso. No entanto, a essa altura, os termos de Sokollu tinham se tornado mais exigentes – e Colonna foi enviado por Pio para persuadir os venezianos a voltar para a mesa. Finalmente, em maio de 1571, depois de dez meses de disputas e distorções, os termos finais foram estabelecidos.

Em 25 de maio de 1571, as três partes assinaram o documento histórico na Sala do Consistório, no Vaticano. Seguiu-se uma semana de grandes celebrações públicas nas ruas de Roma; moedas especialmente cunhadas foram jogadas para a multidão, "como um sinal de alegria e regozijo".[8] Em 7 de junho, o documento foi formalmente publicado em Veneza, diante de uma grande multidão; celebrou-se uma missa em São Marcos e o doge caminhou em procissão solene. Havia uma sensação de expectativa em toda a Itália, espelhada nas palavras vibrantes do próprio Pio, consciente de que ele tinha feito história. De acordo com um observador, ele falou "com palavras vivas e amorosas, agradecendo à Divina Majestade, que, no tempo de seu pontificado, havia concedido a graça à cristandade de os príncipes católicos se unirem contra o inimigo comum".[9]

Os termos da Liga davam algo para todos. Ela foi concebida não como uma aliança temporária, e sim, nas sublimes palavras de sua formulação, como uma aliança perpétua – uma cruzada permanente, que ouvia atentamente as causas da Idade Média. Era para ser tanto ofensiva como defensiva por natureza, uma guerra travada não apenas contra os turcos, mas contra seus Estados vassalos em Argel, Túnis e Trípoli, cláusula de importância crucial para Filipe. Seus acordos financeiros foram especificados – a Espanha pagaria a metade, Veneza um terço, o papado um sexto dos custos –, e os objetivos de curto prazo, definidos. Eles estavam preparando uma expedição imediata de duzentas galés e forças associadas para a recuperação de Chipre e da Terra Santa – esse último objetivo era que tanto Veneza como a Espanha, se rezassem, seriam honradas mais na violação do que na observância.

Pio dera um golpe diplomático extraordinário; ele parecia ter sucesso onde quinze de seus antecessores fracassaram. Organizar uma frente unida para fazer o infiel recuar tinha sido um dos objetivos papais mais ardentes. Pio, por pura força de vontade, persistência – e dinheiro –, havia conseguido o que muitos acreditavam ser impossível, mas, apesar das belas palavras com as quais o acordo foi redigido, muitos observadores experientes permaneceram céticos. Em janeiro, Filipe havia previsto que, "como a Liga é agora, não acredito que vá alcançar algum bom resultado".[10] Aparentemente para justificar essas observações, a tinta ainda não estava seca quando a Espanha tentou renegar os termos. Pio teve de pôr os espanhóis na linha à base do chicote, de novo ameaçando suspender os subsídios para a cruzada. Muitos outros também não estavam convencidos. "Parece muito bom no papel [...] mas nunca vamos ver os resultados disso",[11] escreveu o cardeal francês de Rambouillet durante as negociações; ele não viu nada posteriormente que o fizesse mudar de ideia. Em Istambul também havia a esperança de que, após a expedição fracassada de 1570, a coisa toda entraria em colapso por si mesma.

O fato de que a Liga se constituiu apenas por um tempo foi devido, em grande parte, à conjunção de duas circunstâncias notáveis. A primeira foi a escolha do líder da força de batalha cristã conjunta, dom João da Áustria, meio-irmão ilegítimo de Filipe;

a segunda, o desfecho violento e extraordinário para o cerco de Famagusta, que se desenrolou quando os delegados assinaram o acordo e as multidões aplaudiram.

A navegação de primavera trouxe a Lala Mustafá novos homens; Chipre estava tão próxima da costa otomana que não importava quantos morressem, pois a reposição era tarefa fácil. Comentários sobre as ricas recompensas em Nicósia tinham corrido e o paxá proclamou, talvez imprudentemente, que o espólio em Famagusta seria melhor ainda. Aventureiros se reuniram para a causa. Em abril, Lala Mustafá tinha um vasto exército, em algum lugar da região, de 100 mil homens. Os otomanos se gabavam de que o sultão havia enviado tantos para o cerco que, se cada um jogasse um sapato na vala, esta ficaria cheia. Essencialmente, muitos deles eram mineiros, armados apenas com pás e picaretas. Atrás das muralhas, havia 4 mil venezianos da infantaria e o mesmo número de gregos.

Em meados de abril, Lala Mustafá estava pronto para avançar com determinação. Bragadin conferiu seus finitos estoques de alimentos e decidiu que não havia opção a não ser dispensar os não combatentes. Cerca de 5 mil homens idosos, mulheres e crianças receberam comida suficiente por um dia e foram obrigados a deixar a cidade. Qualquer general de cerco implacável poderia agora tirar proveito disso. Júlio César havia deixado as mulheres e as crianças morrer de fome, encurraladas entre os legionários romanos e o forte de Vercingetorix, em 52 a.C.; Barbarossa as obrigara a voltar para as muralhas de Corfu, em 1537. O mercurial Lala Mustafá não fez nenhuma das duas coisas. Ele permitiu que regressassem a suas aldeias, atitude tanto compassiva como astuta, uma garantia de boa vontade para a população grega.

Bragadin estava determinado a emular a defesa de Malta, mas havia diferenças cruciais – não só Famagusta ficava a 2.200 quilômetros de qualquer ajuda, como a geologia era diferente também. Birgu e Senglea tinham sido construídas sobre rocha sólida; cavar túneis exigia esforços sobre-humanos. A cidade afundada na areia era cercada por areia – fácil de minar, mesmo que fosse necessária sustentação constante. No final de abril, a enorme força de trabalho de Lala Mustafá começou a cavar seu caminho em direção à cidade. Os cristãos zombavam dos turcos por fazerem a guerra como camponeses, com picaretas e pás, mas a estratégia era terrivelmente eficaz. Uma vasta rede de trincheiras ziguezagueava em direção ao fosso, tão profundas que homens montados podiam andar ao longo delas com apenas a ponta das lanças aparecendo, e tão extensas que os observadores declaravam que todo o exército poderia ser acomodado nelas. Os parapeitos de terra eram tão altos que escondiam tudo, mas o topo das tendas otomanas e os fortes de terra tinham quinze metros de largura e eram protegidos com vigas de carvalho e sacos de algodão; se fossem destruídos por tiros, eram rapidamente reconstruídos. Quando as plataformas ultrapassavam as muralhas, eram armadas de pesados canhões.

Os defensores lutavam com a confiança dos cavaleiros de São João para a honra de sua pequena república. Baglione conduzia missões e emboscadas, capturava mineiros, jogava pólvora em suas trincheiras, escondia na areia pranchas repletas de pregos envenenados, retirava plataformas de armas e matava um número de homens alarmante. A determinação da defesa surpreendia e preocupava o alto-comando otomano. Os homens escreveram para casa, em Istambul, contando que Famagusta era defendida por gigantes. Quando Lala Mustafá enviou uma mensagem a Bragadin, em 25 de maio, com mais um pedido de rendição, o emissário foi recebido com gritos de "Viva São Marcos!".[12] Uma dessas negociações foi rechaçada com uma resposta ainda mais dura.

Os venezianos viviam na esperança ansiosa de melhoras, e Bragadin convidou o mensageiro a dizer a seu senhor que, quando a frota veneziana chegasse, "farei você andar na frente de meu cavalo e carregar nas costas a terra com que você encheu nossa vala".[13] Não foram palavras sábias.

Finalmente, o peso dos números começou a contar. No início de maio, enquanto a Liga Santa se preparava para assinar o acordo em Roma, os canhões otomanos começaram um bombardeio pesado. Dia após dia eles atiraram contra as casas para esfriar o ânimo dos cidadãos e contra as muralhas para derrubá-las. Apesar dos heroicos trabalhos de reparação, eles inexoravelmente destruíram as muralhas; a escavação de túneis lhes permitia plantar minas e explodir a dianteira dos revelins e dos baluartes. Em 21 de junho, abriram uma passagem definitiva e fizeram o primeiro dos seis assaltos furiosos que, gradualmente, enfraqueceram a defesa. Fontes de alimento e de pólvora começaram a diminuir. O engenheiro veneziano Nestor Martinengo escreveu:

> O vinho acabou, e nem carne fresca, nem defumada, nem queijo podem ser encontrados, exceto a um preço além de todos os limites. Nós comemos cavalos, jumentos, gatos, pois não havia mais nada para comer além de pão e feijão, nada para beber além de vinagre com água, e isso era repartido.[14]

Em 19 de julho, o bispo de Lemessos, uma figura talismânica para o povo, foi morto em sua mesa por um arcabuz. Os cidadãos gregos tinham apoiado fielmente seus senhores venezianos, mas agora bastava. Cientes do final de Nicósia, eles suplicaram a rendição a Bragadin. Depois de uma emocionante missa na catedral, Bragadin pediu-lhes mais quinze dias. Eles concordaram, mas os otomanos também sabiam que o fim estava próximo. Em 23 de julho, Lala Mustafá, cada vez mais frustrado com o que considerava uma resistência inútil, disparou uma mensagem contundente sobre a muralha para Baglione, mais uma vez repetindo a fórmula de Solimão em Rodes:

> Eu, Mustafá Paxá, quero que você, milorde general Astorre, entenda que deve se render para seu próprio bem, porque sei que você não tem meios de sobrevivência, nem pólvora, nem mesmo homens para exercer sua defesa. Se você entregar a cidade de bom grado, todos serão poupados com suas posses e vamos enviá-los para a terra dos cristãos. Caso contrário, tomaremos a cidade com nossa grande espada e não deixaremos um só de vocês vivo! Preste bem atenção.[15]

# O general de Cristo

## maio a agosto de 1571

Enquanto Lala Mustafá estava encerrado em Famagusta, os planos navais da Liga Santa entraram em ação. Em todos os portos da Espanha e da Itália – Barcelona, Gênova, Nápoles, Messina –, homens, materiais e navios estavam sendo laboriosamente reunidos. O Mediterrâneo ocidental era um burburinho de atividade caótica: mal coordenada, despreparada... e tardia. O embaixador veneziano na Espanha acompanhou o processo, em fúria impotente.

> Vejo que, quando a guerra naval está em causa, cada pequeno detalhe ocupa muito tempo e impede viagens, porque não ter remos ou velas prontos, ou ter uma quantidade suficiente de fornos para assar biscoitos, ou a falta de catorze árvores para mastros, em muitas ocasiões impedem o progresso da frota.[1]

Isso tudo contrastava com a coordenação central da máquina militar dos otomanos: seus planos foram feitos com muita antecedência; sua execução tinha sido assegurada por decreto imperial inquebrantável; o governador de Karaman perdera o posto por ter atrasado dez dias o recrutamento de homens para a campanha de Chipre no ano anterior.

Os otomanos tinham um plano de batalha para enfrentar a ameaça cristã e o seguiam rigorosamente na primavera de 1571. O almirante, Ali Paxá, tinha navegado para Chipre em março; outra frota, sob o comando do segundo vizir, Pertev Paxá, deixou

Istambul no início de maio; o terceiro vizir, Ahmet Paxá, pôs o exército de terra em marcha a oeste no final de abril, para ameaçar a costa adriática de Veneza; Uluch Ali navegou a leste de Trípoli. Esperava-se que a campanha fosse muito mais extensa que a conquista de Chipre. A intenção era levar a luta para o coração do Adriático e até mesmo tomar Veneza ou ir além. "A dominação dos turcos deve se estender até Roma",[2] informou Sokollu retoricamente aos venezianos. No final de maio, Ali e Pertev, julgando que o cerco de Famagusta estava quase no fim, juntaram suas frotas e começaram a devastar a Creta veneziana.

Os venezianos estavam ansiosos para que algo acontecesse. Sua frota de galés encontrava-se em Corfu no final de abril, sob o novo comandante Sebastiano Venier. Após a exibição vergonhosa do ano anterior sob a liderança de Zane, os venezianos haviam confiado seu empreendimento a um homem formidável. Venier, já com 75 anos, tinha a aparência de um leão mal-humorado de algum pedestal veneziano e era um patriota temível; embora não fosse marinheiro, era um resoluto homem de ação – impetuoso, determinado e dono de um temperamento explosivo. Ele recebeu a notícia da situação de Chipre com crescente impaciência e tentou, sem sucesso, convencer seus oficiais de que eles deviam atacar Famagusta por conta própria, sem esperar pelos indecisos espanhóis. Isso foi considerado muito arriscado; a frota ainda estava com número insuficiente de homens. Não havia nada a fazer senão aguardar. Lentamente, os aliados começaram a convergir para Messina, na costa norte da Sicília, o ponto de encontro combinado para a operação. Marcantonio Colonna foi novamente designado para comandar as galeras papais, por insistência de Pio V, apesar do desastre do ano anterior. Em junho, ele estava em Nápoles. Agora, tudo o que podiam fazer era ficar à espera da chegada dos espanhóis e do líder de toda a expedição.

**Dom João da Áustria, escolhido por seu meio-irmão, o rei Filipe II, para comandar a frota espanhola, em gravura impressa por Anton van Leest, no final do século XVI.**

Coube a Filipe escolher esse comandante. Seu primeiro candidato foi o sempre cauteloso Gian'Andrea Doria. Este foi imediatamente descartado pelo papa – ele responsabilizou pessoalmente Doria pelo fracasso de 1570 e os venezianos o detestavam. A segunda sugestão de Filipe era seu jovem meio-irmão, dom João da Áustria, filho ilegítimo de seu pai, Carlos v. Essa escolha se mostraria extraordinária.

Dom João, com 22 anos, bem-apessoado, arrojado, inteligente, cavalheiro e ousado, impulsionado por um insaciável apetite por glória, era a antítese de seu meio-irmão, o prudente Filipe. Ele já havia demonstrado suas habilidades como comandante militar durante a revolta moura, mas não sem correr o que Filipe considerava riscos inaceitáveis. Quando dom João se colocara na linha de frente e fora atingido no elmo por uma bala de arcabuz, Filipe ficara indignado. "Você deve se proteger, e eu devo protegê-lo, para coisas maiores",[3] escrevera ele em tom de reprovação. Para Filipe, João representava o único sucessor dinástico possível em 1571; ele estava determinado a não expô-lo ao perigo em batalha. Para mantê-lo sob controle e assegurar um aconselhamento marítimo astuto – pois dom João não tinha experiência no mar –, ele algemou sua autoridade a uma equipe de consultores experientes, que incluía Doria, sempre cauteloso, Luis de Requesens e o marquês de Santa Cruz, Alvaro de Bazan, um marinheiro experiente. Embora Bazan fosse, por natureza, mais propenso à ação agressiva, Filipe sentiu que tinha efetivamente neutralizado qualquer risco de batalha real, insistindo que nenhum envolvimento com o inimigo devia ser realizado sem o acordo unânime dos três homens. Ele pensou que poderia contar com Doria para um veto final.

Essas restrições irritaram o jovem príncipe. Seu apetite por glória tinha sido alimentado pelas circunstâncias de seu nascimento. A ilegitimidade tornou anômala sua posição dentro da família real e Filipe abriu caminho para os deslizes ocasionais do jovem, extremamente popular. Dom João recusava o título de Alteza; queria que fosse chamado apenas de Excelência. Em uma época de protocolo melindroso, essas sutilezas importavam. Ele poderia ser o sucessor de Filipe, mas, nesse ínterim, o rei não estava disposto a confirmar seu status real. Pior ainda, ele minara a posição de dom João como comandante, comunicando aos subordinados dele a ordem de solicitar o consentimento de seus conselheiros. Há um tom de profunda dor interior nas elaboradas respostas escritas por dom João a seu meio-irmão:

> Com a devida humildade e respeito, eu arriscaria dizer que seria para mim um favor infinito e uma bênção se Vossa Majestade fizesse a gentileza de se comunicar comigo diretamente com a própria boca [em vez de] me reduzir a uma igualdade com muitos outros de seus servos, coisa, certamente, no meu entender, não merecida.[4]

Dom João ansiava por glória, que, em última análise, seria a confirmação de uma coroa que era sua. Sombreado por anciãos encarregados de impedi-lo de conseguir qualquer coisa, ele era um homem com algo a provar. Enquanto se preparava para partir de Madri no início de junho, o delegado papal na Espanha entendeu, com aprovação, que ele estava ansioso para livrar-se dessas algemas. "Ele é um príncipe tão desejoso de glória que, se surgir a oportunidade, ele não será contido pela advertência do conselho e considerará não tanto a salvação das galeras, mas a conquista de glória e honra."[5]

A 2 mil quilômetros de distância, o homem que se oporia a ele como almirante da frota otomana estava se preparando para invadir

Creta. À primeira vista, Müezzinzade Ali Paxá – Ali, "o filho do muezim" – era uma criatura de um mundo diferente. Enquanto dom João havia nascido no meio da realeza europeia, Ali era filho de pobres; seu pai chamava as pessoas para as orações na antiga capital otomana, Edirne, cerca de 250 quilômetros a oeste de Istambul. Pelo sistema de nomeação meritocrático dos otomanos, ele havia ascendido à posição de quarto vizir e, agora, à exaltada posição de *kapudan* paxá – almirante da frota do sultão –, cargo uma vez ocupado pelo grande Hayreddin Barbarossa. Ali era um homem de quem as pessoas falavam bem: "corajoso e generoso, de nobreza natural, amante do conhecimento e das artes, ele falava bem, era um homem religioso e de vida limpa".[6] No entanto, como dom João, também era uma espécie de "forasteiro". Tinha se tornado costume na elite dominante do sultão ser retirado das fileiras dos cristãos convertidos, geralmente capturados quando crianças – homens que deviam tudo ao sultão e que tinham sido criados em sua corte. Sokollu era bósnio; Piyale tinha sido tomado, quando criança, dos campos de batalha da Hungria. Ali Paxá era um raro caso de etnia turca. "Sendo proveniente das províncias e tendo crescido nelas, ele era considerado um estranho aos olhos das pessoas importantes do palácio do sultão e isso era visto como uma falha."[7] Ele não fazia parte da elite dominante. Como dom João, era um homem com algo a provar, visava ao sucesso aos olhos de seu soberano, também era corajoso, a ponto da imprudência, e guiava-se por um código de honra correspondente: recuar seria covardia.

Fundamentalmente, poucos homens possuíam experiência na guerra do mar. Não foi coincidência que a disputa pelo Mediterrâneo tenha sido marcada por uma falta singular de batalhas navais em larga escala; mesmo a derrocada de Preveza tinha sido por muito pouco. Os homens que haviam manobrado suas frotas de frágeis galeras com tanta habilidade – Hayreddin Barbarossa, Turgut, Uluch Ali, Andrea Doria e seu sobrinho-neto Gian'Andrea, Piyale e dom Garcia – tinham sido profundamente cautelosos, e com razão. Eles compreendiam as condições do mar e sua inconstância; uma parada repentina do vento ou seu aumento, uma manobra imprudente perto da costa, uma minúscula perda na vantagem tática poderiam causar estragos. A experiência mostrava que era tênue a linha divisória entre a vitória e a derrota catastrófica; eles pesavam os riscos levando isso em conta. Os dois almirantes agora reuniam as maiores frotas de galera já vistas por quem não tinha nada dessa vivência – eles estavam ansiosos para buscar o inimigo diretamente e lutar. Ali expediu ordens explícitas para tanto. Era um conjunto de circunstâncias combustíveis.

Muitos dos observadores experientes do lado cristão duvidavam que toda a trabalhosa reunião de navios, homens e materiais pudesse chegar a algo, principalmente se conduzida pelos espanhóis. O avanço de dom João para a Itália foi tortuoso. Ele deixou Madri em 6 de junho. Levou doze dias para chegar a Barcelona. Então, esperou um mês para que tudo fosse preparado. "O pecado original de nosso tribunal é nunca começar uma coisa com presteza e no tempo certo",[8] escreveu, assistindo e suspirando, Luis de Requesens, de Barcelona, a seu irmão. Finalmente, em 20 de julho, dom João embarcou no Real, sua galera suntuosamente ornamentada, e partiu para animar as multidões e os tiroteios. Em cada etapa do caminho, ele foi retardado por recepções arrebatadoras, grandes multidões, iluminações, fogos de artifício, festas, visitas a mosteiros e serviços de igreja. Todo mundo queria ter um vislumbre do jovem príncipe carismático, para apreendê-lo e honrá-lo. Era menos uma marcha para a batalha do que uma jornada real, tocada por expressões explosivas de zelo religioso e cruzado, como se os portos ao longo do percurso – Nice, Gênova, Civitavecchia, Nápoles e Messina – fossem estações da Via Sacra. Em Gênova, Doria entreteve dom João, como tinha entretido seu pai, Carlos v, com bailes de máscaras. "Todos ficaram surpresos e encantados com o espírito e a graça de dom João na dança",[9] foi relatado em uma espécie de circular da corte. Para não ficar atrás, Nápoles fez uma recepção brilhante para o jovem. Notícias de seu avanço se espalharam pelo sul da Europa, cada terra aumentando mais a sensação de expectativa e de zelo pela cruzada. Um comunicado esbaforido a Roma falou da chegada espetacular do general de Cristo à cidade, em 9 de agosto:

> Hoje, às 23 horas, dom João da Áustria fez sua entrada, para o enorme prazer do povo. O cardeal Granvelle foi recebê-lo no píer do porto e deu-lhe a mão direita. O dito senhor tem a pele clara, cabelos loiros, barba rala, boa aparência e estatura mediana. Ele estava a cavalo e tinha um bom número de pajens e lacaios vestidos de veludo amarelo com franjas azul-marinho.[10]

No dia seguinte, ele percorreu, entre multidões animadas, o caminho do porto até o palácio na carruagem do cardeal, usando um espetacular traje dourado e carmesim, seguido por um longo cortejo de nobres. Em cada porto, os navios embarcavam destacamentos de tropas espanholas e italianas, todos eles homens do rei Filipe.

O papa tinha enviado o cardeal Granvelle a Nápoles para consagrar o jovem comandante em estilo magnífico. Granvelle era uma espécie de escolha irônica; como um dos representantes de Filipe nas negociações da Liga, ninguém tinha mostrado mais má vontade no processo, com observações intermináveis e delongas. Em determinado ponto, Pio, exasperado, expulsara-o da sala. Agora, em um elaborado serviço na igreja de Santa Clara em 14 de agosto, ele conferia a dom João a insígnia de líder da Liga Santa. Ajoelhado diante do altar-

-mor, dom João recebeu o bastão de general e um enorme estandarte azul – a cor do céu – de seis metros de altura, presente do papa, retratando a elaborada imagem de Cristo crucificado e os participantes da Liga de braços dados. "Toma, príncipe afortunado", entoou Granvelle em voz sonora, "toma estes símbolos da verdadeira fé, e que eles possam te dar uma gloriosa vitória sobre nossos inimigos impiedosos, e que por tuas mãos o orgulho deles seja derrubado."[11] O estandarte foi carregado no alto pelas ruas de Nápoles por soldados espanhóis e pendurado cerimoniosamente no mastro principal do Real.

Quatro meses antes, uma cerimônia correspondente havia ocorrido em Istambul. Selim tinha conferido a Ali Paxá um estandarte de duas pontas semelhante, mas ainda maior. Era verde vivo – a cor do paraíso – e perfeitamente bordado com os 99 nomes e atributos de Deus, repetidos 29 mil vezes. Agora ele ofuscava esplendidamente no sol de outono do mastro do Sultana, no Adriático. Os dois estandartes eram indicadores de aspirações equivalentes e da assunção de vitória dada por Deus.

O estandarte cristão consagrado foi dado para marcar o primeiro objetivo da Liga – o socorro de Famagusta –, mas agora a guerra se aproximava. Durante julho e início de agosto, a frota de Ali Paxá tinha deixado um rastro de destruição por todo o império marítimo veneziano. Seguindo seu caminho para o oeste ao longo de Creta e ao redor da costa da Grécia, os otomanos se fizeram senhores do Adriático. Ao longo da costa da Albânia moderna, eles tomaram uma série de postos fortificados – Dulcigno, Antivari e Budva –, enquanto o exército se locomovia por terra, em um movimento de pinça coordenado. Venier foi forçado a abandonar sua base em Corfu, para evitar ser acuado, e moveu a frota veneziana do oeste para Messina, para aguardar a frota espanhola. Veneza estava agora totalmente desprotegida; as notícias pioravam dia a dia. No final de julho, os experientes corsários Uluch Ali e Kara Hodja – "o sacerdote negro", um frade italiano excomungado – começaram a promover incursões até as portas da cidade. Seus navios foram avistados da cidade; um esquadrão otomano liderado por Kara Hodja sofreu um breve bloqueio na bacia de São Marcos. Medidas defensivas em pânico foram postas em prática; fortificações e canhões foram montados nas ilhas ao redor da cidade. A lua crescente otomana estava, de fato, muito próxima.

Em Famagusta, o cerco estava entrando em seu ato final. A oferta de rendição negociada de Lala Mustafá encontrou feroz resistência. Bragadin estava em agonia pessoal. "Você deve saber que, pela comissão que mantenho, estou proibido, sob pena de morte, de entregar a cidade. Perdoe-me", gritou ele, "eu não posso fazer isso."[12] Foi preciso que Baglione intercedesse, além de mais dois ataques devastadores, para persuadi-lo. Em 31 de julho, a cidade capitulou. O último gato tinha sido comido; apenas novecentos italianos foram deixados vivos, dos quais quatrocentos estavam feridos. Os sobreviventes estavam esgotados, em estado de choque e com fome. Muitos dos belos edifícios da cidade ficaram em ruínas. Os habitantes de Famagusta pagaram o mais alto preço por sua lealdade. Não havia navios no horizonte. Baglione assegurou que

> tendo pago nossa dívida em defesa [da cidade], não falhamos de maneira alguma [...] Eu lhe digo, palavra de cavalheiro, que a cidade caiu. No próximo ataque, não seríamos capazes de encontrá-los, não só por causa de nossas poucas tropas, tão esgotadas, mas por causa da pólvora, que fora reduzida a cinco barris e meio.[13]

Famagusta tinha sido atacada por 68 dias, recebido 150 mil salvas de tiros de canhão e exaurido, pela guerra ou por doença, talvez 60 mil tropas otomanas. Bragadin cedeu. Em 1º de agosto, na rede de túneis interligados sob as muralhas, os mineiros venezianos entregaram a seus companheiros uma carta para o paxá. A bandeira branca foi hasteada nas defesas.

Os termos generosos eram uma medida das exigências do exército de Lala Mustafá. Todos os italianos teriam permissão de deixar a ilha com as bandeiras tremulando; a eles seria concedida a passagem segura nos navios otomanos até Creta. Os habitantes gregos poderiam ir, se quisessem, ou ficar e desfrutar de liberdade pessoal e de propriedade. Os italianos queriam levar todos os seus canhões, mas Mustafá recusou-se a permitir mais de cinco. Nesse ponto, há uma pequena mas significativa diferença entre as fontes. Todos os venezianos concordam que essas, com mais ou menos detalhes, eram as condições em que Mustafá selou o documento e concedeu o salvo-conduto. Mustafá Paxá posteriormente narrou a própria versão para o cronista Ali Efendi, que participou do cerco. Nela há mais uma cláusula: os venezianos ainda detinham cinquenta peregrinos capturados por Querini em janeiro e ambas as partes concordaram que eles teriam de ser libertados. No intervalo entre esses dois relatos, uma coisa terrível aconteceu.

Em 5 de agosto, os venezianos começaram a embarcar nos navios turcos. "Até aquele momento, a relação dos turcos com todo o restante de nós tinha sido amigável e insuspeita, pois eles foram muito corteses conosco em palavras e atos",[14] escreveu Nestor Martinengo, embora nessa fase, contra os termos do acordo, os soldados otomanos já estivessem entrando na cidade e fazendo saques oportunistas. Pode ter sido difícil conter homens a quem fora prometido um espólio pródigo em nome do paxá.

Na hora das Vésperas, com os navios quase carregados, Bragadin partiu para pegar as chaves da cidade com Lala Mustafá. O orgulhoso aristocrata veneziano saiu de Famagusta com grande pompa – segundo alguns, como se fosse não o general derrotado, mas o vencedor. Ele andava cerimoniosamente, precedido por trombeteiros e vestindo roupas vermelhas. Um guarda-sol vermelho foi aberto sobre sua cabeça, como símbolo de seu cargo. Com ele iam Baglione e os outros comandantes e um guarda-costas pessoal – cerca de trezentos homens no total. Eles caminhavam com a cabeça erguida entre as fileiras zombeteiras do exército otomano, mas foram conduzidos de maneira segura, com as devidas formalidades, para a tenda de Mustafá. Os comandantes deixaram as espadas na soleira e entraram. Mustafá levantou de seu assento e apontou-lhes banquinhos cobertos com veludo vermelho. Eles beijaram a mão do paxá, e Bragadin começou sua declaração formal de rendição: "Uma vez que a Divina Majestade determinou que este reino deveria pertencer ao mais ilustre grande *signore*, eu trouxe as chaves da cidade e com isso dou a cidade a você, de acordo com o pacto que fizemos, um com o outro".[15] E então, no momento de maior vulnerabilidade para os venezianos, tudo começou a dar errado.

A rendição negociada pairava sobre um fio de confiança mútua. Se foi o orgulho visível de Bragadin, ou sua prévia provocação a Mustafá, ou a exasperação do paxá pela pura inutilidade de um cerco que havia custado pelo menos 60 mil homens, ou a necessidade de justificar a falta de recompensas a seus homens, ou uma queixa justificável sobre os prisioneiros, se foi espontâneo ou premeditado, nada disso estava claro. Mas, quando Bragadin perguntou se agora eles estavam livres para partir, o fio estalou.

De acordo com as narrativas otomanas, tudo começou com uma conversa irritada sobre garantias de salvaguarda para o retorno dos navios da Creta veneziana. Mustafá queria um refém dentre os nobres. Bragadin o amaldiçoou com raiva: "Você não terá um nobre, você não terá nem mesmo um cão!".[16] Irado, Mustafá perguntou onde estavam os peregrinos prisioneiros. Segundo o relato de Ali Efendi, Bragadin admitiu que eles tinham sido torturados e mortos após a assinatura do tratado de paz: "Aqueles prisioneiros muçulmanos não estavam sob meu controle pessoal. Os venezianos e os beis nativos os mataram no dia da rendição e eu matei os que estavam comigo". "Então", disse o paxá, "você quebrou o acordo."[17]

Para Mustafá, outros assuntos punham lenha na fogueira: a destruição de uma grande quantidade de algodão e pólvora – o espólio poderia muito bem estar implícito no desagrado do paxá – e algo altivo nas palavras e modos de Bragadin, que irritou insuportavelmente o conquistador.

Os venezianos tinham uma versão diferente. Querini havia levado com ele a maior parte dos prisioneiros muçulmanos, em janeiro; apenas seis foram deixados, e eles fugiram. Bragadin ignorava o destino desses homens. "Eu não sei", foi a resposta irritada. "Será que não foi você que assassinou todos eles?"[18] Então, descobrindo-se dono da situação, todas as queixas de Mustafá afloraram. "Diga-me, homem desprezível, por que manteve a fortaleza quando não tinha meios para fazer isso? Por que não se rendeu um mês antes, evitando que eu perdesse 80 mil dos melhores homens de meu exército?"[19] Ele queria um refém para garantir o retorno seguro de seus navios de Creta. Bragadin respondeu que isso não estava nos termos. "Amarrem-nos todos!",[20] gritou o paxá.

Em um piscar de olhos, eles foram empurrados para fora e preparados para a morte. Os carrascos avançaram e fizeram Bragadin esticar o pescoço duas ou três vezes. Lala Mustafá, então, pensou novamente; decidiu deixá-lo para mais tarde e ordenou que suas orelhas e nariz fossem cortados – a punição para os criminosos comuns. Baglione protestou que o paxá tinha desrespeitado sua fé; ele foi, então, executado na frente da tenda, juntamente com os outros comandantes. De acordo com o relato de Veneza, Mustafá, em seguida, mostrou a cabeça de Baglione para o exército: "Eis aqui a cabeça do grande campeão de Famagusta, aquele que destruiu metade de meu exército e me causou tantos problemas".[21] Trezentas e cinquenta cabeças foram empilhadas diante da tenda ornamentada.

O suplício de Bragadin, por sua vez, foi prolongado e terrível. Ele foi mantido vivo até 17 de agosto, uma sexta-feira. Os ferimentos na cabeça foram apodrecendo e ele quase enlouqueceu de dor. Após as orações, ele desfilou pela cidade ao som de tambores e trombetas, acompanhado por seu fiel empregado Andrea, que tinha aceitado a conversão ao islamismo a fim de servi-lo até o fim. Lembrando suas palavras anteriores a Mustafá, fizeram-no levar sacos cheios de terra ao longo das muralhas da cidade e beijar o chão cada vez que passava pelo paxá. Então, exortaram-no, zombeteiros, a se converter ao Islã. Os hagiógrafos venezianos registraram uma resposta santa: "Eu sou cristão e assim quero viver e morrer. Espero que minha alma seja salva. Meu corpo é de vocês. Torturem-no como quiserem".[22] Eles aumentaram o horror por causa da plateia receptiva, mas foram além do razoável, promovendo rituais de humilhação. Mais morto do que vivo, ele foi amarrado em uma cadeira e içado até o topo do mastro de uma galera, abaixado ao mar e mostrado à frota com vaias e insultos: "Veja se consegue avistar sua frota; veja, grande cristão, se pode enxergar o socorro a caminho de Famagusta". Então, foi arrastado para a praça ao lado da igreja de São Nicolau, agora convertida em mesquita, e despido. O açougueiro chamado para o ato final – e isso não seria perdoado em Veneza – era judeu. Amarrado a uma coluna antiga de Salamina, que está de pé até hoje, Bragadin foi esfolado vivo. Estava morto antes de o açougueiro chegar à cintura.

A pele foi recheada com palha. Vestido com as roupas vermelhas de comandante e protegido pelo guarda-sol vermelho, o corpo foi montado em uma vaca e desfilou pelas ruas. Mais tarde, o manequim hediondo foi exibido ao longo da costa do Levante e enviado para Selim, em Istambul.

Esse ato teatral de crueldade não foi plenamente saudado dentro do domínio otomano. Dizem que Sokollu ficou chocado. Talvez ele tenha entendido que tais atos, como o massacre de Santo Elmo, só agravavam a situação; ou ele via nisso um motivo mais profundo. Com a faca de açougueiro, Lala Mustafá tinha destruído a tentativa de seu rival de negociar a rendição por meios pacíficos. A diplomacia de Sokollu havia levado à necessidade de proteger a república da aliança com a Espanha; tudo isso agora estava em ruínas. Bragadin tinha dado aos venezianos um mártir e uma causa. Sua morte não fora em vão: o tempo gasto em Famagusta e as perdas advindas haviam impedido a guerra otomana com Veneza. Sua pele empalhada, agora pendurada em uma galera turca, ainda tinha um papel a desempenhar.

# Cobras para um encantamento

22 de agosto a 7 de outubro de 1571

A frota cristã ainda não sabia do destino de Famagusta quando dom João chegou a Messina, em 22 de agosto. Novamente, houve exibições extraordinárias de pompa cerimonial. Desembarcando na praia sob um arco de triunfo com brasões, ele recebeu um cavalo de batalha com arreios de prata – um presente da cidade – e foi saudado com o estampido de canhões e edifícios enfeitados com bandeiras, inscrições e imagens de Cristo triunfante. À noite, a cidade estava brilhantemente iluminada. Toda a força congregada do Mediterrâneo cristão parecia estar reunida em um só lugar. Duzentos navios estavam ancorados no porto; milhares de combatentes espanhóis e italianos lotavam as ruas estreitas; milhares de escravos das galés acorrentados nos bancos de remo observavam. Foi o triunfo pessoal de Pio ter reunido os grandes comandantes da era do combate em nome de Cristo: Romegas e os cavaleiros de São João estavam lá, assim como Gian'Andrea Doria, Colonna, com as galeras papais, o experiente almirante espanhol Bazan, o caolho Ascanio, que libertara Malta, o explosivo veneziano Sebastiano Venier, Marco Querini, cuja ousada incursão em Chipre causara tantos problemas aos otomanos no início do ano, os destacamentos de Creta e do mar Adriático. Foi uma reunião olímpica, um teste de determinação da cristandade. "Graças a Deus que estamos todos aqui", escreveu Colonna, "e que o valor de cada um de nós será visto."[1]

Abaixo da superfície, essa magnífica operação pancristã era uma disputa acirrada de egos e objetivos conflitantes. Houve problemas durante todo o caminho ao redor da costa entre os soldados italianos e espanhóis; lutas nas ruas de Nápoles, lutas novamente em Messina; os homens matavam-se uns aos outros. Os oficiais eram obrigados a enforcar alguns bodes expiatórios para restaurar a ordem. Os comandantes observavam com preocupação e desconfiança. Os venezianos odiavam Doria, dizendo, ironicamente, que ele se parecia com um corsário; seu irascível comandante, Venier, estava furioso e impaciente com os atrasos intermináveis. Ele acreditava que os espanhóis estavam pouco inclinados à batalha e não estavam muito predispostos a receber ordens de dom João. Todos consideravam os venezianos pouco confiáveis. Eles haviam trazido uma grande quantidade de navios, mas lamentavelmente tinham muito poucos homens. Os cavaleiros de São João eram praticamente os inimigos jurados de Veneza, sensação reforçada pela recente execução pela cidade de um de seus membros, por falsificação de moedas da república. Ao mesmo tempo, muitos homens ferviam de contrariedade com a falta de pagamento. Em suma, a expedição de 1571 estava fragmentada, com todas as divisões que haviam surgido em Preveza, durante a libertação de Malta, e a malfadada tentativa de ajudar Chipre no ano anterior. No acampamento otomano, fizeram uma avaliação acertada de que a empreitada cristã falharia, como tantas vezes no passado. No entanto, se eles estivessem errados, as apostas poderiam ser altas, e tal possibilidade certamente causou ansiedade em Istambul.

Por trás de todas os toques de trompete e celebrações, a questão crítica no final de agosto era simplesmente arriscar-se em batalha ou não. Estava ficando tarde, o inimigo galopava. As opiniões estavam divididas. Havia homens com algo a provar, como Colonna, que sofria com a expedição fracassada no ano anterior, Venier e os venezianos, desesperados por batalha, e o agressivo almirante espanhol Bazan. Também havia o próprio príncipe, que carregava o peso da expectativa papal. Entre todos os presentes e homenagens que recebeu, um superou os demais. Pio despachou o bispo de Penna para Messina, como seu enviado especial, com a promessa de que a vitória seria recompensada com uma coroa independente. Além disso, havia a posição espanhola dominante: Doria, com ordens de não arriscar a frota espanhola, Requesens, com a incumbência de controlar dom João, e o espírito cauteloso de Filipe, que tinha pagado a maior parte da participação na expedição, pairando ao fundo.

Dom João era pressionado com conselhos de todos os lados, alguns extremamente úteis. O duque de Alba tinha escrito da longínqua Flandres para instá-lo a gerir bem os homens:

> Vossa Excelência deve sempre tentar apresentar um rosto alegre para todos os soldados, pois sabe-se que eles dão muita importância a isso, e ao fato de Vossa Excelência conceder algumas palavras favoráveis sobre um contingente nacional em um dia e outras no dia seguinte. E é mais aconselhável que eles entendam que Vossa Excelência tem grande cuidado com a remuneração deles e, sempre que possível, ordena que se tomem as providências para que eles recebam as rações devidas no mar e que suas provisões sejam de boa qualidade, e que eles entendam que isso, quando feito, é por sua ordem e diligência, e, quando não, que Vossa Excelência se arrepende e que ordena punição.[2]

Dom João seguiu isso ao pé da letra e cresceu no processo. Em 3 de agosto, ele reprimiu um motim de pagamento em La Spezia, por ter prometido pessoalmente que os homens seriam pagos. Os espanhóis, entretanto, estavam trabalhando duro para conter o entusiasmo de seu jovem comandante. Mesmo dom Garcia de Toledo, demitido do serviço de Filipe depois de Malta, tinha conselhos a dar.

O velho homem estava a mais de trezentos quilômetros de distância, buscando a cura para sua gota nas fontes termais perto de Pisa. Ele era um repositório de conhecimento sobre as guerras do Mediterrâneo. Estivera na vitória de Carlos em Túnis, em 1535, vira a destruição de sua frota em Argel oito anos depois e libertara Malta. Acima de tudo, ele se lembrava das lições de Preveza em 1538, a coisa mais próxima de uma grande batalha naval em trinta anos, quando Barbarossa levou a melhor sobre Andrea Doria. Ele tinha palavras cautelosas para o jovem, que se desdobraram em uma série de cartas. Entendia os riscos, os problemas com as alianças navais e a superioridade física e psicológica que os otomanos agora tinham no mar.

> Se eu estivesse no comando, estaria relutante [para entrar em conflito] com falta de 8 mil ou 9 mil soldados experientes de Flandres na frota de Vossa Majestade, porque aconteceria a derrota – Deus não permita –, e isso estaria muito distante dos benefícios que qualquer vitória poderia trazer. Tenha em mente, também, que nossa frota pertence a proprietários diferentes e às vezes o que é adequado para alguns não é adequado para outros, enquanto a frota de nosso inimigo tem apenas um proprietário, e isso significa um propósito, uma vontade e uma lealdade, e aqueles que lutaram em Preveza sabem o valor disso. Os turcos ganharam a vantagem psicológica sobre os venezianos e acredito que, mesmo contra nós, eles não teriam muito a perder.[3]

Por trás da posição espanhola estavam cinquenta anos de derrota marítima. Preveza e Djerba pairavam na memória; que ele fosse cauteloso, repetia dom Garcia, que ele fosse cauteloso. “Pelo amor de Deus”, escreveu ele novamente para Requesens, "considere bem que grande questão é essa e os danos que podem ser causados por um erro", e prosseguiu enfatizando o sigilo complicado da posição espanhola. "Mas, como será melhor, por várias e boas razões, que os venezianos não saibam quanto ou por que é do interesse de Sua Majestade que não haja batalha, peço-lhe, depois de ter lido esta carta a dom João, que a destrua."[4] Havia um objetivo determinado para assegurar que a expedição falhasse, salvando as aparências para o rei católico.

No entanto, a inclinação pessoal de dom João já estava clara com a série de perguntas que ele agora disparava de volta a dom Garcia. Se fosse para lutar, como ele deveria organizar sua frota? Como deveria usar sua artilharia? Quando deveria dar a ordem para atirar? Os conselhos de dom Garcia, alguns dos quais não conseguiram alcançá-lo a tempo, eram muito específicos, elaborados com base no conhecimento acumulado de meio século de guerra no mar. As batalhas navais frontais eram extremamente raras – e nenhuma na escala que se planejava –, mas as que aconteceram tinham sido esclarecedoras. Ele aconselhou dom João a aprender as lições do passado.

> Vocês devem ser advertidos a não organizar toda a frota em um único esquadrão, porque um número tão grande de navios certamente levará à confusão e alguns obstruirão outros – como ocorreu em Preveza. É preciso posicionar os navios em três esquadrões e colocar na extremidade externa das alas as galeras em que vocês têm maior confiança, dando as pontas das alas para os capitães excepcionais, garantindo que haja espaço suficiente entre os esquadrões, para que possam virar e manobrar sem impedir um ao outro – esse foi o arranjo empregado por Barbarossa em Preveza.[5]

Essas palavras se mostraram bastante influentes. Quanto ao momento para abrir fogo, seu conselho foi tremendamente específico, um lembrete vívido da realidade das batalhas navais. Não havia segunda chance; os tiros tinham de acertar o alvo.

> Na realidade, não é possível disparar duas vezes sem causar a maior confusão possível. Na minha opinião, a melhor coisa a fazer é o que a cavalaria diz e disparar os arcabuzes tão perto do inimigo que seu sangue jorre em vocês [...] Eu sempre ouvi os capitães que sabem o que estão dizendo ao afirmar que o ruído do arco estimula a ação e a artilharia deve ser simultânea ou muito próxima.[6]

Era uma defesa do ataque à queima-roupa. Como os navios continuavam juntos no início de setembro, dom João decidiu realizar uma reunião final para decidir sobre o plano de ação. A sabedoria ditava que todos os oficiais superiores deviam estar presentes; dada a sensibilidade espinhosa das várias facções, dom João estava determinado a agir abertamente. Em 10 de setembro, setenta oficiais superiores se reuniram a bordo do Real para a conferência fatídica. Dom João apresentou duas opções: procurar o inimigo ou, de acordo com o conselho de dom Garcia, não ir atrás da batalha, "mas fazer o inimigo vir até nós, buscando ocasião para obrigá-los a fazer isso".[7] Previsivelmente, as opiniões estavam divididas: a frota papal e os venezianos queriam ataque imediato; Doria e um contingente espanhol pediam cautela. No entanto, quando dom João declarou, severo, sua intenção de atacar e vencer, a decisão foi aprovada por unanimidade. Sob pressão silenciosa, Doria e Requesens cederam. "Nem todos concordam em lutar de bom grado, mas ainda assim [são] forçados e pressionados a fazê-lo por vergonha", escreveu um comandante.[8]

Album/Prisma/Album Art/Latinstock

**Réplica do Real, a galera de dom João, no Museu Marítimo de Barcelona (Espanha).**

Em retrospectiva, apesar das tentativas de Filipe de impedir a armada, esse resultado era inevitável. Contra todas as expectativas, os cristãos tinham montado uma enorme frota. Recuar agora implicaria grande perda de prestígio – e dom João tinha informado que, se os espanhóis não participassem, ele continuaria sozinho, com as frotas papal e veneziana. O fracasso do ano anterior, o enorme peso da expectativa religiosa transmitida pelo papa, as multidões, as bandeiras e as celebrações, os arrojados pronunciamentos de dom João – a expedição estava sendo impelida "como cobras atraídas pelo poder de um encantamento", segundo um observador.[9]

Doria, ciente das ordens de Filipe, estava esperançoso de que a batalha pudesse ser evitada. Resolveu-se que o objetivo final seria decidido em Corfu. Ainda haveria tempo para conter o ímpeto para a guerra, mas cada milha marinha a leste de Messina tornaria a decisão mais difícil de ser revertida.

As multidões comemoravam; oficiais e soldados se aglomeravam nas igrejas para receber o sacramento; o embaixador papal concedeu a bênção. No início da manhã de 16 de setembro, dom João rabiscou uma última carta a dom Garcia, que logo faria o velho homem suar frio. Ele estava navegando em busca do inimigo.

> Apesar de a frota deles ser superior em tamanho ao da Liga, de acordo com a informação que temos, não é melhor em qualidade, nem em navios, nem em homens, e, confiando em Deus, nosso Pai, cuja causa é esta, decidi procurá-la. Por isso, parto esta noite – que eu agrade a Deus – em viagem a Corfu e de lá irei aonde quer que eu saiba que sua frota está. Tenho 208 galés, 26 mil soldados, 6 galeotas e 24 navios. Confio em nosso Senhor que, se encontrarmos o inimigo, Ele nos dará a vitória.[10]

O núncio papal estava no porto de Messina, com suas vestes vermelhas, e abençoou o vasto contingente de navios, adornados com bandeiras e bandeirolas, quando remaram do quebra-mar para o mar aberto.

Quando a armada flutuava ao longo da costa italiana, questões sobre a frota otomana tornaram-se mais prementes. Onde exatamente estava o inimigo e em que condição ele estava? Quantos navios tinha? Qual era sua intenção? A necessidade de informações confiáveis era crucial. Dom João tinha enviado o cavaleiro de Malta, Gil de Andrada, na frente, com quatro galeras rápidas em busca de pistas. Três dias depois, Andrada voltou com notícias preocupantes. Os turcos atacaram Corfu e, em seguida, retiraram-se para Preveza. Havia o temor de que a frota otomana estivesse agora se dispersando por causa do inverno. Naquela noite, varrendo o céu e o mar escuro, toda a frota testemunhou um fenômeno celeste que elevou seu espírito. Um meteoro de brilho incomum correu por todo o céu e explodiu em três trilhas de fogo. Foi tomado como bom presságio. Então, o tempo virou; por vários dias os homens trabalharam arduamente sob rajadas de vento e chuva que apagavam o horizonte e os detinham.

As informações de Andrada estavam parcialmente corretas. Os otomanos tinham se retirado do Adriático depois de uma campanha muito bem-sucedida. Eles haviam capturado fortalezas importantes e levado grande quantidade de despojos. Invadiram Corfu e lá permaneceram durante onze dias, mas se retiraram quando a Liga Santa deixou Messina e rumaram para o sul, visando à segurança de sua base em Lepanto, enfiado na boca do golfo de Corinto, para observar e esperar as ordens de Istambul.

Tinha sido uma temporada excepcionalmente longa. Os navios de Ali Paxá estavam no mar desde março: os cascos das galés haviam ficado sujos de algas e precisavam de limpeza; os homens demonstravam cansaço. Os ataques do Adriático, apesar de seu enorme sucesso, tinham esgotado a frota. Havia um sentimento geral de que era muito tarde no ano para manobras navais de grande escala; os soldados que estavam nos navios durante meses pediam que fossem liberados ou fugiam para o exército de terra de Ahmet Paxá. Além disso, havia a forte crença, advinda da experiência passada, de que a frota cristã entraria em colapso e desunião por conta própria ou se recolheria para o inverno.

Os otomanos também tinham feito sua coleta de informações e, sem os cristãos saberem, haviam planejado um golpe de inteligência extraordinária. Em uma noite no início de setembro, a frota cristã tinha deitado âncora no porto de Messina; todos os navios papais de Marcantonio Colonna estavam cobertos de luto pela morte de sua filha. Despercebida, uma galera preta remou silenciosamente pelos estreitos espaços entre as embarcações ancoradas. Era o navio do corsário de origem italiana Kara Hodja calculando a força do inimigo. Também levava com ele o plano de batalha de dom João, tanto de espiões como de panfletos impressos, tão amplamente divulgados eram seus detalhes. Ele sabia que pretendiam organizar sua frota e avançar para Corfu – embora seu propósito depois tenha permanecido obscuro.

O problema foi que Kara Hodja havia contado mal. Ele tinha deixado escapar um esquadrão veneziano de 60 galés no porto interno. Ele registrou não mais de 140. Dom João tinha 208. Ali estava intrigado com as intenções agressivas de um inimigo com números inferiores, mas passou essa informação para Istambul por meio de uma fragata rápida. Ao mesmo tempo, dom João, avistando as montanhas de Corfu através da garoa, teve uma percepção equivocada. Alguns venezianos voltaram da frota inimiga em uma troca de prisioneiros, dizendo que os otomanos tinham 170 galeras, que faltavam homens de combate e que Uluch Ali havia partido com a frota. Na verdade, eles tinham cerca de 300, e Uluch Ali fora descarregar o saque em Modon e retornaria. Poucos dias depois, Gil de Andrada, explorando o terreno adiante, questionou alguns pescadores gregos, que confirmaram o estado debilitado do inimigo;

eles lhe asseguraram que os cristãos poderiam apresentar-se em batalha com toda a certeza da vitória. Os mesmos gregos tinham acabado de dar mensagens de esperança idênticas aos espiões de Ali Paxá. Os dois lados haviam se subestimado mutuamente. Falhas de inteligência estavam prestes a trazer consequências graves.

Em 27 de setembro, a frota cristã estava ancorada no porto de Corfu. Era o momento final da decisão: buscar o inimigo ou fazer uma pausa. O humor dos venezianos, particularmente, tinha sido ainda mais obscurecido pelo estado de sua ilha. Irritados com sua incapacidade de reduzir a fortaleza e mal-humorados pela duração da campanha, membros do exército otomano haviam praticado atrocidades, devassas e profanações rituais de santuários sagrados, que avivaram o zelo da cruzada dos italianos. Doria e seções do contingente espanhol novamente pressionaram dom João pelo risco e atraso da temporada; eles sugeriram, para manter a reputação, um ataque à costa albanesa antes de se retirarem para o inverno, mas dom João e os venezianos não mudaram de ideia. Eles buscariam a frota inimiga. No dia seguinte, na distante Madri, Filipe escreveu uma carta ordenando que dom João passasse o inverno na Sicília e recomeçasse no ano seguinte. Em Roma, o papa pedia exatamente a ação oposta, por meio do poder da oração. "Ele jejua três vezes por semana e passa muitas horas todos os dias em oração",[11] escreveu o cardeal espanhol Zuniga. Em 29 de setembro, os espiões de Andrada informaram que toda a frota otomana estava em Lepanto. E, em algum lugar da extremidade sudoeste da Grécia, uma fragata rápida do governador veneziano da ilha de Creta corria para o norte com a notícia de Famagusta.

Na passagem de setembro para outubro, a Liga Santa estava em Igoumenitsa, na costa grega. Dom João fez uma revista final da frota. As galés foram retiradas de ação e colocadas para manobras mais precisas. Cada capitão estava plenamente consciente do plano de batalha. Dom João passou pela frota, observando minuciosamente a condição dos navios. Foi saudado por salvas de arcabuz quando passou – um risco significativo: vinte homens haviam sido acidentalmente mortos desde que deixaram Messina.

Enquanto isso, Ali Paxá vinha recebendo uma série de ordens de Istambul. Houve um intervalo de tempo de quinze a vinte dias entre os comandantes do front e os do centro imperial, porém fica claro, pelos documentos otomanos, que Selim – ou Sokollu – estava tentando impor considerável controle central sobre o funcionamento da campanha. Um fluxo constante de diretivas instruía Ali sobre as manobras das frotas, o abastecimento de alimentos e a reunião das tropas. Sokollu e Selim estavam evidentemente cientes de que a frota estava exausta e que a mão de obra era um problema, ainda que as ordens enviadas em 19 de agosto fossem enfáticas: "Se a frota [inimiga] aparecer, Uluch Ali e vocês mesmos, atuando em pleno acordo, devem enfrentar o inimigo e usar toda a sua coragem e inteligência para superá-lo".[12] Outro despacho, que só foi enviado depois da batalha, era ainda mais enfático: "Agora eu ordeno que, depois de receber notícias confiáveis sobre o inimigo, vocês ataquem a frota dos infiéis, totalmente confiantes em Alá e em seu Profeta".[13]

É impossível determinar a divisão de responsabilidades entre Sokollu e seu senhor para essas notáveis ordens. Eles pareciam deixar ao comandante de solo a liberdade de manobra. Mesmo as estrondosas determinações de Solimão para Mustafá em Malta não continham instruções detalhadas sobre como proceder. Talvez o sultão e seu vizir estivessem convencidos de que os ânimos entrariam em colapso rapidamente e eles não se arriscariam a lutar, ou o sultão, impulsionado pela conquista final de Chipre e pelo zelo a uma guerra santa, estivesse com excesso de confiança, mas eles comprometiam Ali Paxá a lutar.

No final de setembro, Ali estava em Lepanto, o porto fortificado que os turcos chamavam Inebahti, a oitenta quilômetros ao sul de Preveza e em uma posição semelhante à ocupada por Barbarossa contra Doria. Como Barbarossa em Preveza, a posição de Ali Paxá era praticamente inatacável. Lepanto era um porto bem fortificado, com uma muralha resistente, incrustado na boca do golfo de Corinto, protegido dos dois lados por plataformas de armas, de modo que, como o navegador otomano Piri Reis tinha colocado, nem mesmo um pássaro poderia voar por lá. Em todo caso, os ventos dominantes tornariam qualquer ataque direto à frota extremamente difícil. Ali poderia sentar e esperar que o inimigo se esgotasse no mar e em seguida atacar à vontade, ou recusar-se completamente a batalhar. Ele tinha razões imperiosas para não lutar. Os navios precisavam de reparos; acreditando que a temporada de campanha tinha terminado, muitos soldados da cavalaria tinham voltado para casa. Parecia difícil acreditar que o inimigo arriscaria um ataque no início de outubro; além disso, todos os prisioneiros capturados contavam a mesma história: havia sérias diferenças de opinião nas fileiras cristãs. Ali esperou para ver o que aconteceria.

Às quatro da tarde de 2 de outubro, todas as tensões acumuladas na armada cristã de repente explodiram. A frota estava em Igoumenitsa, na costa continental oposta a Corfu, quando a animosidade de longa duração entre os venezianos e os espanhóis transbordou. Como as galeras venezianas estavam com falta de homens, o comandante Venier foi convencido, com grande relutância, a embarcar soldados espanhóis em seus navios. Houve problemas desde o início. "No embarque desses homens e seus biscoitos, tive muitas dificuldades a enfrentar e muita insolência dos soldados a aturar",[14] escreveu Venier depois, em sua autodefesa. Na manhã de 2 de outubro, como parte da revista da prontidão para a batalha, Doria foi enviado para inspecionar as galeras venezianas. O tempestuoso Venier recusou terminantemente aos odiados genoveses o direito de criticar seus navios; os ânimos já estavam exaltados quando, em uma de suas galés cretenses, o Homem Armado de Retimno, estourou uma briga entre a tripulação de Veneza e os soldados espanhóis e italianos. Tudo começou quando um tripulante perturbou o sono de um soldado e rapidamente degenerou em uma luta em grande escala, que se espalhou pelo convés, com mortos e feridos de ambos os lados. O capitão enviou uma mensagem ao navio-capitânia de Venier dizendo que os espanhóis no Homem Armado estavam matando a tripulação.

Venier ainda estava irritado por seu encontro com Doria e ordenou que quatro homens e seu marechal embarcassem no navio e prendessem os amotinados. O líder da revolta, capitão Muzio Alticozzi, veio ao encontro deles com fogo de arcabuz. O marechal foi atingido por um tiro no peito; dois dos homens foram jogados no mar. Venier, agora fora de si de raiva, ordenou que a galera fosse retirada da água, para explodi-la. Quando um navio espanhol se ofereceu para intervir, ele irrompeu em fúria. "Pelo sangue de Cristo", gritou o velho homem, "não tome nenhuma ação, a não ser que você queira que eu afunde sua galera e todos os seus soldados. Eu vou subjugar esses cães sem sua ajuda."[15]

Ele ordenou que um grupo de arcabuzeiros a bordo do Homem Armado capturasse os líderes e os entregasse em seu navio. Ele então enforcou Alticozzi e outros três no mastro. A essa altura, o capitão do navio espanhol havia relatado a situação para dom João, que agora podia ver quatro corpos pendurados no mastro do navio de Venier. Dom João ficou igualmente furioso com essas execuções não autorizadas de homens recrutados pelos espanhóis. Ele ameaçou enforcar Venier no local. Para Doria, foi mais uma oportunidade para sugerir a volta a Messina, deixando isso aos venezianos. As galeras espanholas e os venezianos prepararam seus canhões com pólvora e os acenderam com velas quando estavam prontos. Houve um tenso impasse; as duas frotas das galeras acertaram as contas por muitas horas. Finalmente, os ânimos arrefeceram o suficiente para que a razão prevalecesse. Dom João declarou que deixaria de lidar com Venier; de agora em diante, todas as comunicações com os venezianos seriam por meio do vice-comandante de Venier, Agostino Barbarigo. O incidente deixou toda a expedição à beira da ruína e a notícia rapidamente alcançou o alto-comando otomano. Quando os cativos relataram a Ali e Pertev que os venezianos e os espanhóis tinham chegado perto de jogar uns aos outros na água, eles dobraram a crença de que a frota cristã, numerosa e dividida, não lutaria. O mais provável era que realizassem um ataque simbólico na costa albanesa e se aposentassem.

Foi nesse momento que o fantasma de Bragadin entrou novamente na luta. Com os ânimos acalmados, a frota da Liga Santa navegou para o sul, em direção à costa grega. Em Capo Bianco, dom João ordenou um ensaio de sua formação de batalha. Os esquadrões foram arranjados em uma linha de oito quilômetros, cada um distinguindo-se por uma bandeira de cor diferente. Em 4 de outubro, eles estavam alcançando a ilha de Cefalônia quando avistaram uma fragata solitária serpentear, vindo do sul. Era a embarcação de Creta trazendo as informações sobre Famagusta.

A notícia terrível teve um impacto súbito e eletrizante na frota. Acirrou-se o desejo de vingança dos venezianos, e as divisões instantaneamente se acalmaram. Racionalmente, isso também bateu fundo em toda a expedição; se Famagusta não podia mais ser salva, seu propósito ostensivo tinha evaporado. Quando dom João realizou outro conselho de guerra no Real, os espanhóis mais uma vez pediram que se evitasse uma missão inútil, mas já era tarde demais. Os comandantes venezianos trovejaram por vingança. O avanço se tornou irrefreável. Na noite de 6 de outubro, a frota, em clima tempestuoso, dirigiu-se para as ilhas Curzolaris, na entrada do golfo de Patras, com a intenção de atrair os otomanos para a luta.

A cerca de 65 quilômetros de distância, no castelo de Lepanto, os otomanos promoviam um conselho final de guerra. Todos os comandantes importantes estavam lá: Ali Paxá e Pertev Paxá, os experientes corsários Uluch Ali e Kara Hodja, dois dos filhos de Barbarossa, Mehmet e Hasan, e o governador de Alexandria, Shuluch Mehmet. Era a imagem especular dos debates em Messina e Corfu – lutar ou não lutar? –, com a mesma mistura de cautela e aventura. Kara Hodja, de volta de outra missão de reconhecimento, declarou que os cristãos contavam 150 galeras, no máximo, mas não havia razões imperiosas para não arriscar a batalha. Era tarde, os homens estavam cansados e muitos tinham desertado da campanha; a posição deles em Lepanto era inatacável.

Há diversas versões do que foi dito, mas o grupo da prudência parece ter sido representado por Pertev Paxá, "um homem pessimista por natureza",[16] que apontou que alguns dos navios estavam com falta de homens, e quase certamente por Uluch Ali. O corsário castigado pelo tempo, com uma enorme cicatriz na mão, resultado de um motim de seus escravos de galera, era, de longe, o marinheiro mais experiente na sala. Ele tinha 52 anos e havia aprendido seu ofício ao lado de Turgut. Era intensamente temido pelos cristãos, por sua coragem e crueldade; no ano anterior, tinha infligido uma humilhação rara às galeras dos cavaleiros de Malta e, como todos os corsários que dominavam a arte da sobrevivência, pesava cuidadosamente as probabilidades. Era altamente improvável que Uluch votasse pela batalha. O argumento era claro: "A escassez de homens é uma realidade. Desse ponto de vista, é melhor permanecer no porto de Lepanto e só lutar se os incrédulos vierem até nós".[17] Outros, como Hasan Paxá, defendiam a batalha, por acreditar que os cristãos estavam divididos entre si e eram numericamente inferiores.

O veredicto final de Ali Paxá foi dito em um impetuoso tom de desafio. "O que importa se em todos os navios há cinco ou dez remadores?", declarou duramente. "Se Deus nas alturas quiser, nenhum mal poderá nos atingir."[18] No entanto, sob essa exibição de desrespeito, havia ordens de Istambul. De acordo com o cronista Peçevi, Ali prosseguiu: "'Continuamente recebo ordens ameaçadoras de Istambul; temo por minha posição e por minha vida'. Tendo dito isso, os outros comandantes não poderiam se opor a ele. No final, foi tomada a decisão de partir e encontrar o inimigo".[19] Eles, então, foram preparar seus navios.

No fim do dia 6 de outubro, o tempo mudou. Era uma noite perfeita. "Deus nos mostrou um céu e um mar que só se veem no melhor dia da primavera",[20] lembraram os cristãos. Por duas horas, na manhã seguinte, domingo, 7 de outubro, sua frota trabalhou para tomar o caminho em direção ao golfo de Patras. No porto de Lepanto, ouvia-se o som chacoalhante das amarras; um por um os navios otomanos começaram a remar para fora do golfo, deixando a proteção segura de suas armas em terra.

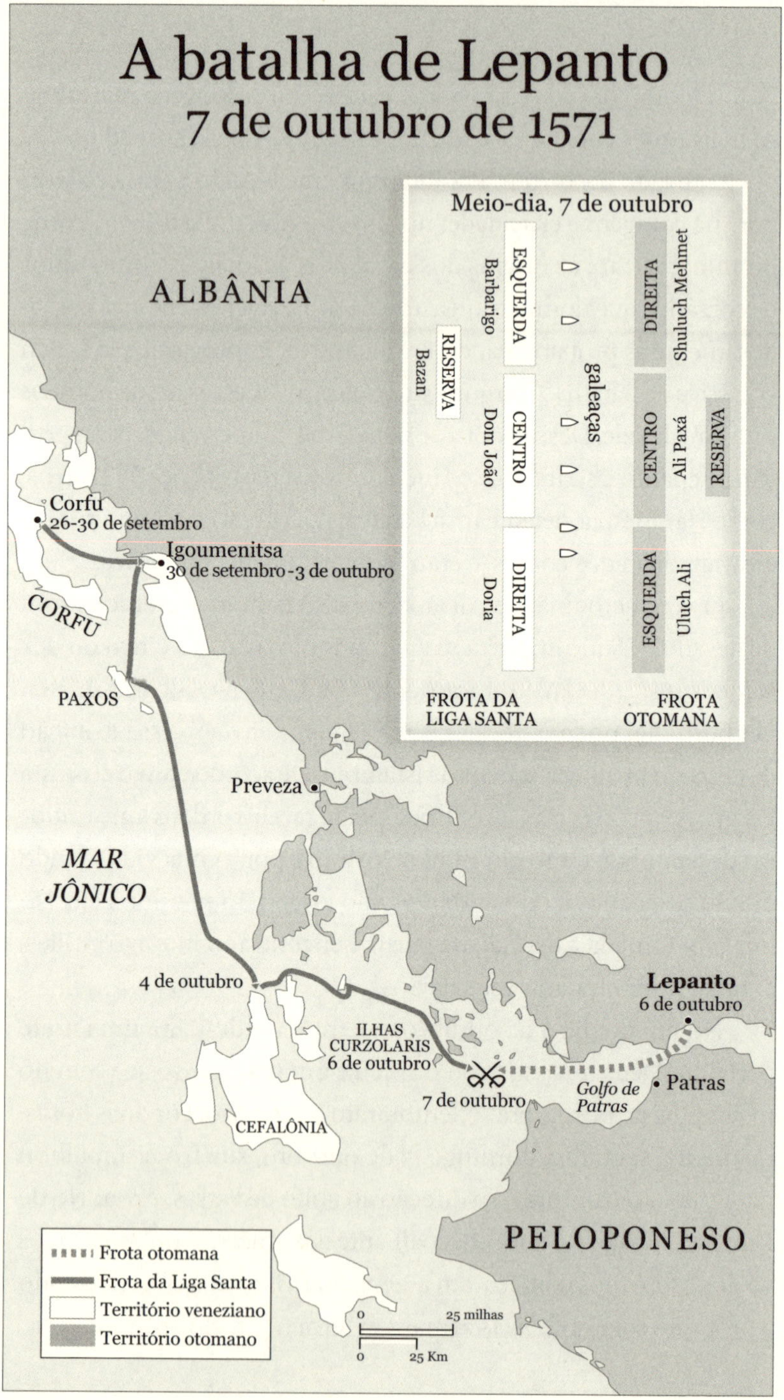

A batalha de Lepanto
7 de outubro de 1571
Meio-dia, 7 de outubro
ESQUERDA
Barbarigo
RESERVA
Bazan
CENTRO
Dom João
DIREITA
Doria
galeaças
DIREITA
Shuluch Mehmet
CENTRO
Ali Paxá
RESERVA
ESQUERDA
Uluch Ali
FROTA DA
LIGA SANTA
FROTA
OTOMANA
ALBÂNIA
Corfu
26-30 de setembro
Igoumenitsa
30 de setembro-3 de outubro
CORFU
PAXOS
Preveza
MAR
JÔNICO
4 de outubro
ILHAS
CURZOLARIS
6 de outubro
7 de outubro
Lepanto
6 de outubro
Golfo de
Patras
Patras
CEFALÔNIA
PELOPONESO
Frota otomana
Frota da Liga Santa
Território veneziano
Território otomano
0
25 milhas
0
25 Km

## “Vamos lutar!”

### Da alvorada ao meio-dia de 7 de outubro de 1571

Alvorada. Vento vindo do leste. Um belo dia de outono.

A frota cristã estava ao abrigo de um pequeno arquipélago, o Curzolaris, que protege o golfo de Patras e o estreito de Lepanto ao norte. Dom João colocou observadores em terra para subir os morros e espiar o mar à frente sob a luz do amanhecer. Simultaneamente, os vigias dos navios-capitânias avistaram velas no horizonte a leste. Primeiro duas, depois quatro, em seguida seis. Em pouco tempo, eles puderam ver uma enorme frota “como uma floresta”,[1] oscilando para cima e para baixo na linha do mar. No entanto, ainda não era possível determinar o número. Dom João içou o sinal de batalha; uma bandeira verde foi hasteada e uma arma disparou. Aplausos percorriam toda a frota à medida que os navios remavam, um a um, entre as pequenas ilhas e desembocavam no golfo.

Ali Paxá estava a uns 25 quilômetros de distância quando amanheceu e os navios inimigos foram vistos alinhados entre as ilhas. Ele tinha o vento e o sol às suas costas; as tripulações moviam-se facilmente. No começo, podia avistar tão poucos navios que isso parecia confirmar o relatório de Kara Hodja sobre o tamanho inferior da frota da Liga Santa. Eles aparentemente seguiam para o oeste. Ali logo assumiu que estavam tentando escapar para o mar aberto. Ele alterou o curso da frota, inclinando a sudoeste para pegar o inimigo em desvantagem. Havia um sentimento de antecipação nas galeras quando eles surgiram à frente do cronometrista de tambores. "Sentimos grande alegria e prazer", recordou mais tarde um dos marinheiros otomanos, "porque eles certamente sucumbiriam a nossa força."[2]

E ainda havia resquícios de inquietação entre os homens. Um grande bando de corvos pretos, de mau agouro, tinha cruzado o céu em revoada barulhenta enquanto a frota deixava Lepanto, e Ali sabia que seus barcos não eram tripulados com confiança. Nem todos os homens estavam felizes com a perspectiva de uma batalha no mar; alguns deles tinham vindo da área de Lepanto sob coação. A cada meia hora que passava, a frota distante parecia crescer. Longe de fugir, ela estava se espalhando. A primeira impressão de Ali tinha sido incorreta. Havia mais navios do que ele pensara. A contagem de Kara Hodja estava errada. Ele amaldiçoou e ajustou o curso novamente.

A mudança inicial de Ali na barra de leme tinha despertado uma sensação paralela na frota cristã – a de que o inimigo estava fugindo – e em seguida uma correção correspondente no entendimento da verdadeira dimensão e intenção da frota inimiga. À medida que as horas passavam e as duas armadas se espalhavam pela água, a extensão total da colisão que se desdobrava tornou-se evidente. Ao longo de uma faixa de pouco mais de seis quilômetros de largura, duas enormes frotas de batalha estavam se reunindo em uma arena fechada de mar. A escala da coisa ofuscou todas as previsões. Cerca de 140 mil homens – soldados, remadores e tripulantes – em cerca de seiscentos navios, algo superior a setenta por cento de todas as galeras a remo no Mediterrâneo. O mal-estar se transformou em incerteza. Havia homens por todos os lados, secretamente espantados com o que viam.

Pertev Paxá, general das tropas otomanas, tentou convencer Ali a fingir uma retirada no estreitamento afunilado do golfo, sob o abrigo das armas de Lepanto. Era um curso de ação que as ordens do almirante e seu senso de honra não podiam aceitar; ele respondeu que nunca permitiria que os navios do sultão nem mesmo parecessem estar fugindo.

Houve igual preocupação no lado cristão. Ficava crescentemente mais claro, a cada avistamento sucessivo dos homens nos cestos de vigia, que os otomanos tinham mais navios. Até mesmo Venier, o experiente e envelhecido veneziano, de repente ficou em silêncio. Dom João se viu obrigado a realizar mais uma conferência no Real. Ele pediu a opinião de Romegas; o cavaleiro foi categórico. Gesticulando para a enorme frota cristã em volta do Real, ele disse: "Senhor, eu afirmo que, se seu pai, o imperador, tivesse visto uma frota como essa, ele não teria parado até que fosse imperador de Constantinopla – e ele o teria feito sem dificuldade".

"O senhor quer dizer, então, que temos de lutar, *monsieur* Romegas?", quis confirmar dom João.

"Sim, senhor."

"Muito bem, vamos à luta!"[3]

Houve ainda uma tentativa de ação de retaguarda por aqueles que se lembravam das instruções cautelosas de Filipe, mas agora era tarde demais. Dom João estava decidido. "Cavalheiros", disse ele, voltando-se para os homens reunidos em sua cabine, "este não é o momento para discutir, mas para lutar."[4]

Ambas as frotas começaram a se espalhar pela linha de batalha. Os planos de dom João, determinados no início de setembro, foram cuidadosamente postos em prática. Eles se basearam em uma das cartas de dom Garcia: dividir a frota em três esquadrões – o central, comandado por dom João no Real e intimamente apoiado por

Venier e Colonna, com 62 galés; na ala esquerda, o do veneziano Agostino Barbarigo, com 57; na ala direita, o de Doria, com 53. Reforçando essa frota de batalha havia um quarto esquadrão, a reserva, liderada pelo experiente marinheiro espanhol, Alvaro de Bazan, com trinta galeras; sua missão consistia em correr para o auxílio de qualquer parte da linha que desmoronasse.

A estratégia de dom João era misturar os contingentes para limitar a possibilidade de deserção por qualquer grupo nacional e uni-los; a experiência de Preveza aparecia por trás desse plano. No entanto, essa mistura tinha sido balanceada para cumprir diferentes papéis. Das 53 galés da ala esquerda, 41 eram venezianas, mais manobráveis, mais leves, cuja função era atuar duramente contra a costa, de acordo com o conselho de dom Garcia de que, "se isso acontecer em campo inimigo, deve ter lugar o mais próximo possível da terra, para tornar mais fácil aos soldados deles fugir de suas galés".[5] As galés espanholas, mais pesadas, ocupavam o centro e a direita, onde a luta podia ser mais ameaçadora.

O vento estava soprando forte contra os navios cristãos enquanto eles se esforçavam para se manter em linha; as galeras de Doria, à direita, tiveram de navegar mais para longe, para assumir sua posição. Foi um exercício difícil, realizado em câmera lenta. "Nunca se conseguia manter as galés leves devidamente alinhadas", lembrou Venier, "e isso me causou muitos problemas."[6] Levou três horas para os cristãos organizá-las.

A tarefa de Ali Paxá foi facilitada pelo vento a favor, mas seu arranjo era muito semelhante. O almirante pôs no centro da frota de batalha seu navio principal, o Sultana, em posição diametralmente oposta à do Real; a ala direita era comandada pelo governador turco de Alexandria, Shuluch Mehmet, e a esquerda, por Uluch Ali, em frente a Doria. À medida que as frotas viravam, lentamente

Erich Lessing/Album Art/Latinstock

**Os comandantes que lideraram a frota cristã na batalha de Lepanto: dom João da Áustria, Marcantonio Colonna e Sebastiano Venier, em tela do acervo do Castelo Ambras, em Innsbruck (Áustria).**

se tornava claro para o almirante genovês que ele estava em menor número. Uluch Ali tinha 67 galeras e 27 galeotas menores, ordenadas em linha dupla; Doria, apenas 53. A discrepância tinha potencial para sérios problemas.

Enquanto dom João tentava manter uma linha reta, os otomanos preferiam um crescente. Este tinha tanto função simbólica, como a lua crescente do Islã, quanto tática. Ambos os lados compreendiam claramente as realidades da guerra de galera. Todas as capacidades ofensivas da galera estavam na proa; as três ou cinco armas viradas para a frente só eram eficazes dentro de um estreito arco de fogo e a proa constituía o único lugar onde os combatentes podiam se reunir em qualquer número. As táticas convencionais visavam varrer o convés do oponente com tiros de canhão, disparos de arcabuz e flechas, para então bater forte com a ponta da embarcação no convés inimigo. O casco das galés era uma concha frágil, incrivelmente vulnerável a impactos ou tiros. Ser pego de lado ou por trás por outra galera era ser literalmente morto na água. O crescente de Ali tinha sido projetado para flanquear e cercar o inimigo menos numeroso e então romper suas fileiras em um combate no qual as embarcações muçulmanas, mais manobráveis, poderiam atacar os navios pelos lados e dominá-los.

Para os dois lados, a integridade da linha de batalha era crucial. No entanto, para dom João, cujas galés eram mais pesadas, o princípio do apoio mútuo era uma questão de vida ou morte. As galés precisavam estar a uns oitenta metros de distância – afastadas o suficiente para evitar o choque de remos, próximas o bastante para impedir que o inimigo rompesse as fileiras. Pela mesma razão, era importante que estas se mantivessem alinhadas. Muito à frente, uma galera poderia ficar isolada e ser apanhada; muito atrás, o inimigo poderia voltar a se inserir na linha e causar estragos. Uma vez que havia vãos na malha de formação de batalha, a estratégia se tornava um perigoso jogo de azar, mas, para manter essa matriz de ordem em uma frente de seis quilômetros, era necessária uma habilidade extraordinária. Vistos da perspectiva de um pássaro circulando preguiçosamente no ar, os efeitos eram muito claros. A frota cristã continuamente se expandia e se contraía para dentro e para fora, como um acordeão, enquanto sua linha de batalha ondulava para trás e para a frente, em curvas sinuosas, à medida que os navios tentavam ajustar suas posições em relação ao Real, no centro.

Ali Paxá tinha o mesmo problema. Havia o risco de as pontas de seu crescente ficarem muito longe, arranjo que poderia levar a um desastre: sem apoio, eles seriam pegos rapidamente. Eram o tamanho das frotas e o efeito do intervalo entre as ondas, em que cada navio devia permanecer ajustado a sua posição, que tornavam essas formações tão difíceis de manter. Por achar muito complicado orquestrar o crescente, Ali alterou a formação para uma linha reta em três divisões, espelhando seu adversário, com o Sultana na dianteira; nenhum comandante de navio se colocaria à frente, sob pena de morte. As duas frotas se fechavam no mesmo ritmo, enquanto se esforçavam para manter a formação.

O que os cristãos não tinham em habilidade de navegação tinham em poder de fogo. As galés de estilo ocidental espanholas eram mais pesadas do que as do inimigo e contavam com maior força de propulsão. Os navios cristãos possuíam, em média, o dobro do número de peças de artilharia, que, usadas criteriosamente, poderiam infligir golpes graves. À medida que a distância encolhia lentamente, os vigias de Ali podiam ver que o centro da frota cristã estava lotado com as galeras espanholas mais pesadas. Se elas não fossem bloqueadas e flanqueadas pelas alas, estas poderiam avançar no centro. Isso começou a preocupar Ali.

E os cristãos tinham inovado. Por sugestão de Doria, dom João ordenou a seus comandantes que cortassem o esporão da proa de seus navios. Essa estrutura era mais ornamental do que prática e sua remoção permitia que as armas ficassem mais baixas e acertassem o inimigo mais de perto. As galés poderiam aproximar-se nos últimos cem metros mais rápido do que os artilheiros seriam capazes de recarregar as armas; assim, haveria apenas um tiro. Dom João estava determinado a seguir o conselho de dom Garcia: manter a calma e o fogo até o último minuto, quando o inimigo se aproximasse. Ele não queria que os tiros zunissem inutilmente. Ao mesmo tempo, ordenava que redes fossem amarradas ao longo das laterais dos navios para enredar e impedir que o inimigo subisse a bordo.

No entanto, foram os venezianos que trouxeram a inovação mais radical para a frota, que agora se lançava pesadamente à frente. Eles tinham guardado para uso futuro seu galeão fortemente armado, que fora utilizado em Preveza em 1538 e com o qual haviam infligido danos consideráveis às galeras de Barbarossa, afastando-as por um dia inteiro. Quando moveram o arsenal do estaleiro para a guerra, eles tiraram o pó do casco de seis de suas galés mercantes, pesados navios a remo outrora empregados para o agora extinto comércio com o Mediterrâneo oriental, preparando as condições para seu uso. Essas galeaças, como eles as chamavam, tinham sido recondicionadas, fortemente armadas e amuradas com superestruturas defensivas. Na manhã de 7 de outubro, as galés estavam laboriosamente rebocando essas plataformas flutuantes de armas para a frente da linha de batalha. Os venezianos tinham um propósito definido em mente.

Era uma da manhã de domingo. Na distante Roma, Pio estava conduzindo uma massa efervescente para a vitória cristã. Em Madri, Filipe continuava a assinar documentos e a enviar memorandos para todas as partes de seu vasto império, entre os serviços religiosos. Selim partia de Istambul para a capital, Edirne, com a pompa usual de um sultão: uma cavalgada esplêndida da cavalaria tilintante, com janízaros emplumados, pajens, escribas, funcionários públicos, condutores de cães, cozinheiros e favoritas do harém. A partida foi marcada por maus presságios; o turbante de Selim escorregou duas vezes e seu cavalo caiu; um homem correu para ajudá-lo e teve de ser enforcado por tocar o sultão. No golfo de Patras, por volta do meio-dia, o vento que soprava fortemente do leste desde o amanhecer enfraqueceu e parou. O mar tornou-se vítreo; apenas uma leve brisa do oeste bafejava às costas de dom João. A frota otomana prontamente baixou as velas; as condições melhoraram para os remadores da frota cristã. Isso foi tomado como um bom sinal – um vento de Deus.

Pio tinha investido no empreendimento da Liga Santa com enorme esperança cristã. Os estandartes, as missas, as bênçãos papais quando os navios deixaram o porto tinham dado à expedição todo o fervor religioso de uma cruzada. O papa havia pedido a dom João que garantisse que seus homens "vivessem de maneira virtuosa e cristã nas galés, não jogassem [jogos de azar] e não falassem palavrões".[7] A resposta de Requesens tinha sido lacônica. "Vamos fazer o que pudermos",[8] murmurou ele, lançando o olhar sobre a insensível infantaria espanhola e àquela subespécie da humanidade cristã acorrentada aos bancos de remo. Dom João tinha pensado que seria útil enforcar alguns blasfemos perante o legado papal em Messina, para encorajar um comportamento virtuoso. O propósito moral era fundamental para o sucesso de todo o empreendimento. Havia padres em cada navio; milhares de rosários foram entregues aos homens; os serviços religiosos eram realizados diariamente. Agora, à medida que cada um via seu destino desenhando-se diante de si sobre o mar calmo, um sóbrio temor religioso tomava a frota cristã. À massa foi lembrado em todos os navios que não haveria céu para os covardes. Os homens tinham confessado seus pecados. Imediatamente depois, os tambores e as trombetas soaram com gritos de "Vitória e viva Jesus Cristo!".[9]

Com os navios espalhando-se, dom João desceu da popa elaboradamente esculpida do Real. Ele estava vestindo uma reluzente armadura, que brilhava ao sol de outono, e levava um crucifixo na mão quando foi transferido para uma fragata leve de competição e percorreu a longa linha de navios, exortando os homens. Ao passar pela popa do navio de Sebastiano Venier, o velho cabeça quente o saudou. Com as mentes fixas nas providências finais, todas as mágoas foram esquecidas.

Para cada contingente nacional dom João oferecia palavras de encorajamento. Ele pediu que os venezianos vingassem a morte de Bragadin; dirigindo-se aos espanhóis, clamou pelo dever religioso: "Meus filhos, nós estamos aqui para vencer ou morrer, como o céu determinar. Não deixem que nosso inimigo impiedoso nos pergunte: 'Onde está seu Deus?'. Lutem por seu santo nome e, na morte ou na vitória, vocês conquistarão a imortalidade".[10] Ele visitou duas das galeaças desajeitadas que passavam pela linha da frota e exortou os homens a apressar sua temporada. Prometeu a libertação de todos os escravos de galera cristãos se eles lutassem bem e ordenou que seus grilhões fossem removidos. Era, de fato, uma promessa que ele não poderia garantir, uma vez que apenas os remadores de seus navios estavam sob sua tutela. Os muçulmanos foram mantidos algemados e acorrentados, por medo de revoltas durante a luta. Para eles, seria impossível escapar se o navio afundasse.

Por toda parte havia preparativos finais. Armeiros se moviam entre os remadores cristãos, retirando as algemas e distribuindo espadas; armas, vinho e pão eram estocados nos corredores; os sacerdotes ofereciam palavras de conforto; os arcabuzeiros verificavam a pólvora e os estopins de queima lenta. Os veteranos espanhóis das guerras mouras afiavam as lanças e colocavam o elmo de metal. Os comandantes ajeitavam a armadura no peito e levantavam a viseira do elmo, sentindo o vento do mar e o fedor dos navios. Os cirurgiões espalhavam seus instrumentos e conferiam os dentes de suas serras. Milhares de escravos de galera sem nome movimentavam os remos com força, sob o estalo dos chicotes dos supervisores e a batida constante dos tambores. De costas para o inimigo, eles remavam para a frente em um ritmo constante.

Alguns nomes se destacam entre os milhares de anônimos dos navios cristãos. Aurelio Scetti, músico florentino, tinha estado doze anos nas galés, por assassinar sua esposa. No Marquesa, o espanhol Miguel de Cervantes, com 24 anos, erudito e desesperadamente pobre, era voluntário; na manhã da batalha, ele estava doente, com febre, mas cambaleou de sua cama para comandar um destacamento de soldados na estação de barcos. Outro homem doente, sargento Martin Muñoz, a bordo do San Giovanni, da Sicília, também estava deitado, com febre. Sir Thomas Stukeley, pirata e mercenário inglês, possivelmente filho ilegítimo de Henrique VIII, comandava três navios espanhóis. Romegas, destacado das galeras de Malta, estava com Colonna em seu navio-capitânia, nomeação que lhe salvaria a vida. Antonio e Ambrogio Bragadin, parentes do mártir de Famagusta, comandavam duas galeaças, esperando na linha de frente, ansiosos por vingança. E, no navio-capitânia de dom João, um arcabuzeiro espanhol particularmente inexperiente, cujo nome era Maria la Bailadora (a Dançarina de Flamenco); ela havia se disfarçado para acompanhar seu amante soldado nas guerras.

A oito quilômetros de distância, os muçulmanos estavam fazendo os próprios preparativos. A frota de Ali também era uma mistura de elementos: esquadrões imperiais de Istambul e Galípoli, argelinos e bandos de corsários mais informais, em pequenas galeotas. Todos os grandes comandantes estavam presentes: os governadores turcos das províncias marítimas – Rodes, Síria,

Naplion e Trípoli; os filhos de Barbarossa, Hasan e Mehmet; o comandante do arsenal de Istambul; Kara Hodja, o corsário italiano; e Uluch Ali, na ala esquerda externa. Havia, evidentemente, um pequeno atrito entre as diferentes facções, entre os muçulmanos "profundos" e os renegados oportunistas, "com a carne de porco ainda presa nos dentes",[11] bem como entre os hábeis capitães corsários e os prepostos imperiais do sultão. O plano de Ali Paxá era correr as galeras pela direita, sob o comando de Shuluch Mehmet, bem perto da costa grega; com o calado raso dos navios e o conhecimento de Shuluch das águas costeiras, ele estava confiante de que poderia ser mais esperto e flanquear os venezianos oponentes. Ordenou à cavalaria que permanecesse na costa, caso os venezianos tentassem aportar seus navios na praia. Uluch Ali estava desesperadamente preocupado com essa tática. O plano se transformou em uma aposta calculada. Se falhasse, talvez acontecesse o inverso: os muçulmanos poderiam ser tentados a fugir por terra. Ele teria preferido um confronto em mar aberto, onde um movimento pelos flancos seria mais evidente.

A frota muçulmana carregava menos canhões e arcabuzeiros do que o inimigo, mas muitos arqueiros, cuja velocidade de ataque era bem superior e poderia espetar um artilheiro do lado espanhol trinta vezes enquanto ele ainda estava recarregando. Eles lutavam sem armadura e seus navios não eram reforçados com parapeitos de madeira para proteger os homens contra os tiros. O objetivo era ser rápido e ágil.

Ao chamado dos imãs, os homens realizaram abluções rituais e se prostraram em oração. Eles tensionaram os arcos e mergulharam as flechas no veneno; untaram o convés com óleo e manteiga, tornando-o escorregadio para os europeus pesadamente calçados se manterem de pé em uma operação de embarque, enquanto os muçulmanos geralmente lutavam descalços. Os escravos das galeras cristãs foram proibidos, sob pena de morte, de olhar para o inimigo se aproximando, para evitar a quebra do ritmo de navegação; quando os navios estivessem enredados, eles deviam se esconder debaixo dos bancos. Mas Ali era um comandante generoso, com forte senso de honra. Enquanto dom João havia posto corrente dupla em seus remadores muçulmanos, o paxá fez uma promessa a seus escravos cristãos. Falando com eles em espanhol, ele afirmou: "Amigos, espero que hoje vocês façam seu dever por mim, em troca do que fiz por vocês. Se eu vencer a batalha, prometo-lhes a liberdade; se o dia for de vocês, Deus os libertará".[12] Era uma promessa, certamente, que ele podia cumprir. Ali tinha seus dois filhos, de dezessete e treze anos, a bordo. Quando eles estavam sendo transferidos para outro navio, ele os chamou e os lembrou de seu dever. "Bendito seja o pão e o sal que o senhor nos deu",[13] responderam eles seriamente. Foi um momento comovente de piedade filial. Em seguida, eles foram embora.

Ali podia agora distinguir as galeaças venezianas deslizando na água diante da frota cristã. Ele estava perplexo e preocupado. Houve uma apreensão geral pelos navios fortemente armados ao redor das fileiras otomanas. Eles tinham sido avisados dessas embarcações por cativos, mas a informação era a de que estavam armados apenas com três peças de artilharia na proa e na popa. Era impossível entender o que os venezianos faziam.

A seis quilômetros de distância, o galeão de casco vermelho Sultana disparou um tiro no vazio; era endereçado ao Real, um convite para lutar. A resposta de dom João foi determinada: uma verdadeira saraivada de tiros. Ali ordenou que seu timoneiro, Mehmet, fosse na direção do Real. O grande estandarte verde do Islã, o mais precioso de todos os emblemas de guerra islâmicos, com os nomes de Deus entrelaçados 29 mil vezes, foi hasteado – os fios verdes e dourados brilhavam ao sol, chamando a atenção, agora, para os muçulmanos.

Na frota cristã, dom João preparava uma correspondente peça de teatro religioso. A um sinal, os crucifixos foram levantados no ar em todos os navios; o poderoso estandarte azul-celeste do papa, decorado com a imagem de Cristo crucificado, foi hasteado no Real. Dom João se ajoelhou na proa, com sua armadura deslumbrante, implorando a vitória ao Deus cristão. Milhares de homens armados caíram de joelhos. Frades em vestes marrons ou pretas ergueram cruzes ao sol e aspergiram água benta sobre eles, murmurando a absolvição. Em seguida, os homens se levantaram e gritaram os nomes de seus protetores e santos em espanhol e italiano: "*San Marco! San Stefano! San Giovanni! Santiago y cierra España! Victoria! Victoria!*".

Trombetas tocavam intensamente, e as batidas dos tambores do cronometrista tinham uma frequência lenta em um ritmo insistente; nos navios muçulmanos, sob o clamor dos urros e dos címbalos, os homens invocavam os nomes de Deus, entoavam versículos do Corão e gritavam aos cristãos que avançassem e fossem massacrados "como galinhas afogadas".[14] E, em um ataque de exuberância além do pensamento racional, dom João, cuja dança fora tão notável em Gênova, "inspirado com ardor juvenil, dançou galharda na plataforma de armas com a música de pífaros".[15]

Ainda havia tempo, nas palavras do veneziano Girolamo Diedo, para os dois lados absorverem a aterradora beleza do espetáculo.

> Chocando-se umas contra as outras, as duas frotas eram uma visão bastante assustadora; nossos homens com brilhantes elmos e armaduras, escudos de metal lembrando espelhos e suas outras armas reluzentes sob os raios do sol, as lâminas polidas das espadas ofuscando o rosto de todos, mesmo a distância [...] e os inimigos não eram menos ameaçadores; eles impingiam muito medo nos corações de nosso lado, assim como espanto e admiração diante das lanternas douradas e bandeiras brilhantes, notáveis pela enorme variedade de seus milhares de cores extraordinárias.[16]

Meio quilômetro à frente da frota cristã, quatro galeaças agora estavam em posição, espaçadas entre si; duas na lateral direita desgarraram um pouco e alcançaram a linha de frente. Os artilheiros venezianos se agacharam, portando velas acesas e observando as 280 galés muçulmanas se aproximar rapidamente. Os arcabuzeiros desfiavam seus rosários e murmuravam orações. Os corações dispararam. Eles se preparavam para o combate apoiando-se no alarido do convés. A 150 metros, uma ordem: disparar. Era pouco antes do meio-dia.

Houve uma série de clarões, um rugido ensurdecedor e, então, a fumaça, que obscureceu tudo. A essa distância, era impossível perder. Bolas de ferro interromperam o avanço dos navios. As galeras rebentaram sob o impacto. "Foi tão terrível que três galés foram afundadas dessa maneira",[17] registrou Diedo. A confusão se instalou na frota otomana, com os navios chocando-se uns contra os outros ou tentando parar. O Sultana tinha uma lanterna de popa que iluminava à distância. As galeaças a remo viraram noventa graus, para uma segunda rodada. Ali ordenou o ataque próximo à boca das armas, o mais rápido possível. A linha alterou a direção e abriu, para evitar as torres de armas flutuantes. De costado, o navio estava agora sendo varrido pelo fogo dos arcabuzes. Quando um timoneiro foi alvejado, a embarcação cambaleou e mudou de direção; então, uma fila de soldados de turbante foi derrubada por uma saraivada de balas. As galeaças fizeram outro quarto de volta. "Deus nos permitiu sair daqui inteiros",[18] gritou Ali, observando a destruição infligida a sua linha de batalha, agora irregular, aberta, em desordem. Movendo-se fora do alcance das armas, os otomanos abriram fogo contra a principal linha cristã, mas os navios eram muito altos. Dom João esperou que os inimigos se aproximassem; com a ponta da proa cortada, eles podiam disparar de perto e mais baixo. À medida que os navios de Ali pressionavam para a frente, as armas cristãs entravam em erupção, cada comandante escolhendo o momento mais adequado. A fumaça preta soprava favoravelmente no vento do oeste, obscurecendo o objetivo muçulmano. Mesmo antes da colisão, um terço dos navios de Ali tinha sido mutilado ou afundado, "e o mar já estava totalmente coberto de homens, vergas, remos, barris, tambores e diversos tipos de armamentos – era incrível que apenas seis galeaças tivessem causado tanta destruição".[19]

# Mar de fogo

## Tarde de 7 de outubro de 1571

A essa altura, uma furiosa luta já havia estourado perto da costa. A ala direita otomana, liderada por Shuluch Mehmet, tinha virado e se afastado, para evitar os disparos fulminantes das galeaças. Agora, eles procuravam flanquear o avanço veneziano, sob o comando de Antonio Barbarigo. O objetivo de Shuluch era explorar o estreito corredor de águas rasas da costa, em que ele sabia que os venezianos de maior peso não ousariam se aventurar. Diedo escreveu:

> Shuluch e Kara Ali, superando todas as outras galés otomanas, dirigiram-se furiosamente para nossa linha. Quando se aproximaram da costa, deslizaram entre os baixios, com os navios mais importantes de seu esquadrão. Essas vias lhes eram familiares, pois eles sabiam exatamente a profundidade do mar acima dos bancos de areia. Seguidos por quatro ou cinco galés, planejavam tomar nossa ala esquerda pela retaguarda.[1]

Antes que soubessem o que estava acontecendo, essas galeras tinham deslizado para o final da linha de Barbarigo, atacando as embarcações expostas em sua ponta mais distante de ambos os lados. Se muitos mais flanqueassem essa ala, a situação seria crítica, pois eles seriam subitamente tomados por trás.

Barbarigo interpôs seu navio para bloquear o caminho e foi imediatamente envolvido por uma tempestade. Tantas flechas zuniam pelo ar que a lanterna de popa ficou eriçada de raios.

As galeras avançadas foram furiosamente assaltadas, seus conveses varridos pelo fogo dos arcabuzes; os comandantes e oficiais superiores atiravam em um por um, enquanto os otomanos tentavam esmagar o flanco externo. Durante uma hora o navio de Barbarigo lutou valentemente, o convés fortemente disputado pelos grupos que embarcavam. No fragor da batalha, as instruções do comandante, abafadas por trás da viseira, eram perdidas. Incautamente, ele a levantou, gritando que era melhor ser atingido do que não ser ouvido. Minutos depois, uma flecha atingiu um de seus olhos, ele caiu e morreu. A batalha no navio-capitânia se intensificou; seu sobrinho, Giovanni Contarini, trouxe sua galera para ajudar e foi morto a tiros.

Shuluch parecia estar perto do sucesso, mas os venezianos tinham vindo para a vingança; muitos de seus navios eram de Creta, da costa da Dalmácia e das ilhas devastadas pelos ataques de verão de Ali Paxá. Eles lutaram desesperadamente e sem consideração. Lentamente, a maré começou a mudar. As galeras de reserva se viraram para ajudar; as tropas eram instigadas pelos navios atingidos pela retaguarda. O pânico irrompeu em uma galera otomana quando os escravos cristãos se soltaram e iniciaram um ataque furioso contra seus senhores, desferindo golpes com suas correntes rodopiantes. Uma das galeaças seguiu lentamente para a costa e começou a pulverizar os navios otomanos. O navio-capitânia de Shuluch foi abalroado e teve o leme atingido; esburacado, começou a afundar, cheio d'água, e ficou ali, preso, no raso. Shuluch, identificado por suas vestes brilhantes, foi retirado do mar mais morto do que vivo. Como suas feridas eram graves, os venezianos o decapitaram ali mesmo, em um ato de misericórdia. Seguindo seu navio, todo o esquadrão tinha se dirigido para a costa e agora estava preso lá. Diedo relatou:

> Nessa grande confusão, muitas de nossas galeras, especialmente as mais próximas do centro da frota [...], fizeram um movimento geral para a esquerda em boa ordem e passaram a envolver os navios turcos, que ainda estavam desesperadamente resistindo. Essa manobra hábil os manteve cercados, como em um porto.[2]

A ala otomana esquerda estava bloqueada. Foi então que o maior medo de Uluch se consumou. Tomados pela tentação da costa, os muçulmanos desistiram da luta. Houve uma fuga desordenada para a praia. Navios colidiram uns com os outros; homens se atiraram ao mar, arranhando-se e afogando-se nas profundezas e nos baixios. Os que estavam atrás usaram os corpos pisoteados dos compatriotas como ponte para a terra. Os venezianos não estavam dispostos a ir para a prisão. Eles lançaram escaleres na água e os perseguiram pela praia, com gritos de "Famagusta! Famagusta!". Um homem enfurecido, não encontrando outra arma, pegou um pedaço de pau e o usou para fixar um oponente caído na praia pela boca. "Foi um massacre terrível",[3] escreveu Diedo. Na confusão, escravos das galeras cristãs nos navios venezianos, que tinham sido soltos por ordem de dom João, fizeram um balanço de suas opções e decidiram que a liberdade imediata era melhor do que a promessa de um general. Pulando em terra com as armas que tinham recebido, eles fugiram para se arriscar como bandidos nas montanhas gregas.

Pouco depois do meio-dia, os centros de peso-pesado das duas frotas também colidiram. As galés dos venezianos e espanhóis, batizadas com nomes fantásticos – Tritão, Fortuna sobre um Golfinho, Pirâmide, Roda e Serpente, Tronco de Árvore, Judith e inúmeros santos –, aniquilaram os esquadrões de Istambul, de Rodes, do mar Negro, de Galípoli e de Negroponte, comandados pelos capitães Bektashi Mustafá, Deli Chelebi, Haji Aga, Kos Ali, Piyale Osman, Kara Reis e dezenas de outros. Cerca de 150 galeras fortemente armadas se chocaram umas contra as outras.

Os cristãos haviam remado lentamente para essa colisão, com a intenção de manter sua linha. A frota otomana estava irregular e desordenada por causa da chuva de tiros das galeaças, mas se moveu para a frente com velocidade ansiosa, deslizando pelo mar calmo, as velas latinas destruídas, os homens com as armas em punho. Os principais jogadores de cada lado se agruparam no centro nervoso da batalha: Ali Paxá no Sultana com Pertev Paxá, o comandante do exército, à direita; Mehmet Bey, governador de Negroponte, com os dois filhos de Ali à esquerda; Hasan Paxá, filho de Barbarossa, e um grupo de outros comandantes experientes. Dom João se firmou na popa do Real com Marcantonio Colonna e Romegas no navio-capitânia papal de um lado, Venier do outro. Filipe teria ficado estarrecido com o sentido de risco de dom João. Ele estava terrivelmente visível, de pé diante do estandarte de Cristo crucificado, com sua armadura brilhante, a espada na mão, ignorando os apelos para recolher-se em sua cabine. Ali permaneceu na popa, com vestes igualmente brilhantes, armado com um arco. Os dois homens estavam apostando alto, esquecidos das sábias palavras de dom Garcia outrora dirigidas a La Valette: "Na guerra, a morte do líder muitas vezes leva ao desastre e à derrota".[4]

Quando eles se aproximaram, o Sultana disparou suas armas. Uma bola estraçalhou a plataforma diante de dom João e ceifou os primeiros remadores. Mais duas passaram zunindo. O Real, que, com a ponta da proa cortada, podia disparar mais baixo, esperou até que o inimigo estivesse bem próximo. "E todos os nossos tiros causaram grandes danos ao inimigo",[5] escreveu Onorato Caetani, a bordo do Grifo. O Sultana parecia estar se dirigindo para o navio-capitânia veneziano, mas girou o leme no último momento e bateu de frente no Real; sua proa com forma de bico subiu nos bancos de remo dianteiros, como o focinho de um monstro marinho fantástico, esmagando os homens em seu caminho. Os navios recuaram em choque, mas permaneceram entrelaçados na bagunça emaranhada de cordames e mastros.

Houve colisões igualmente destrutivas em toda a linha. O navio-capitânia papal, comandado por Colonna, em apoio ao Real, foi atingido pelo navio de Pertev Paxá, que girou e bateu na lateral do Sultana, ao mesmo tempo atingindo outra galera otomana na popa. Do outro lado, Venier também mudou de posição, mas se viu imediatamente envolvido em uma luta à parte. A linha cristã já havia sido desfeita e o mar era uma massa confusa de navios sucateados.

O que os sobreviventes lembrariam – quando recordassem a batalha – era o barulho. "Tão grande era o ribombar dos canhões no início", escreveu Caetani, "que não é possível imaginar ou descrever."[6] Atrás da detonação vulcânica das armas, vinham outros sons: o estalo agudo dos remos como tiros sucessivos de pistola, os choques e os estilhaços da colisão de navios, o chacoalhar dos arcabuzes, o zunido sinistro das flechas, lamentos de dor, gritos selvagens, o respingo dos corpos caindo no mar. A fumaça obscurecia tudo; navios iluminados por repentinos feixes de sol a atravessavam em uma guinada, vindos do nada, rasgando a lateral uns dos outros. Em todos os lugares havia confusão e ruído:

Album/Cameraphoto/Akg-Images/Latinstock

A batalha de Lepanto em pintura de Andrea Michelli, ou Andrea Vicentino (1539-1614), óleo do acervo do Palácio Ducal, em Veneza (Itália). Ao centro, a bordo do Sultana, o comandante otomano Ali Paxá conclama seus homens a lutar até o fim.

> Uma tempestade mortal de tiros de arcabuz e flechas, e parecia que o mar estava em chamas dos clarões e incêndios contínuos, acesos por trombetas de fogo, potes de fogo e outras armas. Três galés eram lançadas contra quatro, quatro contra seis e seis contra uma, inimiga ou cristã da mesma forma, todos lutando do modo mais cruel, para tirar a vida dos outros. E já muitos turcos e cristãos tinham embarcado nas galeras de seus oponentes, lutando corpo a corpo com armas curtas, poucos saindo vivos. E a morte vinha sem parar das espadas de duas mãos, cimitarras, clavas de ferro, punhais, machados, espadas, flechas, arcabuzes e armas de fogo. E, ao lado dos mortos de várias maneiras, outros, fugindo das armas, afogavam-se, jogando-se ao mar grosso e vermelho de sangue.[7]

Após a primeira colisão destruidora dos dois navios-capitânia, os homens de ambos os lados tentaram embarcar. Havia quatrocentos arcabuzeiros sardos no Real, oitocentos homens de combate ao todo, amontoados, ombro a ombro, de modo que cada um não tinha mais de sessenta centímetros de espaço. Ali Paxá tinha duzentos arcabuzeiros e cem arqueiros. No primeiro momento, "um grande número deles, muito bravamente, saltou a bordo do Real; ao mesmo tempo, muitos homens do Real saltaram a bordo de seu navio".[8] Segundo a lenda, Maria, a dançarina, estava entre os primeiros, com espada na mão. Tornou-se uma desesperada luta à queima-roupa; os remadores acorrentados tentavam esquivar-se sob os bancos estreitos, enquanto homens armados debatiam-se no convés principal. Os muçulmanos foram rapidamente forçados a recuar do Real; as tropas espanholas tanto fizeram que o mastro principal do Sultana diante delas quebrou; o intricado convés de nogueira logo ficou escorregadio com óleo e sangue, à medida que eles se cortavam e caíam na imundície.

Cada navio era apoiado por trás por outras galeras, que se alimentavam de uma transfusão de novos homens pelas escadas traseiras, conforme os da proa caíam e morriam. A curta distância, os projéteis eram mortais. Um homem com armadura só no peito e nas costas podia ser atravessado por uma flecha ou ser abatido por uma bala. Dom Bernardino de Cárdenas, no Real, foi atingido no peitoral pelo tiro de uma arma giratória; no entanto, mesmo que não tenha tido a armadura rompida, ele morreu pela força do golpe. O estandarte verde do Islã estava salpicado de tiros, mas os cristãos foram forçados a recuar.

Ambos os lados entendiam que os navios-capitânias eram fundamentais para a batalha. Barricadas improvisadas foram erguidas nas estações de mastro para obstruir a passagem dos intrusos, de maneira que a luta nos barcos se assemelhava a uma luta de rua em um beco estreito. Os homens estavam tão próximos que eram massacrados em massa, porém outros vinham por trás. Voos de flechas do Sultana zuniam pelo céu, batendo no convés tão rápido que pareciam estar nascendo dele; de acordo com uma testemunha ocular, os navios cristãos pareciam porcos-espinhos. A sorte dos navios principais virou e os otomanos invadiram outra vez o Real. Em meio ao caos, o sagui de estimação de dom João foi visto retirando flechas do mastro, quebrando-as com os dentes e jogando-as ao mar.

Dos dois lados do Real e ao longo de toda a linha, a luta era furiosa. Venier, tentando chegar até o navio-capitânia para ajudá-lo, atingiu a meia-nau do Sultana, mas foi cercado pelas laterais. Somente o surgimento de duas galeras de reserva venezianas salvou sua vida. Os dois capitães foram mortos. As galeras de reserva de Bazan, que se mantinham na retaguarda para reforçar a linha em momentos críticos, agora estavam se lançando para conter a maré da batalha. Colonna repeliu a galera de Mehmet Bey, com os filhos de Ali a bordo. Mais adiante, a linha de galeras dos corsários Kara Hodja e Kara Deli tentou atacar o Grifo. Kara Hodja correu na frente de seus homens, mas o fogo do arcabuz logo se manifestou. "Giambattista Contusio derrubou Kara Hodja com um arcabuz, e um após outro, até que não havia seis turcos vivos."[9] E os lanceiros espanhóis, que tinham aprendido a lutar em treinos organizados nas Alpujarras, eram mortais de perto. Uma vez a bordo de um navio inimigo, eles varriam o convés, empalavam os resistentes e os jogavam ao mar. Aurelio Scetti registrou a coragem desesperada de seus companheiros escravos das galeras cristãs libertados de suas correntes para lutar: "Havia grande número de mortos entre os turcos quando os prisioneiros cristãos saltavam a bordo dos navios inimigos, dizendo a si mesmos: 'Hoje nós morremos ou conquistamos nossa liberdade'".[10]

O combate no Sultana e no Real tinha sido contínuo por mais de uma hora. A segunda corrida até o convés foi novamente repelida, mas houve um enfraquecimento gradual do poder de fogo otomano. O próprio dom João lutou na proa com uma espada de duas mãos e recebeu uma punhalada na perna. Na galera adjacente, o octogenário Venier estava com a cabeça descoberta no convés da popa e disparava setas de besta nas figuras de turbante tão rapidamente quanto seu homem podia recarregar.

Os reforços de Bazan estavam entrando na batalha, e as poderosas galeaças reapareceram no combate. O navio de Pertev Paxá teve seu leme atirado longe; o general pulou em um barco a remo tripulado por um renegado e escapou, com o remador gritando em italiano: "Não atire. Nós também somos cristãos!".[11] Pertev amaldiçoou a imprudência de Ali quando ele se foi. Embarcações estavam cercando o Sultana, impedindo o fornecimento de homens capazes de reforçar o navio de Ali Paxá. Os filhos dele fizeram uma tentativa desesperada de ajudá-lo, mas foram repelidos. Colonna e Romegas capturaram uma galera e, em seguida, viraram-se para considerar o próximo alvo.

"O que devemos fazer agora?", perguntou Colonna. "Capturar outra galera ou ajudar o Real?"[12] Romegas assumiu o leme e virou o navio para o flanco direito do Sultana. Venier estava se aproximando do outro lado, varrendo o convés com fogo. "Minha galera, com canhões, arcabuzes e flechas, não deixou nenhum turco fazer isso da popa à proa do navio do paxá",[13] escreveu ele. A terceira onda de homens tomou o convés do Sultana; uma derradeira resistência ocorria no tombadilho, atrás das barricadas improvisadas. Ali Paxá ainda estava furiosamente lançando flechas de seu arco quando as últimas defesas foram pelos ares. Os homens jogaram-se ao mar para evitar a chuva de fogo.

Há uma dúzia de diferentes relatos dos últimos momentos de Ali, de acordo com distintos graus de seu heroísmo. Muito provavelmente o almirante, um alvo fácil com suas vestes brilhantes, foi derrubado por um tiro de arcabuz; um soldado espanhol cortou-lhe a cabeça e levantou-a no alto de uma lança. Houve gritos de "Vitória!" quando a bandeira da Liga foi hasteada no mastro. Dom João saltou para o convés do Sultana, mas, percebendo que a luta tinha acabado, retirou-se para o seu navio. A resistência no Sultana entrou em colapso. A cabeça de Ali foi levada para dom João, que, segundo alguns relatos, ficou seriamente aborrecido por seu adversário ter sido decapitado de maneira tão deselegante e ordenou que o "objeto" fosse atirado ao mar. Os soldados espanhóis limparam tudo.

A resistência otomana no centro começou a desmoronar. Os filhos de Ali foram capturados no navio-capitânia de Mehmet Bey; outros se renderam ou tentaram fugir. De acordo com Caetani, tanto o convés do Real como o do Sultana tinham sido reduzidos a matadouros. "No Real, havia um número infinito de mortos";[14] no Sultana, inclinado no mar calmo com sua tripulação dizimada até o último homem, "uma enorme quantidade de grandes turbantes, que pareciam ser tão numerosos quanto os inimigos tinham sido, rolavam no convés com as cabeças dentro deles".[15]

No entanto, para os otomanos, a batalha ainda não estava perdida. Enquanto o centro de ambas as frotas estivesse totalmente em combate, ainda havia uma possibilidade de conseguir a vitória. Gian'Andrea Doria e Uluch Ali haviam brincado de gato e rato na ala voltada para o mar, ainda manobrando para tomar posição uma hora depois de os centros colidirem.

Doria era uma figura polêmica e suspeita na frota cristã. Sua relutância para essa batalha, sua preocupação com as próprias galeras e sua cautela inata tornaram-se motivo de apreensão crescente quando dom João olhou para o desdobramento da luta ao sul. Do grupo de batalha central, parecia que Doria se movia para muito longe no mar, como se estivesse tentando não se envolver. Dom João enviou uma fragata para chamá-lo de volta.

O mais provável é que Doria tenha entendido desde o início a gravidade de sua posição e trabalhado furiosamente para evitar ser pego. Uluch Ali possuía mais navios; a possibilidade de superar os cristãos era considerável. Se os otomanos conseguissem distanciar Doria na ala mais externa, eles poderiam dizimar o inimigo por trás. Uluch Ali deslizou seu esquadrão mais e mais para o sul, puxando Doria com ele e abrindo espaço entre o centro cristão e sua ala direita. Uma lacuna de mil metros de largura se formou. Alguns dos navios venezianos, temendo a traição de Doria, voltaram, fragmentando sua linha. Uluch Ali, que "poderia fazer com sua galera o que um ginete pode fazer com um cavalo bem treinado",[16] estava agindo com intenção consciente. Depois de uma forte explosão, uma parte de seu esquadrão girou e se dirigiu para a lacuna, agora flanqueando Doria no interior. O almirante genovês havia sido superado. Antes que ele pudesse reagir, os otomanos estavam rumando aceleradamente para o flanco cristão.

Foi uma brilhante manobra e uma súbita reversão da sorte. Uluch havia projetado o corpo a corpo repentino que os otomanos queriam. Com o vento a favor, Uluch e seus corsários pegaram uma série de navios espalhados em séria desvantagem. A sua frente estavam as galeras venezianas da ala de Doria, isoladas e em desordem, o pequeno grupo de galeras da Sicília e três navios em que tremulava a familiar cruz branca sobre fundo vermelho – os inimigos mais odiados de Uluch, as galeras de Malta dos cavaleiros de São João. Esses destacamentos estavam em irremediável desvantagem e exaustos da luta. Agora eram três, quatro, cinco para um. Uluch "causou uma imensa carnificina nesses navios".[17] Sete navios argelinos lançaram-se sobre as galeras de Malta, varrendo-as com uma saraivada de balas e flechas. Os cavaleiros, pesadamente blindados, mas em irremediável desvantagem, caíram em combate. O cavaleiro espanhol Geronimo Ramirez, crivado de flechas como um São Sebastião, manteve os intrusos na baía até desabar morto no convés; o comandante da flotilha, prior Pietro Giustiniani, ferido por cinco flechas e encontrado vivo, era o último homem de pé no navio agora desprovido de vida. Os navios sicilianos pararam para ajudar, mas foram imediatamente envolvidos por uma tempestade de fogo; o Florença foi devastado por uma galera e seis galeotas corsárias; cada soldado e cada escravo cristão foi morto. No San Giovanni, uma fileira de corpos acorrentados caiu nos remos, todos os soldados estavam mortos e o capitão foi derrubado por duas balas de mosquete. Não houve sobreviventes no navio-capitânia genovês de David Imperiale nem nas cinco galés venezianas. O navio-capitânia de Savoy seria encontrado mais tarde à deriva na água, totalmente silencioso, sem nem um homem sequer para contar a história.

Houve extraordinários momentos de coragem espontânea nesses navios cristãos atingidos. O jovem príncipe de Palma embarcou em uma galera sozinho, lutou contra toda a tripulação que restava no mastro principal e, este sim, sobreviveu para contar. No San Giovanni, o sargento espanhol Martin Muñoz, deitado embaixo com febre, tinha ouvido os inimigos fazendo barulho no convés e saltou da cama determinado a morrer. Com a espada na mão, jogou-se contra os assaltantes, matou quatro e os rechaçou antes de cair em um banco de remo, cravejado de flechas e sem uma perna, gritando a seus companheiros: "Cada um de vocês, deem o máximo".[18] No Doncella, Federico Venusta teve a mão mutilada pela explosão da própria granada e exigiu que um escravo da galera a cortasse; quando o homem se recusou, ele mesmo realizou a operação. Depois, foi para os aposentos do cozinheiro, ordenou-lhe que amarrasse a carcaça de uma galinha sobre o coto sangrento e voltou para a batalha, clamando para a mão direita que vingasse a esquerda. Um homem atingido no olho por uma flecha puxou-o para fora do globo ocular, amarrou um pano em volta da cabeça e voltou a lutar. Os homens lutavam com seus agressores no convés, arrastando-os ao mar para se afogarem juntos, em um mar de sangue. O Cristo sobre o Mundo, cercado e invadido, explodiu a si mesmo, levando as galeras circundantes com ele.

Apesar dessa resistência, Uluch Ali estava fazendo um buraco na linha cristã, coletando prêmios à medida que o fazia. Ele levou a reboque o navio-capitânia maltês, repleto de cadáveres, como um troféu para o sultão; um pouco mais cedo e ele poderia muito bem ter vencido a batalha, mas, com o centro otomano agora em colapso, sua chance foi desaparecendo. Doria se reagrupou para atacar seus navios de um lado; Colonna, Venier e dom João trouxeram suas galés para confrontá-lo do outro. O astuto corsário certamente não tinha nenhuma intenção de morrer por uma causa perdida; ele cortou o cabo de reboque no navio-capitânia maltês, deixando o ferido Giustiniani para contar a história, mas, prudente, levou sua bandeira como troféu. Virando para o norte com catorze galés, ele escapou.

Os navios cristãos voltaram para fazer a limpeza e os saques. O campo de batalha era uma cena devastada de catástrofe total. Por doze quilômetros, embarcações destroçadas queimavam na água, outras flutuavam como navios fantasmas, com toda a tripulação morta. Os muçulmanos sobreviventes lutaram corajosamente até o fim. Houve momentos de comédia grotesca. Alguns navios se recusaram a se entregar; correndo das balas, os homens pegaram limões e laranjas e atiraram em seus atacantes. Os cristãos, escreveu Diedo, "por desdém e zombaria, revidaram atirando-os de volta. Essa forma de conflito parece ter ocorrido em muitos lugares no final da luta, e era motivo de muita risada".[19] Em outros lugares, os homens ainda se debateram e lutaram na água, agarrando-se aos mastros ou afogando-se. Os cronistas se esforçaram para transmitir a escala do massacre.

> A maior fúria da batalha durou cerca de quatro horas e foi tão sangrenta e horrível que o mar e o fogo pareciam um só; muitas

> galés turcas queimavam na água e a superfície do mar, vermelha de sangue, estava coberta de casacos e turbantes mouros, flechas, arcos, escudos, remos, caixas, caixotes e outros despojos de guerra e, sobretudo, de muitos corpos humanos cristãos, bem como de turcos, alguns mortos, alguns feridos, alguns dilacerados e alguns, ainda, não resignados a sua sorte, lutando em sua agonia de morte, sua força desaparecendo com o sangue que fluía de suas feridas em quantidade tal que o mar estava totalmente colorido por isso, mas, apesar de toda essa miséria, nossos homens não sentiam piedade do inimigo [...] embora eles implorassem por misericórdia, recebiam tiros de arcabuz e golpes de espada.[20]

Houve saques em grande escala. Os homens pescavam os mortos para fora da água com barcos a remo, para roubá-los. "Soldados, marinheiros e condenados saqueavam alegremente até o anoitecer. Havia muito saque por causa da abundância de ouro e prata e ricos ornamentos que estavam nas galés turcas, especialmente as dos paxás."[21] Aurelio Scetti levou dois prisioneiros mouros, na esperança de garantir sua posterior liberação das galés; viveria para se desapontar.

Era uma cena de devastação impressionante, como uma pintura bíblica do fim do mundo. A escala do massacre deixou até mesmo os vencedores exaustos, abalados e chocados com a obra de suas mãos. Eles tinham testemunhado uma matança em escala maciça. Em quatro horas, havia 40 mil homens mortos, cerca de 100 embarcações destruídas e 137 navios muçulmanos capturados pela Liga Santa. Dos mortos, 25 mil eram otomanos; apenas 3.500 foram pegos vivos. Outros 12 mil escravos cristãos foram libertados. A colisão definitiva no mar Branco deu ao povo no início do mundo moderno um vislumbre do Armagedom por vir. Só em 1915, em Loos, na França, durante a Primeira Guerra, essa taxa de mortandade seria superada. "O que aconteceu foi muito estranho e assumiu aspectos bastante diferentes", escreveu Girolamo Diedo, "como se os homens fossem extraídos do próprio corpo e transportados para outro mundo."[22]

O dia chegou a seu triste fim; a água sangrenta, grossa com os restos emaranhados da batalha, ficou vermelha no pôr do sol. Cascos em chamas cintilavam no escuro, fumacentos e em ruínas. O vento aumentou. Os navios cristãos mal podiam velejar, de acordo com Aurelio Scetti, "por causa dos incontáveis corpos flutuando no mar".[23] Eles partiram com os gritos lamentáveis da água ainda soando em seus ouvidos. "Embora muitos cristãos não estivessem mortos, ninguém os ajudaria."[24] Enquanto os vencedores procuravam ancoragem segura na costa grega, uma tempestade agitou a superfície do mar, espalhando os detritos, como se o oceano estivesse limpando o campo de batalha para longe com uma grande mão.

O cronista otomano Peçevi escreveu seu obituário da batalha:

> Eu vi o lugar miserável onde a batalha ocorreu [...] Nunca houve uma guerra tão desastrosa em terra islâmica, nem em todos os mares do mundo, desde que Noé criou os navios. Cento e oitenta embarcações caíram em mãos inimigas, com canhões, espingardas e outros recursos e materiais de guerra, escravos de galera e guerreiros islâmicos. Todas as outras perdas foram proporcionais. Havia 120 homens mesmo nos menores navios. Com isso, o cômputo total de homens perdidos foi de 20 mil.[25]

E Peçevi estava subestimando.

Foi Cervantes, atingido no peito por dois tiros de arcabuz e permanentemente mutilado da mão esquerda, que resumiu o estado de espírito cristão: "O maior evento testemunhado na era passada, presente e futura", escreveu.[26]

# Outros oceanos

1572-1580

Às onze horas de 19 de outubro, uma única galera veio remando para a lagoa veneziana. Uma onda de alarme se propagou entre os que estavam à beira da água na *piazzetta* de São Marcos. O navio parecia estar ocupado por turcos, porém seguia adiante com confiança. Mais perto, a multidão pôde discernir bandeiras otomanas na popa, e então as armas da proa dispararam uma salva de saudação de vitória. Notícias de Lepanto varreram a cidade. Ninguém tinha se arriscado mais, apostado mais alto ou experimentado tais extremos de emoção como os venezianos. Eles haviam visto navios de guerra otomanos em sua lagoa, tiveram suas colônias saqueadas, perderam Chipre e suportaram o terrível destino de Bragadin. Veneza explodia com um alívio reprimido.

Houve batidas de sino e fogueiras e serviços religiosos. Desconhecidos se abraçaram na rua. Os lojistas penduraram avisos na porta – "Fechado pela morte dos turcos" – e só retomaram seus negócios uma semana depois. As autoridades abriram as portas da prisão dos devedores e permitiram o uso de máscaras de carnaval fora de época. As pessoas dançaram nas praças à luz de tochas e ao som de pífaros. Carros alegóricos elaborados retratando Veneza triunfante, acompanhados por filas de prisioneiros em correntes tilintantes, serpentearam pela praça de São Marcos. Dizem que até os batedores de carteiras tiraram folga. Todas as lojas do Rialto foram decoradas com bandeiras, cimitarras e tapetes turcos, e do assento de uma gôndola era possível ver no alto, na ponte, duas cabeças com turbante muito realistas encarando-se, olhando como se tivessem sido recém-separadas dos corpos vivos. Os mercadores otomanos entrincheiraram-se em seus armazéns e esperaram que a cidade se acalmasse. Dois meses depois, em um ajuste pouco comum de zelo religioso, os venezianos se lembraram do açougueiro que tinha exercitado sua faca em Bragadin, e expulsaram todos os judeus de seus territórios.

Cada um dos principais protagonistas reagiu à notícia a sua maneira. Segundo a lenda, o papa já havia sido avisado do resultado por meios divinos. Quando Ali Paxá caiu no convés, ele teria aberto sua janela, esforçando-se para captar algum som, virado para seu acompanhante e dito: "Deus esteja com você; este não é o momento para negócios, mas para dar graças a Deus, pois, neste instante, nossa frota é vitoriosa".[1] Ninguém tinha trabalhado mais intensamente por esse resultado. Assim que a notícia chegou até ele por meios mais convencionais, o velho atirou-se de joelhos, agradeceu a Deus e chorou – em seguida, lamentou o desperdício exorbitante de pólvora no disparo de tiros comemorativos. Para Pio, foi a justificativa de sua vida. "Agora, Senhor", murmurou ele, "podeis levar vosso servo, porque meus olhos viram a vossa salvação."[2] Filipe estava na igreja quando recebeu a notícia em Madri. Sua reação foi tão fleumática como a de Solimão depois de Djerba. "Ele não manifestou nenhuma emoção, não alterou sua expressão nem mostrou nenhum traço de sentimento; sua expressão era a mesma de antes e manteve-se assim até eles terminarem o canto das Vésperas."[3] Então ele sobriamente ordenou um "Te Deum".

Lepanto foi o Trafalgar da Europa – um evento sinalizador que tomou conta de todo o continente cristão. Eles celebraram tanto quanto os protestantes luteranos de Londres e da Suécia. Dom João tornou-se instantaneamente o herói da época, objeto de inúmeros poemas, peças de teatro e periódicos. O papado declarou que o dia 7 de outubro, daquele momento em diante, seria dedicado a Nossa Senhora do Rosário. Jaime VI da Escócia inspirou-se para compor 1.100 versos do burlesco latino. As guerras turcas se tornaram assunto para os dramaturgos ingleses: Otelo, por exemplo, volta de uma batalha em Chipre travada contra "o inimigo general otomano".[4] Na Itália, os grandes pintores do período criaram telas monumentais. Ticiano retratou Filipe erguendo o filho recém-nascido para a Vitória alada, enquanto um prisioneiro está sentado no chão perto dele, com o turbante caído, e galés turcas explodem a distância. Tintoretto representou Sebastiano Venier, rude e barbado, com armadura negra, diante de uma cena semelhante. Vasari, Vicentino e Veronese produziram enormes cenas de batalha confusas, cheias de fumaça, fogo e homens afogando-se, tudo iluminado por raios de luz do céu cristão. E em todos os lugares, desde a Espanha até o Adriático, missas, procissões de vitoriosos e de turcos cativos, multidões em lágrimas e a consagração dos troféus de batalha otomanos. O grande estandarte verde de Ali Paxá pendia do palácio em Madri, e outro semelhante, da igreja de Pisa. Nas igrejas de azulejo vermelho da costa da Dalmácia, exibiam-se figuras e lanternas de popa dos otomanos e acendiam-se velas em memória de parte das galés que lutaram na ala esquerda.

Na esteira de toda essa euforia havia pequenos atos de cavalheirismo. Dizem que dom João ficou desconcertado com a morte de Ali Paxá; ele reconheceu no *kapudan* paxá um adversário digno. É irônico o fato de que esses dois dos mais humanos comandantes, vinculados por um código de honra compartilhado, tenham empreendido uma matança tão grande. Em maio de 1573, dom João recebeu uma carta enviada pela sobrinha de Selim, irmã de dois filhos de Ali, pedindo a libertação deles. Um tinha morrido em cativeiro; o outro dom João devolveu, com os presentes que ela havia enviado e uma mensagem comovente. "Você pode ter certeza", escreveu ele, "que, se em qualquer outra batalha que ele ou qualquer outro daqueles que pertencem a seu círculo se tornarem meus prisioneiros, com a mesma alegria de agora eu lhes darei a liberdade e farei tudo o que puder ser agradável a você."[5] Isso provocou uma resposta do sultão, ainda, como sempre, "conquistador das províncias, exterminador de exércitos, terrível sobre as terras e os mares", para dom João: "Capitão de virtude singular [...] sua virtude, muitíssimo generoso João, foi destinada a ser a única causa, depois de muito tempo, do maior dano que a Casa de Osman já recebeu de cristãos. Em vez de ofensa, isso me dá a oportunidade de enviar-lhe presentes".[6]

Outros tinham o coração mais duro. Os venezianos entenderam que a supremacia naval repousava menos em navios do que em homens. Para o horror do papa, eles mandaram ordens urgentes a Venier para matar todos os marinheiros qualificados em seu poder, "secretamente, da maneira que lhe parecer mais discreta",[7] e solicitaram à Espanha que fizesse o mesmo. Com essas medidas, esperavam e acreditavam que a primeira potência marítima dos turcos tinha sido decisivamente quebrada. "Agora pode ser dito com razão que o poder deles em assuntos navais está significativamente diminuído."[8]

Com o tempo, os venezianos descobriram que os otomanos durões não foram abalados por essa derrota avassaladora. O tom foi estabelecido por Mehmet, filho de 17 anos de Ali, dois dias após a batalha. No cativeiro, ele viu um rapaz cristão chorando. Era filho de Bernardino de Cárdenas, mortalmente ferido na proa do Real.

"Por que ele está chorando?", perguntou Mehmet. Quando lhe disseram o motivo, ele replicou: "Isso é tudo? Eu perdi meu pai, e também minha fortuna, meu país e minha liberdade; ainda assim, não derramei nenhuma lágrima".[9]

Selim estava em Edirne quando recebeu a notícia do desastre. De acordo com o cronista Selaniki, de início ele ficou tão profundamente afetado que não dormiu nem comeu por três dias. Foram feitas orações nas mesquitas e havia medo beirando o pânico nas ruas de Istambul; com sua frota destruída, a cidade poderia ser atacada por mar. Era um momento de crise para o sultanato, mas sua resposta, sob a indubitável orientação de Sokollu, foi imediata. Selim correu de volta para Istambul. Sua presença, andando pelas ruas com o vizir a seu lado, pareceu estabilizar a situação.

Os otomanos usaram um eufemismo para essa pesada derrota: a batalha da frota dispersa. O relatório inicial de Uluch Ali tentou suavizar o golpe, dando a entender que a marinha tinha se dispersado e não sido aniquilada. "A perda do inimigo não foi menor do que a vossa",[10] escreveu ele ao sultão. Na escala total da catástrofe, isso era recebido com aceitação, como Carlos fizera diante do naufrágio em Argel. "Uma batalha pode ser ganha ou perdida", declarou Selim. "Estava destinado a acontecer dessa maneira, de acordo com a vontade de Deus."[11] Sokollu escreveu a Pertev Paxá, um dos poucos líderes que escaparam com vida (embora não com sua posição), de modo similar. "A vontade de Deus assim se manifesta porque já apareceu no espelho do destino [...] nós confiamos que Deus todo-poderoso vai impor todo tipo de humilhação sobre os inimigos da religião."[12] Era um revés, não uma catástrofe. Eles até tentaram encontrar pontos positivos no flagelo de Deus, citando um versículo do Corão: "É possível que repudieis algo que seja um bem para vós".[13]

Dentro do domínio do sultão, não poderia haver nenhuma análise clara das causas subjacentes. Toda a culpa recaía sobre Ali Paxá morto, o almirante que "não havia comandado um único barco a remo em sua vida".[14] As verdadeiras razões para a derrota – a tentativa de dirigir a campanha a partir de Istambul, a luta pelo poder entre as facções da corte sob um sultão fraco, os motivos para a nomeação de Ali Paxá – permaneceram escondidas. O próprio Sokollu estava suspeitamente implicado nessas decisões, mas a crise subsequente só serviu para demonstrar sua capacidade política e fortalecer seu controle sobre o poder. Ele assumiu de maneira rápida e eficiente o controle da situação. Ordens e pedidos de informação foram enviados para os governadores das províncias gregas; Uluch Ali foi nomeado *kapudan* paxá de fato – todos os outros potenciais candidatos estavam mortos.

Desde a partida de Uluch Ali de volta para Istambul, ele tinha conseguido juntar 82 galeras ao longo do caminho, em uma espécie de exibição, e hasteou o pavilhão dos cavaleiros malteses como troféu de batalha. Essa disposição foi bastante favorável a Selim, não só para salvar a vida de Uluch, mas para confirmar o corsário como *kapudan* paxá – almirante do exército imperial. E, para assinalar o grande triunfo, o sultão também conferiu um nome honorífico a seu comandante. Doravante, Uluch seria conhecido por Kilij (espada) Ali. A bandeira dos cavaleiros foi pendurada na mesquita Aya Sofya, como símbolo de vitória. E o governo otomano, agora sob o incontestável controle de Sokollu, entrou em ação furiosa.

Durante o inverno de 1571-1572, os estaleiros imperiais ampliados reconstruíram completamente a frota, em um esforço digno de Hayreddin. Quando Kilij expressou a preocupação de que talvez não fosse possível prover os navios dos equipamentos apropriados, Sokollu deu-lhe uma resposta abrangente: "Paxá, a riqueza e o poder deste império lhe fornecerão, se necessário, âncoras de prata, cordas de seda e velas de cetim; não importa o que você queira para seus navios, bastar vir e pedi-lo".[15] Na primavera de 1572, Kilij zarpou no comando de 134 navios; eles até produziram oito galeaças, embora nunca tivessem tido jeito para manejá-las. Tão rápida foi essa reconstrução que Sokollu pôde provocar o embaixador veneziano comparando as perdas em Chipre e em Lepanto: "Ao disputarmos Chipre com você, perdemos um braço. Ao derrotar nossa frota, você raspou nossa barba. Um braço cortado não vai crescer de novo, mas uma barba cresce outra vez – tanto melhor para a navalha".[16]

E quase imediatamente a Liga Santa começou a vacilar. Ela havia reconhecido a importância de consolidar sua vitória, mas mostrou-se incapaz de fazê-lo. Houve disputas pelo saque. Então Pio morreu na primavera seguinte. Ele foi poupado do gradual colapso de seu empreendimento cristão. Durante a temporada de campanha de 1572, Filipe manteve sua frota em Messina e dom João, impaciente, preferiu uma investida no Norte da África a continuar a guerra no leste. Colonna e os venezianos, de todo modo, despacharam uma frota substancial para enfrentar os otomanos na costa oeste da Grécia, porém Kilij era muito astuto para ser pego e fez o que Ali Paxá deveria ter feito: manteve seus navios em um ancoradouro seguro e deixou seus oponentes perderem a força. No ano seguinte, dom João finalmente navegou para o Magreb e retomou Túnis, mas a essa altura Veneza não podia mais sustentar a luta. Em março de 1573, eles tinham assinado a paz em separado com Selim, cedendo território e dinheiro para o sultão, em condições altamente desfavoráveis. Filipe recebeu a notícia com "um ligeiro torcer irônico dos lábios".[17] Então, ele sorriu para si mesmo. Estava irrepreensivelmente livre da despesa da Liga e dos venezianos difíceis; seu embaixador é quem foi violentamente expulso da sala pelo furioso papa Gregório. Em 1574, até o triunfo de dom João em Túnis virou pó. Kilij Ali partiu para o Magreb com uma frota maior do que ambos os lados tinham reunido em Lepanto e retomou a cidade. Ele voltou para Istambul com armas de fogo e cativos no convés; foi como nos velhos tempos novamente. Os otomanos estavam tão fortes como sempre no Norte da África; o domínio do mar Branco de Selim parecia ter sido totalmente restaurado.

Agora que os sentimentos explosivos lançados por Lepanto na Europa foram em grande parte esquecidos – o papa devolveu as bandeiras otomanas a Istambul em 1965 –, alguns historiadores modernos tendem a minimizar a importância da batalha. O que na época parecia ser uma icônica batalha naval da Europa que determinaria a disputa pelo centro do mundo não é mais visto como um evento fundamental, como a batalha de Ácio, travada nas mesmas águas 1.500 anos antes, para decidir o controle do Império Romano, nem a de Salamina, que impediu o avanço persa na Grécia. Nos tempos modernos, ela tem sido rotulada de "a vitória que levou a lugar nenhum": no lado cristão, uma casualidade; no otomano, uma aberração, logo reparada. Como o próprio campo de batalha, Lepanto parece ter sido engolida pelo tempo e pelo mar devorador.

No entanto, esse veredicto subestima o terror que a cristandade viveu nos anos da metade do século XVI e as consequências materiais e psicológicas do sucesso momentâneo. Ninguém de pé às margens do Corno de Ouro, em agosto de 1573, vendo o triunfante retorno de Kilij Ali de Túnis – as bandeiras, os cativos exibidos, as saudações de tiros de canhão para o sultão, a iluminação noturna em torno das margens da grande cidade com um anel de fogo – poderia saber que Lepanto havia soado o sino da morte para tais vitórias marítimas otomanas ou que o próprio Kilij seria o último dos grandes descendentes corsários de Hayreddin. Em 1580, Filipe assinou a paz com o sultão, pondo fim à grande disputa imperial pelo Mediterrâneo de uma vez. O acordo foi redigido nos termos familiares dos documentos imperiais otomanos e não concedia majestade a ninguém:

> Seu embaixador, que está atualmente em nossa corte imperial, apresentou uma petição a nosso trono e à casa real da justiça. Nosso princípio exaltado do centro de grandeza, nossa corte imperial do poder onipotente é de fato o santuário dos sultões em comando e a fortaleza dos governantes da época.
>
> Uma petição de amizade e devoção veio de seu lado. Para a segurança do Estado e da riqueza e tranquilidade dos assuntos, o senhor desejou amizade com nossa casa, de majestosa grandeza. A fim de organizar uma estrutura de paz e criar condições para um tratado, nosso acordo imperial, carregado de justiça, foi emitido sobre essas questões [...]
>
> É necessário [...] quando chegar, isto é, depois de uma petição para nossa morada da felicidade, com base na sinceridade e na franqueza, que os irregulares e os corsários, que estão produzindo feiura e maldade na terra e no mar, não prejudiquem os sujeitos de nossos territórios protegidos e que eles sejam detidos e controlados [...]
>
> Sobre o ponto da fidelidade e da integridade, seja firme e constante e respeite as condições da trégua. Deste lado, também, nenhuma situação contrária à trégua passará a existir, de maneira alguma. Quer se trate de nossos comandantes navais no mar, de nossos capitães voluntários [corsários] ou de nossos comandantes que estão nas fronteiras dos territórios protegidos, nossas ordens mundialmente obedecidas serão enviadas e os danos e as

dificuldades não chegarão a seu país ou estados ou aos homens de negócios que vêm daquela área.

Em nossa época imperial e em nossa morada real da felicidade, está de fato decidido que a prosperidade dos tempos virá a ser. Da mesma forma, se a construção da paz e da prosperidade e o estabelecimento de um tratado e de segurança são seus objetivos, sem demora envie seu homem para nosso trono afortunado e dê a conhecer sua posição. De acordo com isso, nosso tratado imperial será ordenado.[18]

Lê-se como uma declaração de vitória otomana; certamente não era uma derrota. A essa altura, Filipe estava em dia com os pagamentos da Coroa aos credores e sua atenção era atraída para o oeste e para o norte – para a conquista do católico Portugal e uma proposta de invasão da protestante Inglaterra. O que o tratado reconheceu foi o endurecimento de uma fronteira fixa no Mediterrâneo entre os muçulmanos e os mundos cristãos. Com a captura de Chipre, os otomanos tinham praticamente aberto o mar oriental, embora a Creta veneziana ainda aguardasse; o fracasso de Malta e o desastre em Lepanto haviam acabado com os grandiosos esquemas otomanos de prosseguir até Roma. De outro lado, com a retomada estratégica de Túnis, ficou claro para a Espanha que o Norte da África estava cimentado no Império Otomano. As esperanças de Carlos de Constantinopla também tinham ido muito longe: 1580 foi o fim do sonho de cruzada, o fim das grandes guerras de galera também. Os impérios do mar haviam lutado e chegado a um impasse.

Ainda que a cristandade não pudesse ganhar a batalha pelo Mediterrâneo, certamente poderia tê-la perdido para sempre. No ano seguinte à batalha, o velho dom Garcia de Toledo ainda tremia diante do enorme risco de Lepanto. Dom João tinha arriscado tudo em um único lance de dados. Dom Garcia sabia que as consequências do fracasso teriam sido catastróficas para as costas do Mediterrâneo cristão – e que a margem de vitória havia sido muito mais estreita do que seu resultado espetacular. Com a derrota e a ausência de qualquer frota de defesa, teria ocorrido a perda de todas as grandes ilhas do mar – Malta, Creta e ilhas Baleares – e viriam a seguir a derradeira resistência de Veneza, e, a partir dessas plataformas de lançamento, um impulso para o coração da Itália, para a própria Roma, objetivo final de Solimão. O sul da Europa poderia parecer muito diferente se Shuluch Ali tivesse cercado a ala veneziana, se as galeaças pesadamente armadas não tivessem desfeito o centro de Ali Paxá ou se Uluch Ali houvesse perfurado a linha de Doria uma hora antes. De todo modo, o controle de Malta e a vitória em Lepanto interromperam a expansão otomana no centro do mar. Os acontecimentos de 1565-1571 fixaram as fronteiras do mundo mediterrâneo moderno.

E, embora os otomanos minimizassem a derrota, o estrago já estava feito. Em Lepanto, o império sofreu sua primeira catástrofe militar desde o senhor da guerra, o mongol Tamerlão, que destruiu o exército em Ancara, em 1402. Esses foram enormes ganhos psicológicos para a Europa cristã. O sentimento de inferioridade militar da cristandade se enraizou tão profundamente que a aceitação resignada havia se tornado a reação normal em cada derrota consecutiva. A explosão de fervor no outono de 1571 sinalizou a crença de que a balança do poder poderia estar começando a pender. Cervantes põe na boca de Dom Quixote uma expressão de como as poucas horas em Lepanto tinham feito diferença: "Naquele dia tão venturoso para a cristandade [...] se desenganaram as nações de que os turcos não eram invencíveis no mar".[19]

A batalha entre o islamismo e o cristianismo pelo centro do mundo não começou com o cerco de Rodes nem terminou com Lepanto, mas, entre 1520 e 1580, alcançou uma dimensão especial quando o impulso religioso e o poder imperial se juntaram para produzir um conflito de terrível intensidade, travado no limite de duas épocas distintas da história humana. Seu estilo de guerra era, ao mesmo tempo, primitivo e moderno; eles olhavam para trás, rememorando a brutalidade visceral da Idade do Bronze homérica, e para a frente, antevendo a devastação impiedosa das armas de artilharia. Nesse momento, Carlos e Solimão acreditavam que estavam lutando pelo controle da Terra. O que Lepanto e suas consequências revelaram foi que, mesmo com as vitórias alcançadas, já não valia a pena lutar pelo Mediterrâneo. O meio do mar, cercado por agrupamentos de massas de terra, não podia agora ser facilmente vencido por galeras a remo, quaisquer que fossem os recursos disponíveis. Ambos os lados haviam participado de uma corrida armamentista extremamente cara para um prêmio incerto. O conflito esgotou as reservas materiais e humanas de ambos os protagonistas, mais do que eles estavam dispostos a admitir. Chipre e Lepanto custaram aos otomanos mais de 80 mil homens de combate; apesar de sua enorme população, o fornecimento de soldados qualificados não era inesgotável, e, quando o bispo de Dax viu a frota orgulhosamente reconstruída, não ficou impressionado.

> Tendo visto [...] uma armada deixar este porto composta de novas embarcações, construídas de madeira verde, remadas por equipes que nunca seguraram um remo, munidas de uma artilharia que tinha sido moldada às pressas, com várias peças feitas de material ácido e podre, com guias e marinheiros aprendizes, e armadas com homens ainda atordoados pela última batalha...[20]

Como o espanhol concluiu após Djerba, as condições especiais de guerra naval tornavam as competências especializadas difíceis de substituir. Depois de 1580, houve uma crescente aversão aos empreendimentos marítimos. A frota otomana estava apodrecendo nas águas imóveis do Corno; os dias de glória de Barbarossa nunca mais voltariam.

Ambos os lados logo foram afligidos pela crise econômica. Filipe decretou a moratória de suas dívidas em 1575; e os anos pós-1585 viram uma crise fiscal começar a destruir também o mundo muçulmano. A trabalhosíssima guerra marítima e o custo específico de reconstrução da frota depois de Lepanto aumentaram o índice de tributação nos domínios do sultão. Ao mesmo tempo, o afluxo de metais preciosos das Américas estava minando a economia marítima otomana, de um modo que não era bem compreendido. Os otomanos tinham os recursos para permanecer mais tempo no negócio da guerra do que qualquer concorrente, mas eles eram impotentes para proteger seu mundo estável, tradicional, autossuficiente contra os efeitos mais perniciosos da modernidade. Não havia bastiões de defesa contra o aumento dos preços na Europa e os efeitos inflacionários do ouro. Em 1566, um ano depois de Malta, a casa da moeda do Cairo – a única no mundo otomano, produzindo moedas a partir de fontes limitadas de ouro da África – desvalorizou sua cunhagem em trinta por cento. O real espanhol se tornou a moeda mais apreciada no império; era impossível encontrar dinheiro de valor correspondente. As moedas de prata pagas aos soldados ficavam cada vez mais finas; eram "tão leves como as folhas da amendoeira e tão inúteis quanto as gotas de orvalho",[21] de acordo com um historiador otomano contemporâneo. Nessas condições, vieram o aumento de preços, a escassez e a erosão gradual da base de fabricação nativa. Matérias-primas e metais preciosos estavam sendo sugados para fora do império pelos preços mais elevados da Europa cristã e menores custos de produção. No final do século XVI, as forças globalizantes passaram furtivamente a minar o tecido social e as bases do poder otomano. Era um paradigma de toda a relação do Islã com o Ocidente.

O tratado de 1580 reconheceu um impasse entre dois impérios e dois mundos. A partir desse momento, a fronteira diagonal que percorria o comprimento do Mediterrâneo, entre Istambul e os portões de Gibraltar, endureceu. Os concorrentes deram as costas um para o outro; os otomanos lutaram contra os persas e enfrentaram o desafio da Hungria e do Danúbio mais uma vez; Filipe assumiu a disputa no Atlântico. Depois da anexação de Portugal, ele olhou para o Ocidente e simbolicamente mudou sua corte para Lisboa, para enfrentar um mar maior. Ele tinha sua própria Lepanto ainda por vir – o naufrágio da armada espanhola na costa da Grã-Bretanha, mais uma consequência do hábito espanhol de navegar muito tarde no ano. Nos anos pós-1580, o Islã e a cristandade se desembaraçaram no Mediterrâneo: um se tornou gradualmente mais introvertido; o outro, mais explorador.

O poder começou a oscilar para longe da bacia do Mediterrâneo, em formas que os otomanos e os Habsburgos, com suas burocracias centralizadas e sua crença tacanha no direito divino, não poderiam prever. Foram os marinheiros protestantes de Londres e de Amsterdã, com seus navios a vela robustos financiados por uma classe média empreendedora, que começaram a evocar a riqueza dos novos mundos. O Mediterrâneo das galés a remo se tornaria um remanso, contornado por novas formas de império. A vida – e morte – do cartógrafo Piri Reis simbolizou a oportunidade perdida dos otomanos de se voltar para fora e explorar o mundo empírico. Um cartógrafo otomano anônimo, que escrevia na década de 1580, cristalizou a consciência da ameaça que as novas viagens às Índias trariam.

> É na verdade um fato estranho e um caso triste que um grupo de incrédulos impuros tenha se tornado forte a ponto de viajar do oeste para o leste enfrentando a violência dos ventos e as calamidades do mar, enquanto o Império Otomano, que está situado na metade da distância em relação a eles, não tenha feito nenhuma tentativa de conquistar [as Índias]: isso, apesar do fato de que as viagens produzem inúmeros benefícios, [trazendo de volta] objetos e artigos de luxo desejáveis, cuja descrição excede os limites do descritível e do explicável.[22]

E, finalmente, a Espanha também seria sobrepujada.

Depois de 1580, os corsários abandonaram a causa do sultão e voltaram por conta própria para as margens áridas do Magreb. O Mediterrâneo enfrentaria mais duzentos anos terríveis de pirataria endêmica, que despejaria milhões de escravos brancos nos mercados de escravos de Argel e Trípoli. Em 1815, o ano de Waterloo, 158 pessoas foram resgatadas na Sardenha, na Guerra Argelina, travada entre otomanos e norte-americanos; coube aos americanos do Novo Mundo, afinal, acabar com a ameaça dos piratas. Veneza e os otomanos, permanentemente bloqueados no mar sem marés, disputariam as costas da Grécia até 1719, mas o poder tinha ido, havia muito tempo, para outro lugar.

# Epílogo

# Vestígios

Em julho de 1568, no calor de um dia de verão maltês, Jean de La Valette sofreu um mal súbito quando estava indo para casa depois de um dia de caça na floresta. O velho e rude guerreiro permaneceu em repouso por algumas semanas, tempo suficiente para libertar seus escravos domésticos, perdoar seus inimigos e encomendar sua alma a Deus. As pessoas viram em silêncio seu caixão ser carregado pelas ruas de Birgu, rebatizada Vittoriosa após o cerco, colocado sobre uma galera preta e levado a remo pela enseada. Ele foi enterrado na capela de Nossa Senhora da Vitória, na nova capital que tinha seu nome, Valetta, construída no local do monte Sciberras, onde os turcos tinham colocado suas armas e onde ficavam as ruínas de Santo Elmo. Seu túmulo é decorado com um epitáfio latino composto por seu secretário inglês, Sir Oliver Starkey: "Aqui jaz La Valette, digno de honra eterna. Flagelo da África e da Ásia e escudo da Europa, de onde expulsou os bárbaros por seus santos braços, ele é o primeiro a ser enterrado nesta amada cidade que ele mesmo fundou".[1]

Depois dele, os outros participantes do grande conflito marítimo se foram, um por um. Selim escorregou em seu banheiro, em 1574, aparentemente em razão de uma vertigem causada pela tentativa de parar de beber; Sokollu, com o poder em declínio, foi esfaqueado até a morte em 1578; Uluch Ali morreu nos braços de uma escrava grega, em 1587; Gian'Andrea Doria faleceu em 1606, torturado até o fim por remorsos de covardia; Filipe escreveu seu último memorando em 1598; e, em um canto sossegado da Itália, os registros da cidade de Correggio traziam uma inscrição de 12 de dezembro de 1589 dedicada, segundo o relato de uma testemunha ocular, ao "sereníssimo *señor* dom João da Áustria",[2] que preservava muitos detalhes sobre o cerco de Malta. "Acredita-se que a morte de Francisco Balbi di Correggio, poeta errante que escrevia em italiano e em espanhol e que fora perseguido por homens e pela sorte, ocorreu nessa data, longe de sua terra natal."[3]

Ninguém sofreu um destino mais triste do que dom João, tão ávido de glória e de uma coroa para si. Lepanto rendeu-lhe alguns aplausos do cauteloso Filipe, que algemou suas ambições e apagou seus sonhos. No final, o rei o enviou a Flandres, para reprimir a revolta holandesa, onde o arrojado príncipe que dançara galharda no próprio convés morreu de febre tifoide e de decepção em 1578. Nenhuma carreira teve trajetória mais surpreendente, como o trajeto de um meteoro estourando no céu noturno de Lepanto e caindo no mar escuro. Apenas dois meses após a batalha, ele registrou uma descrição triste de seu destino: "Passo meu tempo construindo castelos no ar, mas no final todos eles e eu somos levados pelo vento".[4] É um epitáfio que pode servir a todos os construtores de impérios do século violento.

Os memoriais para essas pessoas e eventos marcam toda a costa mediterrânea. Eles formam um cenário pitoresco para o turismo: os portais proibidos e escuros das fortalezas venezianas são guardados pelo olhar atento do leão de São Marcos; as torres em ruínas nas cabeceiras do sul da Itália; os bastiões maciços de Malta; as enseadas solitárias com aldeias abandonadas, esvaziadas pelos assaltos dos piratas, desintegrando-se em poeira sob a sombra dos pinheiros; canhões enferrujados e pirâmides feitas de balas de canhão, sobre promontórios à beira-mar; a imensa galé cercada por câmaras abobadadas. Barbarossa dorme em um belo mausoléu às margens do Bósforo, de onde seu espírito pode ver navios deslizando até o mar Negro, e a riqueza de Chipre pagou os surpreendentes minaretes da mesquita de Selim, em Edirne. Turgut Reis teve o porto de sua terra natal na costa turca renomeado em sua honra, enquanto o povo de Le Castella, na Calábria, perdoou o renegado Uluch Ali, a ponto de erigir-lhe uma estátua. O próprio Solimão está em um mausoléu perto de sua grande mesquita, a Süleymaniye, que contempla abaixo o Corno de Ouro e o local do arsenal. Quanto ao mártir de Famagusta, Bragadin, está eternizado sendo esfolado vivo em um afresco lúgubre na igreja de São João e São Paulo, em Veneza. A pele esfolada seguiu para sua casa. Alguém a roubou e a devolveu a Istambul, em 1580, de modo que agora repousa na parede atrás de seu monumento.

As impressões e pinturas da época nos permitem ter uma ideia da verdadeira intensidade das batalhas que esses homens travaram. Os janízaros otomanos, com seus chapéus adornados por plumas de avestruz cintilantes como línguas de cobra, aglomeram-se nas trincheiras diante dos redutos malteses; defensores de gibão e elmo com arcabuzes nos ombros; canhões rugem; nuvens de fumaça embelezam o ar; frotas colidem em mares atolados de mastros sólidos sob céus apocalípticos; homens afogando-se tentam respirar e flutuam no mar. No entanto, das galeras que fizeram tudo isso acontecer – descarregando tropas e invadindo costas, avançando em grandes crescentes ao bater dos tambores e das estridentes trombetas de guerra –, quase nada restou além de aleatórios troféus de batalhas em museus: bandeiras desbotadas com os nomes de Deus em árabe ou latim, lanternas de popa, armas e roupas. Os navios foram todos levados pelo mar.

# Notas

EPÍGRAFE

1 Brummett, Palmira. *Ottoman Seapower and Levantine Diplomacy in the Age of Discovery*, p. 89.

PRÓLOGO – O MAPA DE PTOLOMEU

1 Crowley, Roger. *Constantinople: The Last Great Siege*, p. 233.

2 Idem, ibidem, p. 232.

3 Idem, p. 240.

4 Idem, ibidem.

5 Grove, A. T.; Rackham, Oliver. *The Nature of Mediterranean Europe: An Ecological History*, p. 9.

6 Setton, Kenneth M. *The Papacy and the Levant (1204-1571)*, v. 2, p. 292.

7 Idem, ibidem, v. 3, p. 175.

8 Idem, ibidem, p. 174.

PARTE I – OS CÉSARES: A DISPUTA PELO MAR

O SULTÃO FAZ UMA VISITA

1 Brockman, Eric. *The Two Sieges of Rhodes 1480-1522*, p. 114.

2 Finkel, Caroline. *Osman's Dream: The Story of the Ottoman Empire, 1300-1923*, p. 115.

3 Crowley, op. cit., p. 51.

4 Fisher, Alan. "The life and family of Süleyman I", p. 2.

5 Setton, op. cit., v. 2, p. 372.

6 Rossi, E. *Assedio e Conquista di Rodi nel 1522 secondo le relazioni edite e inedite de Turchi*, p. 26.

7 Idem, ibidem, loc. cit.

8 Idem, ibidem, p. 27.

9 Setton, op. cit., v. 3, p. 122.

10 Rossi, op. cit., p. 27.

11 Fisher, Alan, op. cit., p. 5.

12 Rossi, op. cit., p. 26.

13 Brockman, op. cit., pp. 114-5.

14 Idem, ibidem, p. 115.

15 Setton, op. cit., v. 3, p. 172.

16 Crowley, op. cit., p. 102.

17 Bourbon, J. de. "A brief relation of the siege and taking of the city of Rhodes", p. 5.

18 Idem, ibidem, p. 11.

19 Idem, ibidem, p. 12.

20 Rossi, op. cit., p. 26.

21 Brockman, op. cit., pp. 115-6.

22 Bosio, G. *Dell'Istoria della Sacra Religione et Illustrissima Militia di San Giovanni Gerosolimitano*, v. 2, p. 545.

23 Bourbon, op. cit., p. 17.

24 Idem, ibidem, p. 19.

25 Idem, ibidem, p. 20.

26 Idem, ibidem, p. 19.

27 Porter, Whitworth. *The Knights of Malta*, v. 1, p. 516.

28 Bourbon, op. cit., p. 28.

29 Idem, ibidem, loc. cit.

30 Hammer-Purgstall, J. *Histoire de L'Empire Ottoman*, v. 5, p. 420.

31 Idem, ibidem, p. 421.

32 Brockman, op. cit., p. 134.

33 Hammer-Purgstall, v. 5, op. cit., p. 421.

34 Setton, v. 3, p. 209.

35 Idem, ibidem, loc. cit.

36 Porter, Whitworth. *The Knights of Malta*, v. 1, p. 516.

37 Idem, ibidem, p. 517.

38 Rossi, op. cit., p. 41.

39 Caoursin, Will; Afendy, Rhodgia. *The History of the Turkish War with the Rhodians, Venetians, Egyptians, Persians and Other Nations*, p. 156.

40 Setton, op. cit., v. 3, p. 212.

41 Porter, op. cit., v. 1, p. 516.

42 Bosio, op. cit., v. 2, p. 590.

43 Caoursin; Afendy, op. cit., p. 507.

44 Rossi, op. cit., p. 40.

45 Brummett, op. cit., p. 90.

### A SÚPLICA

1 Merriman, Roger Bigelow. *The Rise of the Spanish Empire in the Old World and in the New*, v. 3, p. 27.

2 Idem, ibidem, p. 446.

3 Idem, ibidem, p. 28.

4 Idem, ibidem, loc. cit.

5 Beeching, Jack. *The Galleys at Lepanto*, p. 11.

6 Lopez de Gomara, Francisco. *Cronica de los Barbarrojas*, p. 357.

7 Seyyd Murad. *La Vita e la Storia di Ariadeno Barbarossa*, p. 96.

8 Achard, Paul. *La Vie Extraordinaire des Frères Barberousse*, p. 47.

9 Fisher, Sir Godfrey. *Barbary Legend: War, Trade and Piracy in North Africa, 1415-1830*, p. 53.

10 Seyyd Murad, op. cit., p. 125.

### "O REI DO MAL"

1 Seyyd Murad, op. cit., p. 121.

2 Lopez de Gomara, op. cit., p. 135.

3 Heers, Jacques. *The Barbary Corsairs: Warfare in the Mediterranean, 1480-1580*, p. 171.

4 Haëdo, Diego de. *Histoire des Rois d'Alger*, p. 26.

5 Seyyd Murad, op. cit., p. 96.

6 Belachemi, Jean-Louis. *Nous les Frères Barberousse, Corsairs et Rois d'Alger*, p. 222.

7 Heers, op. cit., p. 226.

8 Belachemi, op. cit., p. 400.

9 Seyyd Murad, op. cit., p. 164.

10 Lopez de Gomara, op. cit., p. 399.

11 Idem, ibidem, loc. cit.

12 Seyyd Murad, op cit., p. 164.

13 Necipoğlu, Gülru. "Ottoman – Hapsburg – papal rivalry", p. 174.

14 Tracy, James D. *Emperor Charles* V, *Impresario of War*, p. 137.

15 Idem, ibidem, loc. cit.

16 Hammer-Purgstall, v. 5, p. 452.

17 Idem, ibidem, loc. cit.

18 Attard, Joseph. *The Knights of Malta*, p. 12.

### A VIAGEM A TÚNIS

1 Tracy, op. cit., p. 27.

2 Clot, André. *Suleiman the Magnificent*, p. 79.

3 Finlay, Robert. "Prophecy and politics in Istanbul: Charles V, Sultan Süleyman, and the Habsburg Embassy of 1533-1534", p. 12.

4 Necipoğlu, op. cit., p. 173.

5 Merriman, *The Rise of the Spanish Empire in the Old World and in the New*, v. 3, p. 114.

6 Tracy, op. cit., 138.

7 Necipoğlu, op. cit., p. 173.

8 Hammer-Purgstall, v. 5, pp. 480-1.

9 Clot, op. cit., p. 86.

10 Kâtip Çelebi. *The History of the Maritime Wars of the Turks*, p. 47.

11 Idem, ibidem, loc. cit.

12 Bradford, Ernle. *The Sultan's Admiral: The Life of Barbarossa*, p. 129.

13 Lopez de Gomara, op. cit., p. 522.

14 Idem, ibidem, loc. cit.

15 Bradford, *The Sultan's Admiral: The Life of Barbarossa*, p. 123.

16 Sandoval, Fray Prudencio de. *Historia de la Vida y Hechos del Emperador Carlos* V, v. 2, p. 474.

17 Idem, ibidem, p. 487.

18 Tracy, op. cit., p. 147.

19 Merriman, *The Rise of the Spanish Empire in the Old World and in the New*, v. 3, p. 114.

20 Tracy, op. cit., p. 147.

21 Idem, ibidem, p. 156.

22 Clot, op. cit., p. 106.

### DORIA E BARBAROSSA

1 Heers, op. cit., p. 73.

2 Cot, op. cit., p. 137.

3 Necipoğlu, op. cit., p. 175.

4 Kâtip Çelebi, op. cit., p. 66.

5 Idem, ibidem, p. 56.

6 Setton, op. cit., v. 3, p. 410.

7 Bradford, *The Sultan's Admiral: The Life of Barbarossa*, p. 152.

8 Setton, op. cit., v. 3, p. 433.

9 Kâtip Çelebi, op. cit., p. 61.

10 Idem, ibidem, loc. cit.

11 Idem, ibidem, loc. cit.

12 Idem, ibidem, loc. cit.

13 Heers, op. cit., p. 169.

14 Brandi, Karl. *The Emperor Charles* V, p. 459.

15 Idem, ibidem, loc. cit.

### O MAR TURCO

1 Bradford, *The Sultan's Admiral: The Life of Barbarossa*, p. 197.

2 Maurand, Jérome. *Itinéraire de J. Maurand d'Antibes à Constantinople (1544)*, p. 109.

3 Idem, ibidem, loc. cit.

4 Idem, ibidem, p. 183.

5 Idem, ibidem, pp. 67-9.

6 Idem, ibidem, p. 97.

7 Idem, ibidem, loc. cit.

8 Idem, ibidem, loc. cit.

9 Idem, ibidem, loc. cit.

10 Idem, ibidem, p. 129.

11 Idem, ibidem, loc. cit.

12 Idem, ibidem, p. 127.

13 Idem, ibidem, p. 133.

14 Kâtip Çelebi, op. cit., p. 69.

15 Haëdo, op. cit., p. 74.

16 Davis, R. C. *Christian Slaves, Muslim Masters: White Slavery in the Mediterranean, the Barbary Coast and Italy, 1500-1800*, p. 43.

17 Idem, ibidem, p. 209.

18 Idem, ibidem, p. 41.

19 Idem, ibidem, p. 42.

20 Idem, ibidem, p. 27.

21 Maurand, op. cit., p. 165.

22 Idem, ibidem, loc. cit.

23 Setton, op. cit., v. 4, p. 840.

24 Davis, op. cit., p. 77.

25 Braudel, Fernand. *The Mediterranean and the Mediterranean World in the Age of Philip II*, v. 2, p. 933.

26 Idem, ibidem, p. 914.

27 Setton, v. 4, p. 765.

28 Idem, ibidem, loc. cit.

29 Idem, ibidem, loc. cit.

## PARTE II – O EPICENTRO: A BATALHA POR MALTA

### NINHO DE VÍBORAS

1 Braudel, *The Mediterranean and the Mediterranean World in the Age of Philip II*, v. 2, p. 986.

2 Idem, ibidem, p. 1.010.

3 Mallia-Milanes, Victor. *Venice and Hospitaller Malta 1530-1798: Aspects of a Relationship*, p. 64.

4 Fisher, Alan, op. cit., p. 7.

5 Bradford, Ernle. *The Great Siege: Malta 1565*, p. 17.

6 Guilmartin, John Francis. *Gunpowder and Galleys: Changing Technology and Mediterranean Warfare at Sea in the Sixteenth Century*, p. 106.

7 Bosio, op. cit., v. 3, p. 493.

8 Cassola, A. *The Great Siege of Malta (1565) and the Istanbul State Archives*, p. 19.

9 Cassar, George (ed.). *The Great Siege 1565*, p. 4.

10 Cassola, *The Great Siege 1565*, pp. 325 ss.

11 Carreira: plano inclinado sobre o qual fica uma embarcação durante sua construção ou reparo. [N.E.]

12 Braudel, *The Mediterranean and the Mediterranean World in the Age of Philip II*, v. 2, p. 1.015.

13 Setton, op. cit., v. 4, p. 845.

14 Bosio, op. cit., v. 3, p. 501.

15 Cassola, *The Great Siege 1565*, p. 7.

16 Balbi di Correggio, Francisco. *The Siege of Malta, 1565*. Trad. Ernle Bradford, p. 33.

17 Idem, ibidem, loc. cit.

18 Idem, ibidem, p. 34.

19 Cirni, A. F. *Commentari d'Anton Francesco Cirni, Corso, ne quale se descrive la Guerra ultima di Francia, la celebratione del Concilio Tridentino, il Soccorso d'Orano, l'Impresa del Pignone, e l'Historia dell'Assedio di Malta*, fol. 47.

20 Peçevi, Ibrahim. *Peçevi Tarihi*, p. 288.

## FROTA DE INVASÃO

1 Setton, op. cit., v. 4, p. 949.

2 Balbi di Correggio, Francisco. *The Siege of Malta, 1565*. Trad. Henry Alexander Balbi, p. 29.

3 Spiteri, Stephen C. *The Great Siege: Knights vs. Turks* MDLXV *– Anatomy of a Hospitaller Victory*, p. 117.

4 Bosio, op. cit., v. 3, p. 499.

5 Braudel, *The Mediterranean and the Mediterranean World in the Age of Philip* II, v. 2, p. 1.015.

6 Idem, ibidem, p. 1.016.

7 Setton, op. cit., v. 4, p. 847.

8 Idem, ibidem, p. 852.

9 Idem, ibidem, loc. cit.

10 Bosio, op. cit., v. 3, p. 497.

11 Idem, ibidem, p. 499.

12 Idem, ibidem, loc. cit.

13 Idem, ibidem, loc. cit.

14 Idem, ibidem, loc. cit.

15 Bradford, *The Great Siege: Malta 1565*, p. 48.

16 Balbi di Correggio, *The Siege of Malta, 1565*, p. 50.

17 Bosio, v. 3, p. 512.

18 Idem, ibidem, loc. cit.

## O POSTO DA MORTE

1 Balbi di Correggio, *The Siege of Malta, 1565*, p. 49.

2 Bosio, op. cit., v. 3, p. 521.

3 Idem, ibidem, p. 522.

4 Cirni, op. cit., fol. 52.

5 Bosio, op. cit., v. 3, p. 523.

6 Idem, ibidem, loc. cit.

7 Balbi di Correggio, *The Siege of Malta, 1565*, p. 53.

8 Idem, *The Siege of Malta, 1565*, p. 48.

9 Bosio, op. cit., v. 3, p. 526.

10 Idem, ibidem, p. 525.

11 Setton, op. cit., v. 4, p. 842.

12 Bosio, op. cit., v. 3, p. 525.

13 Idem, ibidem, loc. cit.

14 Balbi di Correggio, *The Siege of Malta, 1565*, p. 58.

15 Bosio, op. cit., v. 3, p. 539.

16 Idem, ibidem, p. 528.

17 Cirni, op. cit., fol. 53.

18 Bosio, op. cit., v. 3, pp. 531-2.

19 Idem, ibidem, p. 532.

20 Idem, ibidem, p. 531.

21 Idem, ibidem, p. 539.

22 Idem, ibidem, p. 533.

### O REVELIM DA EUROPA

1 Cirni, op. cit., fol. 63.

2 Bosio, op. cit., v. 3, p. 540.

3 Idem, ibidem, p. 541.

4 Balbi di Correggio, *The Siege of Malta, 1565*, p. 68.

5 Bosio, op. cit., v. 3, p. 542.

6 Balbi di Correggio, *The Siege of Malta, 1565*, p. 68.

7 Bosio, op. cit., v. 3, p. 548.

8 Balbi di Correggio, *The Siege of Malta, 1565*, p. 69.

9 Idem, ibidem, p. 71.

10 Bosio, op. cit., p. 547.

11 Idem, ibidem, p. 553.

12 Idem, ibidem, loc. cit.

13 Balbi di Correggio, *The Siege of Malta, 1565*, p. 74.

14 Idem, ibidem, p. 75.

15 Bosio, op. cit., v. 3, p. 556.

16 Balbi di Correggio, *The Siege of Malta, 1565*, p. 76.

17 Idem, *The Siege of Malta, 1565*, p. 79.

18 Bosio, op. cit., v. 3, p. 558.

19 Idem, ibidem, p. 561.

20 Idem, ibidem, p. 562.

21 Idem, ibidem, loc. cit.

22 Cirni, op. cit., fol. 65.

23 Balbi di Correggio, *The Siege of Malta, 1565*, p. 82.

24 Bosio, op. cit., v. 3, p. 563.

25 Balbi di Correggio, *The Siege of Malta, 1565*, p. 79.

26 Bosio, op. cit., v. 3, p. 563.

27 Idem, ibidem, p. 564.

28 Idem, ibidem, loc. cit.

### OS ÚLTIMOS NADADORES

1 Balbi di Correggio, *The Siege of Malta, 1565*, p. 86.

2 Bosio, op. cit., v. 3, p. 571.

3 Idem, ibidem, p. 570.

4 Idem, ibidem, loc. cit.

5 Idem, ibidem, p. 572.

6 Balbi di Correggio, *The Siege of Malta, 1565*, p. 88.

7 Idem, *The Siege of Malta, 1565*, p. 86.

8 Idem, ibidem, loc. cit.

9 Idem, ibidem, loc. cit.

10 Bosio, op. cit., v. 3, p. 571.

11 Balbi di Correggio, *The Siege of Malta, 1565*, p. 90.

12 Bosio, op. cit., v. 3, p. 573.

13 Cirni, op. cit., fol. 71.

14 Balbi di Correggio, *The Siege of Malta, 1565*, p. 93.

15 Peçevi, op. cit., p. 289.

A VINGANÇA

1 Balbi di Correggio, *The Siege of Malta, 1565*, pp. 88-9.

2 Spiteri, op. cit., p. 606.

3 Bosio, op. cit., v. 3, p. 596.

4 Idem, ibidem, p. 581.

5 Balbi di Correggio, *The Siege of Malta, 1565*, p. 97.

6 Bosio, op. cit., v. 3, p. 581.

7 Balbi di Correggio, *The Siege of Malta, 1565*, pp. 98-9.

8 Bosio, op. cit., v. 3, p. 587.

9 Idem, ibidem, loc. cit.

10 Idem, ibidem, p. 586.

11 Idem, ibidem, p. 589.

12 Balbi di Correggio, *The Siege of Malta, 1565*, p. 104.

13 Bosio, op. cit., v. 3, p. 597.

14 Balbi di Correggio, *The Siege of Malta, 1565*, p. 111.

15 Idem, ibidem, loc. cit.

16 Bosio, op. cit., v. 3, p. 603.

17 Balbi di Correggio, *The Siege of Malta, 1565*, p. 111.

18 Idem, ibidem, p. 112.

19 Bosio, op. cit., v. 3, p. 606.

20 Idem, ibidem, p. 605.

21 Balbi di Correggio, *The Siege of Malta, 1565*, p. 114.

22 Idem, *The Siege of Malta, 1565*, p. 113.

23 Bosio, op. cit., v. 3, p. 604.

24 Idem, ibidem, loc. cit.

25 Idem, ibidem, p. 605.

26 Idem, ibidem, loc. cit.

27 Idem, ibidem, loc. cit.

28 Idem, ibidem, loc. cit.

29 Balbi di Correggio, *The Siege of Malta, 1565*, p. 116.

30 Bosio, op. cit., v. 3, p. 605.

1 Cassola, *The Great Siege of Malta (1565) and the Istanbul State Archives*, pp. 26-7.

2 Idem, ibidem, loc. cit.

3 Setton, op. cit., v. 4, p. 858.

4 Idem, ibidem, p. 855.

5 Merriman, *The Rise of the Spanish Empire in the Old World and in the New*, v. 4, p. 117.

6 Setton, op. cit., v. 4, p. 869.

7 Idem, ibidem, p. 866.

8 Cirni, op. cit., fol. 85.

9 Balbi di Correggio, *The Siege of Malta, 1565*, p. 133.

10 Idem, ibidem, p. 130.

11 Cassola, *The Great Siege of Malta (1565) and the Istanbul State Archives*, pp. 147 ss.

12 Peçevi, op. cit., p. 290.

13 Cirni, op. cit., fol. 87.

14 Idem, ibidem, loc. cit.

15 Bonello, G. "An overlooked eyewitness's account of the great siege", p. 142.

16 Balbi di Correggio, *The Siege of Malta, 1565*, p. 137.

17 Idem, *The Siege of Malta, 1565*, p. 144.

18 Idem, ibidem, loc. cit.

19 Idem, ibidem, pp. 144-5.

20 Balbi di Correggio, *The Siege of Malta, 1565*, p. 138.

21 Cirni, op. cit., fol. 97.

22 Balbi di Correggio, *The Siege of Malta, 1565*, p. 145.

23 Bosio, op. cit., v. 3, p. 636.

24 Cassola, *The Great Siege of Malta (1565) and the Istanbul State Archives*, p. 32.

25 Bonello, op. cit., p. 142.

26 Bosio, op. cit., v. 3, p. 645.

27 Idem, ibidem, loc. cit.

1 Bonello, op. cit., p. 147.

2 Balbi di Correggio, *The Siege of Malta, 1565*, p. 165.

3 Cirni, op. cit., fol. 114.

4 Idem, ibidem, loc. cit.

5 Spiteri, op. cit., p. 635.

6 Balbi di Correggio, *The Siege of Malta, 1565*, p. 160.

7 Bosio, op. cit., v. 3, p. 678.

8 Balbi di Correggio, *The Siege of Malta, 1565*, p. 158.

9 Merriman, *The Rise of the Spanish Empire in the Old World and in the New*, v. 4, p. 118.

10 Fernandez Duro, Cesareo. *Armada Española desde la union de los Reinos de Castilla y de Aragon*, v. 2, p. 83.

11 Bosio, op. cit., v. 3, p. 678.

12 Balbi di Correggio, *The Siege of Malta, 1565*, p. 165.

13 Bosio, op. cit., v. 3, p. 687.

14 Idem, ibidem, p. 693.

15 Idem, ibidem, loc. cit.

16 Idem, ibidem, p. 694.

17 Idem, ibidem, loc. cit.

18 Balbi di Correggio, *The Siege of Malta, 1565*, p. 184.

19 Idem, ibidem, loc. cit.

20 Idem, ibidem, loc. cit.

21 Bosio, op. cit, v. 3, p. 701.

22 Balbi di Correggio, *The Siege of Malta, 1565*, pp. 185-6.

23 Bosio, op. cit., v. 3, p. 705.

24 Braudel, *The Mediterranean and the Mediterranean World in the Age of Philip II*, v. 2, p. 1.020.

25 Cassola, *The Great Siege of Malta (1565) and the Istanbul State Archives*, p. 36.

26 Braudel, *The Mediterranean and the Mediterranean World in the Age of Philip II*, v. 2, p. 1.021.

27 Fisher, Alan, op. cit., p. 4.

28 Hammer-Purgstall, op. cit., v. 6, p. 421.

## PARTE III – FIM DE JOGO: AVANÇANDO PARA LEPANTO

### O SONHO DO PAPA

1 Lesure, M. *Lépante et la Crise de L'Empire Ottoman*, 56.

2 Crowley, op. cit., p. 35.

3 Lesure, op. cit., p. 56.

4 Idem, ibidem, pp. 57-8.

5 Beeching, op. cit., p. 135.

6 Braudel, *The Mediterranean and the Mediterranean World in the Age of Philip* II, v. 2, p. 1.029.

7 Idem, ibidem, loc. cit.

8 Setton, op. cit., v. 4, p. 912.

9 Braudel, *The Mediterranean and the Mediterranean World in the Age of Philip* II, v. 2, p. 1.045.

10 Bicheno, Hugh. *Crescent and Cross: The Battle of Lepanto*, p. 103.

11 Mallett, M. E.; Hale, J. R. *The Military Organization of a Renaissance State*, p. 216.

12 Braudel, *The Mediterranean and the Mediterranean World in the Age of Philip* II, v. 2, p. 1.066.

13 Idem, ibidem, p. 1.072.

14 Setton, op. cit., v. 4, p. 934.

### UMA CABEÇA EM UM PRATO

1 Setton, op. cit., v. 4, p. 1.032.

2 Hill, Sir George. *A History of Cyprus*, v. III: The Frankish Period, 1432-1571, p. 798.

3 Idem, ibidem, p. 888.

4 Setton, op. cit., v. 4, p. 955.

5 Parker, Geoffrey. *Philip* II, p. 110.

6 Braudel, *The Mediterranean and the Mediterranean World in the Age of Philip* II, v. 2, p. 1.083.

7 Parker, Geoffrey. *The Grand Strategy of Philip II*, p. 33.

8 Idem, ibidem, p. 65.

9 Capponi, Niccolò. *Victory of the West: The Story of the Battle of Lepanto*, p. 130.

10 Bicheno, op. cit., p. 175.

11 Idem, ibidem, loc. cit.

12 Setton, op. cit., v. 4, p. 973.

13 Capponi, op. cit., p. 133.

14 Setton, op. cit., v. 4, p. 978.

15 Idem, ibidem, loc. cit.

16 Hill, op. cit., p. 861.

17 Idem, ibidem, p. 849.

18 Cobham, Claude Delaval. *Excerpta Cypria: Materials for a History of Cyprus*, p. 129.

19 Idem, ibidem, p. 128.

20 Idem, ibidem, p. 132.

21 Idem, ibidem, pp. 133-4.

22 Idem, ibidem, p. 136.

23 Idem, ibidem, p. 133.

24 Capponi, op. cit., p. 153.

25 Hill, op. cit., p. 922.

26 Cobham, p. 138.

27 Idem, ibidem, loc. cit.

28 Idem, ibidem, loc. cit.

29 Idem, ibidem, loc. cit.

30 Idem, ibidem, p. 139.

31 Idem, ibidem, p. 140.

32 Idem, ibidem, loc. cit.

33 Idem, ibidem, loc. cit.

34 Idem, ibidem, loc. cit.

35 Idem, ibidem, loc. cit.

36 Idem, ibidem, loc. cit.

37 Bicheno, op. cit., pp. 169-70.

#### FAMAGUSTA

1 Setton, op. cit., v. 4, p. 990.

2 Idem, ibidem, p. 999.

3 Idem, ibidem, p. 993.

4 Idem, ibidem, p. 1.009.

5 Hill, op. cit., p. 857.

6 Setton, op. cit., v. 4, p. 999.

7 Inalcik, Halil. *The Ottoman Empire: The Classical Age 1300-1600*, pp. 187-9.

8 Setton, op. cit., v. 4, p. 1.015.

9 Idem, ibidem, loc. cit.

10 Parker, *Philip II*, p. 110.

11 Braudel, op. cit., v. 2, p. 1.092.

12 Setton, op. cit., v. 4, p. 1.013.

13 Morris, Jan. *The Venetian Empire: A Sea Voyage*, p. 110.

14 Setton, op. cit., v. 4, p. 1.032.

15 Idem, ibidem, loc. cit.

#### O GENERAL DE CRISTO

1 Parker, *The Grand Strategy of Philip II*, p. 72.

2 Lesure, op. cit., p. 61.

3 Bicheno, op. cit., p. 156.

4 Petrie, Sir Charles. *Don Juan of Austria*, p. 135.

5 Bicheno, op. cit., p. 208.

6 Peçevi, op. cit., pp. 310-1.

7 Idem, ibidem, p. 311.

8 Setton, op. cit., v. 4, p. 1.021.

9 Stirling-Maxwell, Sir William. *Don John of Austria*, p. 356.

10 Setton, op. cit., v. 4, p. 1.024.

11 Stirling-Maxwell, op. cit., p. 359.

12 Setton, op. cit., v. 4, p. 1.034.

13 Idem, ibidem, loc. cit.

14 Idem, ibidem, p. 1.038.

15 Idem, ibidem, p. 1.039.

16 Peçevi, op. cit., p. 346.

17 Gazioglu, Ahmet C. *The Turks in Cyprus: A Province of the Ottoman Empire (1571-1878)*, p. 65.

18 Hill, op. cit., p. 1.029.

19 Idem, ibidem, loc. cit.

20 Setton, op. cit., v. 4, p. 1.040.

21 Idem, ibidem, p. 1.030.

22 Idem, ibidem, p. 1.042.

### COBRAS PARA UM ENCANTAMENTO

1 Stirling-Maxwell, op. cit., p. 377.

2 Navarrete, Martin Fernandez; Salvá, Miguel; Baranda, Pedro Sainz de (eds.). *Colección de Documentos Inéditos para la Historia de España*, p. 275.

3 Idem, ibidem, p. 8.

4 Bicheno, op. cit., p. 211.

5 Navarrete; Salvá; Baranda, op. cit., pp. 13-4.

6 Idem, ibidem, p. 25.

7 Bicheno, op. cit., p. 215.

8 Capponi, op. cit., p. 239.

9 Idem, ibidem, p. 224.

10 Stirling-Maxwell, op. cit., p. 385.

11 Bicheno, op. cit., p. 224.

12 Lesure, op. cit., p. 80.

13 Inalcik, op. cit., pp. 188-9.

14 Stirling-Maxwell, op. cit., p. 235.

15 Thubron, Colin. *The Seafarers: Venetians*, p. 137.

16 Peçevi, op. cit., p. 350.

17 Idem, ibidem, loc. cit.

18 Idem, ibidem, loc. cit.

19 Idem, ibidem, loc. cit.

20 Capponi, op. cit., p. 247.

### "VAMOS LUTAR!"

1 Capponi, op. cit., p. 254.

2 Lesure, op. cit., p. 120.

3 Brântome, P. de Bourdeille, Seigneur de. *Oeuvres complètes*, v. 3, p. 125.

4 Capponi, op. cit., p. 255.

5 Navarrete; Salvá; Baranda, op. cit., p. 9.

6 Lesure, op. cit., p. 123.

7 Beeching, op. cit., p. 197.

8 Idem, ibidem, loc. cit.

9 Lesure, op. cit., p. 127.

10 Stirling-Maxwell, op. cit., p. 407.

11 Capponi, op. cit., p. 258.

12 Stirling-Maxwell, op. cit., p. 410.

13 Capponi, op. cit., p. 258.

14 Thubron, op. cit., p. 145.

15 Lesure, op. cit., p. 129.

16 Caetani, O.; Diedo, G. *La Battaglia di Lepanto, 1571*, p. 202.

17 Idem, ibidem, p. 134.

18 Capponi, op. cit., p. 266.

19 Setton, op. cit., v. 4, p. 1.056.

### MAR DE FOGO

1 Thubron, op. cit., p. 46.

2 Idem, ibidem, p. 150.

3 Idem, ibidem, loc. cit.

4 Bosio, op. cit., v. 3, p. 499.

5 Caetani; Diedo, op. cit., p. 134.

6 Idem, ibidem, loc. cit.

7 Bicheno, op. cit., p. 246.

8 Caetani; Diedo, op. cit., p. 207.

9 Idem, ibidem, p. 135.

10 Scetti, Aurelio. *The Journal of Aurelio Scetti: Galley Slave at Lepanto (1565--1577)*, p. 121.

11 Caetani; Diedo, op. cit., p. 279.

12 Brântome, op. cit., p. 126.

13 Lesure, op. cit., p. 136.

14 Idem, ibidem, p. 135.

15 Idem, ibidem, loc. cit.

16 Idem, ibidem, p. 138.

17 Idem, ibidem, loc. cit.

18 Stirling-Maxwell, op. cit., p. 422.

19 Thubron, op. cit., pp. 156-7.

20 Bicheno, op. cit., p. 256.

21 Thubron, op. cit., p. 157.

22 Caetani; Diedo, op. cit., p. 212.

23 Scetti, op. cit., p. 122.

24 Idem, ibidem, loc. cit.

25 Peçevi, op. cit., pp. 351-2.

26 Cervantes, Miguel de. *El Ingenioso Hidalgo Don Quijote de la Mancha*, p. 76.

### 22. OUTROS OCEANOS

1 Stirling-Maxwell, op. cit., p. 443.

2 Pastor, Louis. *Histoire des Papes*, v. 18, p. 298.

3 Navarrete; Salvá; Baranda, op. cit., p. 258.

4 *Otelo*, ato I, cena III, linha 50.

5 Petrie, op. cit., p. 192.

6 Bicheno, op. cit., p. 270.

7 Lesure, op. cit., p. 151.

8 Setton, op. cit., v. 4, p. 1.068.

9 Stirling-Maxwell, op. cit., p. 428.

10 Setton, op. cit., v. 4, p. 1.069.

11 Inalcik, op. cit., p. 190.

12 Lesure, op. cit., p. 182.

13 Hess, Andrew. "The battle of Lepanto and its place in Mediterranean history", p. 62.

14 Yildirim, Onur. "The battle of Lepanto and its impact on Ottoman history and historiography", p. 534.

15 Setton, op. cit., v. 4, p. 1.075.

16 Stirling-Maxwell, op. cit., p. 469.

17 Setton, op. cit., v. 4, p. 64.

18 Hess, op. cit., p. 64.

19 Cervantes, op. cit., p. 148.

20 Setton, op. cit., v. 4, p. 1.091.

21 Braudel, *The Mediterranean and the Mediterranean World in the Age of Philip II*, v. 2, p. 1.195.

22 Soucek, Svat. *Piri Reis and Turkish Mapmaking after Columbus: The Khalili Portolan Atlas*, p. 102.

### EPÍLOGO – VESTÍGIOS

1 Bradford, Ernle. *The Shield and the Sword: The Knights of St John*, p. 173.

2 Balbi di Correggio, Francisco. *The Siege of Malta, 1565*, p. 7.

3 Idem, ibidem, p. 5.

4 Bicheno, op. cit., p. 260.

# Bibliografia


ACHARD, Paul. *La Vie Extraordinaire des Frères Barberousse*. Paris, 1939.

ANDERSON, R. C. *Naval Wars in the Levant, 1559-1853*. Liverpool, 1952.

ATTARD, Joseph. *The Knights of Malta*. Malta, 1992.

BABINGER, Franz. *Mehmet the Conqueror and His Time*. Princeton, 1978.

BALBI DI CORREGGIO, Francisco. *The Siege of Malta, 1565*. Tradução para o inglês de Ernle Bradford. Londres, 2003.

______. *The Siege of Malta, 1565*. Tradução para o inglês de Henry Alexander Balbi. Copenhague,1961.

BARKAN, Omer Lutfi. "L'Empire Ottoman face au monde Chrètien au lendemai de Lépante". In: BENZONI, Gino. *Il Mediterraneo nella seconda metà del'500 alla luce di Lepanto*. Florença, 1974.

BEECHING, Jack. *The Galleys at Lepanto*. Londres, 1982.

BELACHEMI, Jean-Louis. *Nous les Frères Barberousse, Corsairs et Rois d'Alger*. Paris, 1984.

BENZONI, Gino. *Il Mediterraneo nella seconda metà del'500 alla luce di Lepanto*. Florença, 1974.

BICHENO, Hugh. *Crescent and Cross: The Battle of Lepanto*. Londres, 2004.

BONELLO, G. "An overlooked eyewitness's account of the great siege". In: CORTIS, T.; FRELLER, T.; BUGEJA, L. (eds.). *Melitensium Amor, Festschrift in Honour of Dun Gwann Azzopardi*. Malta, 2002, pp. 133-48.

BOSIO, G. *Dell'Istoria della Sacra Religione et lllustrissima Militia di San Giovanni Gerosolimitano*. v. 2-3. Roma, 1594-1602.

BOSTAN, Idris. *Kürekli ve Yelkenli Osmanli Gemileri*. Istambul, 2005.

BOURBON, J. de. "A brief relation of the siege and taking of the city of Rhodes". In: *The Principal Navigations, Voyages, Traffiques and Discoveries of the English Nation de Richard Hakluyt*. v. 5. Glasgow, 1904.

BRADFORD, Ernle. *Mediterranean: Portrait of a Sea*. Londres, 1970.

______. *The Great Siege: Malta 1565*. Londres, 1999.

______. *The Shield and the Sword: The Knights of St John*. Londres, 1972.

______. *The Sultan's Admiral: The Life of Barbarossa*. Londres, 1969.

BRANDI, Karl. *The Emperor Charles V*. Londres, 1949.

BRÂNTOME, P. de Bourdeille, Seigneur de. *Oeuvres complètes*. Ed. L. Lalanne. v. 3. Paris, 1864.

BRAUDEL, Fernand. "Bilan d'une bataille". In: BENZONI, Gino. *Il Mediterraneo nella seconda metà del'500 alla luce di Lepanto*. Florença, 1974.

______. *The Mediterranean and the Mediterranean World in the Age of Philip II*. Tradução para o inglês de Siân Reynolds. Berkeley, 1995. 2 v.

BRIDGE, Anthony. *Suleiman the Magnificent: Scourge of Heaven*. Londres, 1983.

BROCKMAN, Eric. *The Two Sieges of Rhodes, 1480-1522*. Londres, 1969.

BRUMMETT, Palmira. *Ottoman Seapower and Levantine Diplomacy in the Age of Discovery*. Albany, 1994.

BÜYÜKTUĞRUL, Afif. "Preveze Deniz Muharebesine ilişkin gerçekler". *Belleten*, v. 37, 1973.

CACCIN, P.; ANGELO, M. *Basilica of Saints John and Paul*. Veneza, 2004.

CAETANI, O.; DIEDO, G. *La Battaglia di Lepanto, 1571*. Palermo, 1995.

CAOURSIN, Will; AFENDY, Rhodgia. *The History of the Turkish War with the Rhodians, Venetians, Egyptians, Persians and Other Nations*. Londres, 1683.

CAPPONI, Niccolò. *Victory of the West: The Story of the Battle of Lepanto*. Londres, 2006.

CASSAR, George (ed.). *The Great Siege 1565*. Malta, 2005.

CASSOLA, A. *The 1565 Ottoman Malta Campaign Register*. Malta, 1988.

______. *The Great Siege of Malta (1565) and the Istanbul State Archives*. Malta, 1995.

CERVANTES, Miguel de. *El Ingenioso Hidalgo Don Quijote de la Mancha*. Glasgow, 1871.

CIRNI, A. F. *Commentari d'Anton Francesco Cirni, Corso, ne quale se descrive la Guerra ultima di Francia, la celebratione del Concilio Tridentino, il Soccorso d'Orano, l'Impresa del Pignone, e l'Historia dell'Assedio di Malta*. Roma, 1567.

CLOT, André. *Suleiman the Magnificent*. Tradução para o inglês de Matthew J. Reisz. Londres, 2005.

COBHAM, Claude Delaval (trad. e transcr.). *Excerpta Cypria: Materials for a History of Cyprus*. Cambridge, 1908.

CROWLEY, Roger. *Constantinople: The Last Great Siege*. Londres, 2005.

DANIŞMEND, I. H. *Izahli Osmanli Tarihi Kronolojisi*. v. 2. Istambul, 1948.

DAVIS, R. C. *Christian Slaves, Muslim Masters: White Slavery in the Mediterranean, the Barbary Coast and Italy, 1500-1800*. Londres, 2003.

DENY, Jean; LAROCHE, Jane. "L'expédition en Provence de l'armée de Mer du Sultan Suleyman sous le Commandement de l'admiral Hayreddin Pacha, dit Barberousse (1543-4)". *Turcica*, Paris, v. 1, 1969.

ELLIOTT, J. H. *Imperial Spain, 1469-1716*. Londres, 1990.

*Encyclopaedia of Islam*. Leiden, 1960. 11 v.

FERNANDEZ DURO, Cesareo. *Armada Española desde la union de los Reinos de Castilla y de Aragon*. v. 2. Madri, 1896.

FINKEL, Caroline. *Osman's Dream: The Story of the Ottoman Empire, 1300--1923*. Londres, 2005.

FINLAY, Robert. "Prophecy and politics in Istanbul: Charles V, Sultan Süleyman, and the Habsburg Embassy of 1533-1534". *The Journal of Early Modern History*, v. 2, 1998.

FISHER, Alan. "The life and family of Süleyman I". In: INALCIK, Halil; KAFADAR, Cemal (eds.). *Süleyman the Second and His Time*. Istambul, 1993.

FISHER, Sir Godfrey. *Barbary Legend: War, Trade and Piracy in North Africa, 1415-1830*. Oxford, 1957.

FONTANUS, J. *De Bello Rhodio*. Roma, 1524.

FRIEDMAN, Ellen G. *Spanish Captives in North Africa in the Early Modern Age*. Londres, 1983.

GALEA, J. "The great siege of Malta from a Turkish point of view". *Melita Historica*, Malta, v. IV, 1965.

GAZIOGLU, Ahmet C. *The Turks in Cyprus: A Province of the Ottoman Empire (1571-1878)*. Londres, 1990.

GENTIL DE VENDOSME, P. *Le Siège de Malte par les Turcs en 1565*. Paris, 1910.

GHISELIN DE BUSBECQ, Ogier. *The Turkish Letters of Ogier Ghiselin de Busbecq: Imperial Ambassador at Constantinople*. Tradução para o inglês de Edward Seymour Forster. Oxford, 1927.

GLETE, Jan. *Warfare at Sea 1500-1650*. Londres, 2000.

GOFFMAN, Daniel. *The Ottoman Empire and Early Modern Europe*. Cambridge, 2002.

GROVE, A. T.; RACKHAM, Oliver. *The Nature of Mediterranean Europe: An Ecological History*. Londres, 2001.

GUGLIELMOTTI, P. Alberto. *Storia della Marina Pontificia*. v. 5. Roma, 1887.

GUILMARTIN, John Francis. *Galleons and Galleys*. Londres, 2002.

______. *Gunpowder and Galleys: Changing Technology and Mediterranean Warfare at Sea in the Sixteenth Century*. Cambridge, 1974.

______. "The tactics of the battle of Lepanto clarified". Disponível em: <www.angelfire.com/ga4/guilmartin.com>. Acesso em: jul. 2014.

GÜLERYÜZ, Ahmet. *Kadirgadan Kalyona Osmanlida Yelken*. Istambul, 2004.

HAËDO, Diego de. *Histoire des Rois d'Alger*. Tradução para o francês de H. de Grammont. Saint Denis, 1998.

HAMMER-PURGSTALL, J. *Histoire de L'Empire Ottoman*. v. 4-6. Paris, 1836.

HEERS, Jacques. *The Barbary Corsairs: Warfare in the Mediterranean, 1480-1580*. Londres, 2003.

HESS, Andrew. "The battle of Lepanto and its place in Mediterranean history". *Past and Present*, Oxford, n. 57, 1972.

______. "The evolution of the Ottoman seaborne empire in the age of oceanic discoveries, 1453-1525". *American Historical Review*, v. 75, n. 7, dez. 1970.

______. *The Forgotten Frontier: A History of the Sixteenth Century Ibero-African Frontier*. Chicago, 1978.

______. "The Ottoman conquest of Egypt (1517) and the beginning of the sixteenth-century world war". *International Journal of Middle East Studies*, v. 4, 1973.

HILL, Sir George. *A History of Cyprus*, v. III: The Frankish Period, 1432-1571. Cambridge, 1972.

HOUSLEY, Norman. *The Later Crusades 1274-1571*. Oxford, 1992.

IMBER, Colin. "The navy of Süleyman the Magnificent". *Archivium Ottomanicum*, v. 6, 1980.

______. *The Ottoman Empire: The Structure of Power*. Basingstoke, 2002.

INALCIK, Halil. "Lepanto in the Ottoman Documents". In: BENZONI, Gino. *Il Mediterraneo nella seconda metà del'500 alla luce di Lepanto*. Florença, 1974.

______. *The Ottoman Empire: The Classical Age 1300-1600*. Londres, 1973.

*Islam Ansiklopedisi*. Istambul, 1988 em diante. 28 v.

INALCIK, Halil; KAFADAR, Cemal (eds.). *Süleyman the Second and His Time*. Istambul, 1993.

JURIEN DE LA GRAVIÈRE, Jean Pierre. *Doria et Barberousse*. Paris, 1886.

______. *La Guerre de Chypre et la Bataille de Lépante*. Paris, 1888. 2 v.

______. *Les Chevaliers de Malte et la Marine de Philippe II*. Paris, 1887. 2 v.

KAMEN, Henry. *Philip of Spain*. Londres, 1997.

KÂTIP ÇELEBI. *The History of the Maritime Wars of the Turks*. Tradução para o inglês de J. Mitchell. Londres, 1831.

KUNT, Metin; WOODHEAD, Christine. *Süleyman the Magnificent and his Age*. Harlow, 1995.

LANE, Frederic C. *Venice: A Maritime Republic*. Baltimore, 1973.

LESURE, M. *Lépante et la Crise de L'Empire Ottoman*. Paris, 1972.

LONGWORTH, Philip. *The Rise and Fall of Venice*. Londres, 1974.

LOPEZ DE GOMARA, Francisco. *Cronica de los Barbarrojas*. In: *Memorial Historico Español: Colección de Documentos, Opusculos y Antiguedades*. v. 6. Madri, 1853.

LUTTRELL, Anthony. *The Hospitallers of Rhodes and their Mediterranean World*. Aldershot, 1992.

LYNCH, John. *Spain under the Habsburgs*, v. I: Empire and Absolutism 1516-1598. Oxford, 1964.

MALLETT, M. E.; HALE, J. R. *The Military Organization of a Renaissance State*. Cambridge, 1984.

MALLIA-MILANES, Victor. *Venice and Hospitaller Malta 1530-1798: Aspects of a Relationship*. Malta, 1992.

MANTRAN, Robert. "L'écho de la bataille de Lépante à Constantinople". In: BENZONI, Gino. *Il Mediterraneo nella seconda metà del'500 alla luce di Lepanto*. Florença, 1974.

MAURAND, Jérome. *Itinéraire de J. Maurand d'Antibes à Constantinople (1544)*. Paris, 1901.

MERRIMAN, Roger Bigelow. Suleiman the Magnificent, 1520-1566. Cambridge, 1944.

______. *The Rise of the Spanish Empire in the Old World and in the New*. v. 3-4. Nova York, 1962.

MORRIS, Jan. *The Venetian Empire: A Sea Voyage*. Londres, 1980.

MULGAN, Catherine. *The Renaissance Monarchies 1469-1558*. Cambridge, 1998.

NAVARRETE, Martin Fernandez; SALVÁ, Miguel; BARANDA, Pedro Sainz de (eds.). *Colección de Documentos Inéditos para la Historia de España*. v. 3. Madri, 1843.

NECIPOĞLU, Gülru. "Ottoman – Hapsburg – papal rivalry". In: INALCIK, Halil; KAFADAR, Cemal (eds.). *Süleyman the Second and His Time*. Istambul, 1993.

NORWICH, John Julius. *A History of Venice*. Londres, 1982.

PARKER, Geoffrey. *Philip II*. Londres, 1979.

______. *The Grand Strategy of Philip II*. Londres, 1998.

PASTOR, Louis. *Histoire des Papes*. v. 17-8. Paris, 1935.

PEÇEVI, Ibrahim. *Peçevi Tarihi*. v. 1. Ancara, 1981.

PETIT, Édouard. *André Doria: un amiral condottiere au XVI^e siècle (1466--1560)*. Paris, 1887.

PETRIE, Sir Charles. *Don Juan of Austria*. Londres, 1967.

PHILLIPS, Carla Rahn. "Navies and the Mediterranean in the early modern period". In: HATTENDORF, John B. (ed.). *Naval Policy and Strategy in the Mediterranean: Past, Present and Future*. Londres, 2000.

PIRI REIS. *Kitab-i bahriye*. v. 1-2. Ed. Ertuğrul Zekai Ökte. Ancara, 1988.

PORTER, Whitworth. *The Knights of Malta*. Londres, 1883. 2 v.

PRESCOTT, W. H. *History of the Reign of Philip the Second, King of Spain*. Boston, 1855-1858. 3 v.

PRYOR, John H. *Geography, Technology and War: Studies in the Maritime History of the Mediterranean, 649-1571*. Cambridge, 1988.

ROSELL, Cayetano. *Historia del Combate Naval de Lepanto*. Madri, 1853.

ROSSI, E. *Assedio e Conquista di Rodi nel 1522 secondo le relazioni edite e inedite de Turchi*. Roma, 1927.

SANDOVAL, Fray Prudencio de. *Historia de la Vida y Hechos del Emperador Carlos V*. v. 2-4. Madri, 1956.

SCETTI, Aurelio. *The Journal of Aurelio Scetti: Galley Slave at Lepanto (1565--1577)*. Tradução para o inglês de Luigi Monga. Tempe, 2004.

SETTON, Kenneth M. *The Papacy and the Levant (1204-1571)*. v. 2-4. Filadélfia, 1984.

SEYYD MURAD. *La Vita e la Storia di Ariadeno Barbarossa*. Ed. G. Bonaffini. Palermo, 1993.

SHAW, Stanford. *History of the Ottoman Empire and Modern Turkey*. v. 1. Cambridge, 1976.

SIRE, H. J. A. *The Knights of Malta*. Londres, 1994.

SOUCEK, Svat. *Piri Reis and Turkish Mapmaking after Columbus: The Khalili Portolan Atlas*. Londres, 1996.

______. "The rise of the Barbarossas in North Africa". *Archivium Ottomanicum*, v. 3, 1971.

SPITERI, Stephen C. *The Great Siege: Knights vs. Turks MDLXV – Anatomy of a Hospitaller Victory*, Malta, 2005.

STIRLING-MAXWELL, Sir William. *Don John of Austria*. v. 1. Londres, 1883.

TESTA, Carmel. *Romegas*. Malta, 2002.

THUBRON, Colin. *The Seafarers: Venetians*. Londres, 2004.

TRACY, James D. *Emperor Charles V, Impresario of War*. Cambridge, 2002.

TURAN, Şerafettin. "Lala Mustafa Paşa hakkinda notlar". *Belleten*, n. 22, 1958.

UZUNÇARŞILI, Ismail Hakki. *Osmanli Tarihi*. v. 2-3. Ancara, 1988.

VARGAS-HIDALGO, Rafael. *Guerra y diplomacia en el Mediterraneo: correspondencia inédita de Felipe II con Andrea Doria y Juan Andrea Doria*. Madri, 2002.

YILDIRIM, Onur. "The battle of Lepanto and its impact on Ottoman history and historiography". In: CANCILA, R. (ed.). *Mediterraneo in Armi*. Palermo, 2007.

ZANON, Luigi Gigio. *La Galea Veneziana*. Veneza, 2004.

# Nota do autor e agradecimentos

Nosso conhecimento da história do Mediterrâneo no século XVI deve muito à invenção da imprensa e à disseminação da alfabetização. O grande evento do mundo mediterrâneo no século XV – a queda de Constantinopla, em 1453 – foi registrado em poucos relatos escritos; mas o cerco de Malta, a batalha de Lepanto e todos os grandes acontecimentos e personagens deste livro foram tema de inúmeras crônicas, testemunhos pessoais, panfletos, baladas, impressos e outros textos produzidos em todas as línguas da Europa ocidental. Além dessa explosão de material impresso, há literalmente milhões de memorandos, cartas, instruções e comunicações diplomáticas sobre os eventos da época, emitidos pelos participantes principais, e escritos e despachados para o outro lado do mar por secretários profissionais em Madri, Roma, Veneza e Istambul.

Por exemplo, é provável, como já se sugeriu, que ninguém tenha sido capaz de ler toda a correspondência de Filipe II da Espanha, que governou metade do mundo de seu gabinete durante 42 anos e que chegava a produzir 1.200 itens de correspondência em um único mês. Diante de uma torrente de material tão avassaladora, é inevitável que este trabalho tenha uma dívida enorme para com as gerações de estudiosos que passaram a vida heroicamente garimpando os arquivos do mundo. Entre aqueles cujo trabalho eu particularmente examinei estão Fernand Braudel, o pai dos estudos sobre o Mediterrâneo no século XVI, Kenneth Setton, cuja maravilhosa obra em quatro volumes, *The Papacy and the Levant* [O papado e o Levante], é um manancial de fontes de pesquisa, e Ismail Danişmend. Dentre os autores mais recentes, sou extremamente grato a Stephen Spiteri, cujo compêndio *The Great Siege* [O grande cerco] é uma fonte definitiva para tudo o que diz respeito a Malta em 1565.

Uma questão importante neste livro é a grafia dos nomes de lugares e pessoas. Sabe-se que os nomes dos protagonistas variam consideravelmente de uma língua para outra, e, de maneira muitas vezes confusa, seus nomes também mudam no curso da história. Alguns personagens têm vários apelidos, e com frequência há dois diferentes Mustafás comandando o exército do sultão em um intervalo de seis anos. Tentei ser o mais claro possível sobre essas questões, evitando me alongar em detalhes desnecessários.

Assim, o almirante otomano em Lepanto – ou Inebahti, para citar o nome turco – que se chama Müezzinzade Ali, por uma questão de simplificação, eu o chamei Ali Paxá em todo o livro. Em geral, escolhi a forma do nome pela qual uma pessoa é conhecida na própria língua. Por exemplo, o corsário que morreu em Malta geralmente é citado nas fontes cristãs como Dragut; preferi usar seu nome turco, Turgut. Além disso, escolhi transliterar as palavras turcas – Suluç tornou-se Shuluch; Oruç, Oruch; çavuş, *chaush* –, ainda que seja impossível garantir que a aproximação fonética seja exata.

Na criação deste livro, sou grato a um grande número de pessoas e organizações. Em primeiro lugar, a Julian Loose e à equipe da editora Faber, por seu entusiasmo e profissionalismo, e a meu agente, Andrew Lownie. Em tudo o que diz respeito aos cavaleiros de São João e ao cerco de Malta, vali-me imensamente das pesquisas feitas na maravilhosa biblioteca da ordem de São João, em Clerkenwell, Londres (www.sja.org.uk). Meu agradecimento à bibliotecária Pamela Willis. Sou grato, também, ao dr. Spiteri, cujo trabalho *The Great Siege* explica claramente qual é o aspecto de um revelim. Recomendo seu site (www.fortress-explorer.org) pelas informações de todo tipo sobre as fortificações de Malta.

Muitos amigos e conhecidos tiveram papel decisivo, mesmo que involuntário, neste trabalho. Stan Ginn contribuiu com o projeto inicial, evitando falhas estruturais mais graves do que as que agora contém; Elizabeth Manners e Stephen Scoffham leram e comentaram o manuscrito; John Dyson forneceu livros de Istambul; Jan Crowley, Christopher Trillo, Annamaria Ferro e Andrew Kirby me ajudaram com traduções; Henrietta Naish me hospedou; Deborah Marshall-Warren tomou um café comigo na praça de Birgu e se viu envolvida na pesquisa de fontes e material de investigação. A todas essas pessoas, sou muito grato. E quero, mais uma vez, expressar meu agradecimento e amor a Jan, por apoiar a estranha aventura de escrever livros, nos bons e nos maus momentos. Alguns aspectos dessa jornada devem ter sido agradáveis – as viagens a Veneza, as paisagens de Malta e as muralhas de Famagusta –, mas testemunhar de perto o desenvolvimento da pesquisa e da escrita é certamente algo angustiante, na melhor das hipóteses. Por último, uma saudação póstuma a meu pai, George Crowley, que conheceu o mar em tempos de paz e de guerra e me levou a Malta, quando eu tinha dez anos. Sem aquele maravilhoso vislumbre inicial do Mediterrâneo, este livro não teria sido possível.

# Índice remissivo

B

C

D



E

## F



## G

J

M

O



P

Q



R

T



U

V

# Sobre o autor

Roger Crowley (1951) é historiador britânico, formado na Universidade Cambridge. É autor de *1453: A guerra santa por Constantinopla e o confronto entre o Islã e o Ocidente* (Rosari, 2009) e *City of Fortune: How Venice Ruled the Waves* (Random House, 2012). Vive em Gloucestershire, Inglaterra.

Este livro foi composto na fonte Albertina
e impresso em março de 2015 pela Corprint,
sobre papel pólen soft 80 g/m².